Michael Junge

**Controlling modularer Produktfamilien
in der Automobilindustrie**

GABLER EDITION WISSENSCHAFT
Forum Produkt- und Produktionsmanagement
Herausgegeben von
Professor Dr. Klaus Bellmann und
Professor Dr. Frank Huber

Für Unternehmen in globalen, wettbewerbsintensiven Märkten sind die prozessorientierte Interaktion und Kommunikation von Marketing und Produktion die erfolgskritischen Faktoren schlechthin. Nur sehr wenige Konzepte und Ansätze stellen bislang auf eine schnittstellenübergreifende Verzahnung ab. Auffällig sind einerseits Defizite sowohl bei praktischen Konzepten als auch bei wissenschaftlichen Ansätzen zur Organisation, Planung und Kontrolle der Transformation von Kundenwünschen in Produktgestaltungsvorgaben (roll in, technology pull). Andererseits mangelt es ebenso an geeigneten Strategien zur Vermarktung innovativer Produkte und Dienstleistungen (roll out, technology push).

Die Schriftenreihe will diese Lücke systematisch schließen, indem Autoren theoriegeleitet Konzepte und Ansätze zur Schnittstellengestaltung zwischen Marketing und Produktion präsentieren und diese in Wissenschaft und Praxis zur Diskussion stellen.

Michael Junge

Controlling modularer Produktfamilien in der Automobilindustrie

Entwicklung und Anwendung der
Modularisierungs-Balanced-Scorecard

Mit einem Geleitwort von Prof. Dr. Klaus Bellmann

Deutscher Universitäts-Verlag

Bibliografische Information Der Deutschen Bibliothek
Die Deutsche Bibliothek verzeichnet diese Publikation in der Deutschen
Nationalbibliografie; detaillierte bibliografische Daten sind im Internet über
<http://dnb.ddb.de> abrufbar.

Dissertation Universität Mainz, 2004

1. Auflage Februar 2005

Alle Rechte vorbehalten
© Deutscher Universitäts-Verlag/GWV Fachverlage GmbH, Wiesbaden 2005

Lektorat: Brigitte Siegel / Sabine Schöller

Der Deutsche Universitäts-Verlag ist ein Unternehmen von
Springer Science+Business Media.
www.duv.de

Das Werk einschließlich aller seiner Teile ist urheberrechtlich geschützt.
Jede Verwertung außerhalb der engen Grenzen des Urheberrechtsgesetzes
ist ohne Zustimmung des Verlags unzulässig und strafbar. Das gilt insbesondere für Vervielfältigungen, Übersetzungen, Mikroverfilmungen und die
Einspeicherung und Verarbeitung in elektronischen Systemen.

Die Wiedergabe von Gebrauchsnamen, Handelsnamen, Warenbezeichnungen usw. in diesem
Werk berechtigt auch ohne besondere Kennzeichnung nicht zu der Annahme, dass solche
Namen im Sinne der Warenzeichen- und Markenschutz-Gesetzgebung als frei zu betrachten
wären und daher von jedermann benutzt werden dürften.

Umschlaggestaltung: Regine Zimmer, Dipl.-Designerin, Frankfurt/Main
Druck und Buchbinder: Rosch-Buch, Scheßlitz
Gedruckt auf säurefreiem und chlorfrei gebleichtem Papier
Printed in Germany

ISBN 3-8244-8226-6

Geleitwort

Zwei Trends kennzeichnen die private Automobilnachfrage in Westeuropa: Einerseits erfährt die Nachfrage eine Mikrosegmentierung, getrieben durch den Konsumentenwunsch nach individueller Bedürfnisbefriedigung. Andererseits stagniert die private Automobilnachfrage, wodurch der Markt unter Preisdruck gerät. Die Fahrzeughersteller reagieren in dieser Situation mit einer Produktoffensive. Sie wollen die Zahl der Fahrzeug- und Ausstattungsvarianten steigern und zugleich in kürzerer Zeit entwickeln und vermarkten.

Die rasch fortschreitende technische Entwicklung eröffnet grundsätzlich Optionen, diesem Ansatz zu entsprechen, jedoch nur unter erheblicher Steigerung der Komplexität von Entwicklungs- und Produktionsprozessen und dadurch verursachten Kostensteigerungen. Automobilhersteller experimentieren deshalb mit unterschiedlichen Produkttechnologien, um den differenzierungs- und komplexitätsinduzierten Kostensteigerungen zu begegnen. Denn die Produktstruktur wirkt in maßgeblicher Weise auf die Prozesskomplexität und damit die Kosten der Leistungserbringung: Sie beeinflusst die Effizenz der Leistungserstellung, die Flexibilität in der Leistungsgestaltung und via Preis die Effektivität der Leistungsvermarktung.

In dem Handlungsfeld zwischen kundenorientierter Differenzierung und kostengetriebener Standardisierung setzen Automobilhersteller auf die Produkttechnologie der Modularisierung, um marktgängige Fahrzeuge mit angemessenem Aufwand zu realisieren. Die Entwicklung eines modularen Konzepts ist zunächst zwar mit höheren Kosten verbunden. Dieser Nachteil reduziert sich jedoch mit zunehmender Variantenzahl, weil aus den einmal modular entwickelten Bauteilen mit geringem Aufwand weitere Varianten geschaffen werden können. Der Wahl der "richtigen" Produktstruktur kommt hierbei eine über den Erfolg entscheidende Bedeutung zu. Wenn auch einzelne Methoden zur Bewertung modularisierter Produktstrukturen vorhanden sind, so existiert derzeit weder in der Praxis noch in der Wissenschaft ein ganzheitliches Instrument zur Unterstützung der Planung und Steuerung bei der Entwicklung modularer Produktfamilien.

Aus diesem Kontext leitet sich die forschungsleitende Frage ab: "Wie ist ein Performance-Measurement-Ansatz zu konzipieren, der im Rahmen der Produktentwicklung zur Planung und Steuerung modularer Produktfamilien eingesetzt werden kann?" In der Perzeption 'Betriebswirtschaftslehre als angewandte Wissenschaft' sieht Michael Junge die Hauptaufgabe seiner Untersuchung darin, auf der Grundlage wissenschaftlicher Erkenntnisse und praktischer Erfahrungen eine Problemlösung für praktisches Handeln zu entwickeln. In zielführendem Diskurs konzipiert er aus einzelnen, in Theorie und Praxis bekannten Methoden und Ansätzen einen eigenständigen Ansatz zur kennzahlenorientierten Planung und Steuerung der Entwicklung modularer Produktfamilien aus integrierter Unternehmensperspektive. Die ganzheitliche Betrachtung in den vier Perspektiven "Entwicklung", "Produktion", "Marketing/Vertrieb" und "Finanzwirtschaft" stellt den Performance-Measurement-Ansatz "Modularisierungs-Balanced-Scorecard" über andere kennzahlenorientierte Ansätze und Methoden, die gewöhnlich nur ein oder zwei Einzelziele berücksichtigen.

Klaus Bellmann

Vorwort

Initiativer Beweggrund zur Untersuchung des Themenfeldes „Controlling modularer Produktfamilien in der Automobilindustrie" waren zunächst berufliche Gründe. Das in vielseitiger Hinsicht in Theorie und Praxis diskutierte Themenfeld stellte sich für mich anfangs als beziehungsloses Spektrum dar. Zum Einen werden in ingenieurwissenschaftlichen Disziplinen Produktstrukturierungsansätze aufgezeigt, die im Kontext der Modularisierung von Bedeutung sind. Zum Anderen existieren in der Betriebswirtschaftslehre Ansätze zur analytisch geprägten Optimierung sowie zum strategisch ausgerichteten Controlling modularer Produktfamilien. Diese Beziehungslosigkeit veranlasste zu einer wissenschaftlichen Untersuchung des Themenfeldes und zur Konzeption eines integrierten Controllingansatzes.

Die Arbeit entstand nebenberuflich während meiner Beschäftigung bei einem der weltweit größten Automobilhersteller. Bei der Untersuchung alternativer Entwicklungs- und Produktionsstrategien wurde deutlich, dass sich nahezu jeder Hersteller mit dem Thema Modularisierung beschäftigt. Das Ausmaß der Beteiligung an der öffentlichen Diskussion in diesem Themenfeld ist bei den Unternehmen jedoch ganz unterschiedlich ausgeprägt. Dies hängt vor allem damit zusammen, dass durch den markenübergreifenden Einsatz von Modulen – insbesondere bei Premiummarken – eine Gefahr der Markenerosion gesehen wird. Um fehlgerichtete Diskussionen in der Öffentlichkeit zu vermeiden entschied ich mich dafür, das entsprechende Unternehmen zu anonymisieren und lediglich Informationen in diese Arbeit einfließen zu lassen, die auch einem Außenstehenden zugänglich gewesen wären.

Der erfolgreiche Abschluss einer Promotion erfordert neben persönlichem Einsatz den Beistand einer Reihe von Personen, denen ich hiermit ganz herzlich danke. Mein besonderer Dank gilt meinem Doktorvater, Herrn Professor Dr. Klaus Bellmann, der mir stets mit konstruktiven Anregungen zur Seite stand und dazu beigetragen hat, dass die Doktorandenzeit für mich zu einem besonders wertvollen Lebensabschnitt wurde. Für das inhaltliche Vorankommen bildeten die halbjährlich stattfindenden Doktorandenseminare eine wichtige Diskussionsplattform. Hier gilt mein Dank allen Lehrstuhlmitarbeitern und externen Doktoranden sowie insbesondere Herrn Professor Dr. Udo Mildenberger. Herrn Professor Dr. Frank Huber danke ich für die Erstellung des Zweitgutachtens. Ebenso bedanke ich mich bei Herrn Professor Dr. Rolf Bronner für die Betreuung des dritten Prüfungsfachs im Rigorosum.

Darüber hinaus bin ich meinen damaligen Vorgesetzten und Kollegen zu Dank verpflichtet, die mir Freiraum für das Aufgreifen relevanter Themengebiete einräumten und mir als wichtige Diskussionspartner zur Seite standen. Insbesondere möchte ich an dieser Stelle Herrn Dr. Wilfried Virt und Herrn Dr. Thomas Neff danken.

Neben den Personen aus dem universitären und beruflichen Umfeld danke ich ganz besonders meinen Eltern, die mir meine akademische Ausbildung ermöglicht haben. Ganz besonderer Dank gilt meiner Lebensgefährtin Andrea Denstorf, die mich aufopferungsvoll durch den Dissertations-Alltag und meine beruflichen Stationen begleitete.

Michael Junge

Inhaltsverzeichnis

Abbildungsverzeichnis XIII

Tabellenverzeichnis XVII

Abkürzungsverzeichnis XIX

Symbolverzeichnis für Kapitel 4 XXI

1   Einleitung 1
   1.1   Ausgangssituation und Entwicklungstrend in der Automobilindustrie 1
   1.2   Problemstellung 4
   1.3   Zielsetzung und Aufbau 7
       1.3.1   Forschungsfrage 7
       1.3.2   Forschungsziele 8
       1.3.3   Aufbau und Vorgehensweise 9

2   Begriffliche Grundlagen 11
   2.1   Einordnung der Modularisierung im Rahmen alternativer Entwicklungsstrategien 11
   2.2   Definitionsmodell für modulare Produktfamilien 14
       2.2.1   Modulare Produktfamilien als Ergebnis der Modularisierung 14
       2.2.2   Arten der Modularisierung 17
       2.2.3   Formulierung eines Definitionsmodells 20
   2.3   Performance-Measurement modularer Produktfamilien 22
       2.3.1   Begriffsbestimmung 22
       2.3.2   Zielsetzung 24

3   Analyse von Bewertungsmethoden für modulare Produktfamilien 29
   3.1   Stand der Wissenschaft und Eingrenzung der weiteren Untersuchung 29
   3.2   Bewertungsvorgehen ausgewählter Methoden 32
       3.2.1   Eindimensionale Bewertungsmethoden 32
             3.2.1.1   Managing Variety in Product Families (KOTA / SETHURAMAN) .. 32
             3.2.1.2   Gleichteileanalyse und Ähnlichkeitsermittlung (MAIER) 36
             3.2.1.3   Produktplattformentwicklung mit QFD (NEUMANN) 41
             3.2.1.4   Konzeption und Bewertung einer modularen Fahrzeugfamilie (WILHELM) 43

3.2.2 Mehrdimensionale Bewertungsmethoden 45
    3.2.2.1 Variant Mode and Effects Analysis (CAESAR) 45
    3.2.2.2 Modular Function Deployment (ERIXON) 48
    3.2.2.3 Strategischer Bewertungsansatz (KIDD) 61
    3.2.2.4 Design for Variety (MARTIN/ISHII) 65
    3.2.2.5 The Power of Product Platforms (MEYER/LEHNERD) 68
3.3 Zusammenfassung und Beurteilung der Kennzahlen 75

4 Konzeption eines Performance-Measurement-Ansatzes für modulare Produktfamilien 80

4.1 Grundlagen der Balanced-Scorecard 80
  4.1.1 Grundprinzip und wissenschaftliche Einordnung 80
  4.1.2 Konzeptionsphasen einer BSC 82
    4.1.2.1 Festlegung der Perspektiven 82
    4.1.2.2 Bestimmung von Zielen 84
    4.1.2.3 Bildung von Ursache-Wirkungsbeziehungen 88
    4.1.2.4 Bestimmung der Kennzahlenstruktur 90
    4.1.2.5 BSC Umsetzung und Anwendung 91
4.2 Konzeption der Modularisierungs-Balanced-Scorecard 93
  4.2.1 Methodische Vorgehensweise 93
  4.2.2 Festlegung der Perspektiven 95
  4.2.3 Bestimmung von Zielen der Modularisierung 97
    4.2.3.1 Vorgehensweise der Zielbestimmung 97
    4.2.3.2 Perspektive Entwicklung 100
    4.2.3.3 Perspektive Produktion 106
    4.2.3.4 Perspektive Marketing/Vertrieb 114
    4.2.3.5 Perspektive Finanzwirtschaft 122
  4.2.4 Bildung von Ursache-Wirkungsbeziehungen 126
    4.2.4.1 Berücksichtigung der Ordnungsstrukturen des Zielsystems 126
    4.2.4.2 Bestimmung der methodischen Vorgehensweise 127
    4.2.4.3 Ableitung der Ursache-Wirkungsbeziehungen 130
  4.2.5 Bestimmung der Kennzahlenstruktur 134
    4.2.5.1 Rahmenbedingungen der Kennzahlenkonzeption 134
    4.2.5.2 Perspektive Entwicklung 135
    4.2.5.3 Perspektive Produktion 143
    4.2.5.4 Perspektive Marketing/Vertrieb 154
    4.2.5.5 Perspektive Finanzwirtschaft 163

		4.2.5.6	Zusammenfassung	171

	4.2.6	M-BSC Anwendung	172
	4.2.6.1	Prozessablauf und Einsatzbereich der M-BSC	172
	4.2.6.2	Struktur- und Prozessanalyse	173
	4.2.6.3	Erstellen einer Datenbasis	175
	4.2.6.4	Kennzahlenermittlung und -visualisierung	176
	4.2.6.5	Generierung der M-BSC	180

5 Prototypische Anwendung der Modularisierungs-Balanced-Scorecard am Fallbeispiel smart 181

- 5.1 Ausgangssituation und Grundkonzept der modularen Produktfamilie smart 181
- 5.2 Produkthistorie und zukünftige Entwicklungen 184
- 5.3 Exemplarischer Einsatz der M-BSC 186
  - 5.3.1 Struktur- und Prozessanalyse 186
  - 5.3.2 Erstellen einer Datenbasis 190
  - 5.3.3 Kennzahlenermittlung und -visualisierung 198
  - 5.3.4 Generierung der M-BSC 207

6 Zusammenfassung und Ausblick 211

7 Anhang 215

- 7.1 Fragebogen zur Zielanalyse (Auszug) 215
  - 7.1.1 Allgemeiner Teil 215
  - 7.1.2 Perspektive Entwicklung 216
  - 7.1.3 Perspektive Produktion 217
  - 7.1.4 Perspektive Marketing/ Vertrieb 218
  - 7.1.5 Perspektive Finanzwirtschaft 219
- 7.2 Grundlagen zur statistischen Auswertung 220
- 7.3 M-BSC Kennzahlenermittlung für die modulare Produktfamilie smart . 222
  - 7.3.1 Perspektive Entwicklung 222
  - 7.3.2 Perspektive Produktion 223
  - 7.3.3 Perspektive Marketing/Vertrieb 224
  - 7.3.4 Perspektive Finanzwirtschaft 227

Literaturverzeichnis 229

Stichwortverzeichnis 249

Abbildungsverzeichnis

Abbildung 1: Die Produktstruktur als Bindeglied zwischen externer und interner Komplexität 2

Abbildung 2: Fertigung modularer Produktfamilien in der Zukunft 3

Abbildung 3: Modulare Produktfamilien im Kontext der Variantenproblematik 5

Abbildung 4: Aufbau der Arbeit 10

Abbildung 5: Produktkorridoranalyse 11

Abbildung 6: Hierarchieebenen in der modularen Produktstruktur 15

Abbildung 7: Möglichkeiten funktionaler Abhängigkeiten 16

Abbildung 8: Modularitätsgrad in Abhängigkeit von der physischen und funktionalen Unabhängigkeit 17

Abbildung 9: Vier Arten der Modularisierung 18

Abbildung 10: Definitionsmodell für eine modulare Produktfamilie 20

Abbildung 11: Zielsetzungen eines Performance-Measurement-Ansatzes für modulare Produktfamilien 25

Abbildung 12: Vorgehensweise zur Ermittlung der Kennzahl PCI 34

Abbildung 13: Berechnung der objektiven Ähnlichkeit 37

Abbildung 14: Beispielhafte Darstellung zur Berechnung des Ähnlichkeitsgrades nach der Teileanzahl 38

Abbildung 15: Beispielhafte Darstellung zur Berechnung des Ähnlichkeitsgrades nach der Teileart 39

Abbildung 16: Variationsmatrix am Beispiel eines Fahrzeuges 42

Abbildung 17: Prozessablauf der VMEA - Methodik 45

Abbildung 18: Ist- und Soll-Zustand des Variantenbaums 46

Abbildung 19: Vorgehensweise der Methode MFD 48

Abbildung 20: Ableitung von Modulkonzepten durch MFD 49

Abbildung 21: Schnittstellenmatrix 51

Abbildung 22: Abschätzung der optimalen Anzahl von Modulen 56

Abbildung 23: Ableitung der idealen Montagezeit in Abhängigkeit von der Fehleranzahl 57

Abbildung 24: Vorgehensweise nach KIDD 62

Abbildung 25: Aufbau der Szenarien 63
Abbildung 26: Vorgehensweise bei der Analyse alternativer Szenarien 63
Abbildung 27: Trade-off-Graphen zur Abbildung der Vorteilhaftigkeit
von Strategien 64
Abbildung 28: Process-Sequence-Graph und Differentiation-Point-Index 66
Abbildung 29: Der „Power Tower" 68
Abbildung 30: Auszug einer "Product-Family-Map" 71
Abbildung 31: Visualisierung der Platform-Efficiency 72
Abbildung 32: Lead-lag Competitive Responsiveness 73
Abbildung 33: Prinzipdarstellung einer BSC 81
Abbildung 34: Operationalisierung der Strategie entlang der Perspektiven 83
Abbildung 35: Hierarchische Gliederung in einem multikriteriellen Zielsystem 86
Abbildung 36: Beispielhafte Darstellung von Ursache-Wirkungsbeziehungen 89
Abbildung 37: Prinzip der M-BSC 93
Abbildung 38: Segmentierung der Grundgesamtheit und der dazugehörige Rücklauf 99
Abbildung 39: Befragungsergebnisse zu allgemeinen Aspekten der
Modularisierung 100
Abbildung 40: Befragungsergebnisse zu Zielen der Perspektive Entwicklung 101
Abbildung 41: Befragungsergebnisse zu Zielen der Perspektive Produktion 106
Abbildung 42: Unterschiedliche Innovationszyklen der Module 111
Abbildung 43: Die drei Spitzenreiter im Plattformvolumen 113
Abbildung 44: Befragungsergebnisse zu Zielen der Perspektive Marketing/Vertrieb 114
Abbildung 45: Entwicklung der Pkw-Modellvielfalt in Deutschland 118
Abbildung 46: Top 10 der Marken nach angebotenen Varianten 119
Abbildung 47: Befragungsergebnisse zu Zielen der Perspektive Finanzwirtschaft ... 122
Abbildung 48: Zusammenhang der Ursache-Wirkungsbeziehungen
unterschiedlicher Zielebenen 127
Abbildung 49: Ursache-Wirkungsbeziehungen der M-BSC 130
Abbildung 50: Exemplarische Berechnung der Kennzahl „Setup-Cost-Index" 152
Abbildung 51: Produktvarianten eines Pkw der Mittelklasse 155

Abbildung 52: Differenzierungsportfolio zur Bewertung des Zwischenziels
„Differenzierung sicherstellen".. 158

Abbildung 53: Prozessablauf der M-BSC Anwendung.. 172

Abbildung 54: Einsatzbereich der M-BSC im Produktentstehungsprozess einer
Fahrzeugfamilie.. 173

Abbildung 55: Spinnennetzdiagramm der M-BSC... 178

Abbildung 56: Modularisierungs-Balanced-Scorecard... 180

Abbildung 57: Das Fahrzeugkonzept smart... 182

Abbildung 58: Markteinführungs- und Modellpflegetermine der smart
Produktfamilie... 184

Abbildung 59: Produktionsprozess des smart.. 187

Abbildung 60: Modulmatrix der modularen Produktfamilie smart 191

Abbildung 61: Schnittstellenmatrix am Beispiel smart (geschätzt).......................... 193

Abbildung 62: Ermittlung der optimalen Modulendmontagezeit(geschätzt) 194

Abbildung 63: Product-Family-Map der modularen Produktfamilie smart 195

Abbildung 64: Vereinfachter Zusammenhang zwischen Listenpreis, Selbst- und
Herstellkosten.. 196

Abbildung 65: M-BSC Spinnennetzdiagramm... 199

Abbildung 66: Pareto-Analyse der Kennzahl Commonality-Index auf Modulebene. 200

Abbildung 67: Process-Sequence-Chart für die modulare Produktfamilie smart 201

Abbildung 68: Plattformeffizienz aus Entwicklungs- und Produktionssicht 202

Abbildung 69: Differenzierungsportfolio 203

Abbildung 70: Visualisierung der Kennzahl Sales-Market-Separation..................... 204

Abbildung 71: Korrelation zwischen der Entwicklungstiefe und der
Entwicklungszeit 206

Abbildung 72: Exemplarische Erläuterung der statistischen Auswertung 221

Abbildung 73: Cash-Flow Statement und Net-Present-Value-Ermittlung
(Basis: fiktive Werte)... 227

Tabellenverzeichnis

Tabelle 1: Ausgewählte Definitionen des Performance-Measurements 24

Tabelle 2: Ansätze zur Bewertung modularer Produktfamilien im Überblick 31

Tabelle 3: Modultreiberbeschreibung 51

Tabelle 4: Innerhalb von MFD bewertete Modularisierungseffekte 52

Tabelle 5: Zusammenfassende Bewertung der Kennzahlen 76

Tabelle 6 : Anforderungen an die Zielformulierung 85

Tabelle 7: Zuordnung von Kennzahlen zu den Zielen der Perspektive Entwicklung 142

Tabelle 8 : Zuordnung von Kennzahlen zu den Zielen der Perspektive Produktion. 153

Tabelle 9: Exemplarische Ermittlung der Kennzahl Sales-Market-Separation 161

Tabelle 10 : Zuordnung von Kennzahlen zu den Zielen der Perspektive Marketing/Vertrieb 162

Tabelle 11: Zuordnung von Kennzahlen zu den Zielen der Perspektive Finanzwirtschaft 170

Tabelle 12: Zusammenfassende Bewertung und Zuordnung der Kennzahlen 171

Tabelle 13: Zuordnung der Inputgrößen zu den Kennzahlen der M-BSC 177

Tabelle 14: Vergleich der Modulstrukturierung gemäß Struktur- und Prozessanalyse 190

Tabelle 15: M-BSC der Perspektive Entwicklung 207

Tabelle 16: M-BSC der Perspektive Produktion 208

Tabelle 17: M-BSC der Perspektive Marketing/Vertrieb 209

Tabelle 18: M-BSC der Perspektive Finanzwirtschaft 210

Tabelle 19: Ermittlung der Kennzahl Quality-Index (geschätzte Werte) 223

Tabelle 20: Ermittlung der Ähnlichkeit der Aufbauordnungen am Beispiel smart 224

Tabelle 21: Ermittlung der Ähnlichkeit der Aufbauelemente am Beispiel smart 226

Tabelle 22: Ermittlung der Kennzahl Sales-Market-Separation (fiktive Werte) 227

Abkürzungsverzeichnis

A.d.V.	Anmerkung des Verfassers
AG	Aktiengesellschaft
aktual.	aktualisiert(e)
Aufl.	Auflage
bearb.	bearbeitet(e)
BSC	Balanced-Scorecard
bspw.	beispielsweise
BTO	Built-to-Order
bzw.	beziehungsweise
c.p.	ceteris paribus
ca.	circa
CAD	Computer Aided Design
CBS	Customized Body Panel System
DFA	Design for Assembly
DFV	Design for Variety
DM	Deutsche Mark
DPM	Design-Property-Matrix
durchges.	durchgesehen(e)
EDV	elektronische Datenverarbeitung
erw.	erweitert(e)
et al.	et alii
etc.	et cetera
F&E	Forschung und Entwicklung
f., ff.	folgende, fortfolgende
Fa.	Firma
GfK	Gesellschaft für Konsumforschung
HAAM	Hinterachsantriebsmodul
Hrsg.	Herausgeber
i.S.v.	im Sinne von
i.w.S.	im weiteren Sinne
IT	Informationstechnologie
IuK	Information und Kommunikation
kg	Kilogramm
km	Kilometer
kW	Kilowatt
M-BSC	Modularisierungs-Balanced-Scorecard
MCC	Micro Compact Car

MFD	Modular Function Deployment
MIM	Module Indication Matrix
Mio.	Millionen
mm	Millimeter
MoCar	Modularized Cars
Mrd.	Milliarden
MS	Microsoft
MTM	Methods-Time Measurement
neubearb.	neubearbeitet(e)
Nr.	Nummer
o.g.	oben genannt(e)
Pkw	Personenkraftwagen
QFD	Quality Function Deployment
REFA	Reichsausschuss für Arbeitszeitermittlung
ROS	Return on Sales
SA	Société Anonyme
S.	Seite
sog.	sogenannt(e)
Sp.	Spalte
Std.	Stunden
TU	Technische Universität
u.	und
u.a.O.	und andere Orte
überarb.	überarbeitete
USA	United States of Amercia
veränd.	verändert(e)
vgl.	vergleiche
VMEA	Variant Mode and Effects Analysis
Wkt.	Wahrscheinlichkeit
z.B.	zum Beispiel

Symbolverzeichnis für Kapitel 4

Kosten (k)

K_v^{FE} = Absolute F&E-Kosten bis Markteinführung für die Produktvariante v=1,...,V

$K_v^{FE,L}$ = Absolute F&E-Kosten der Lieferanten bis Markteinführung für die Produktvariante v = 1,...V

k_v^{SK} = Selbstkosten für die Produktvariante v=1,...,V

k_v^{HK} = Herstellkosten für die Produktvariante v = 1,...,V

$k_{v=1}^{SK,co}$ = Selbstkosten für Carry-Over-Umfänge der Basisvariante, die identisch zur Basisvariante des Vorgängermodells sind

$k_v^{SK,wht}$ = Selbstkosten für Wiederholteile der Produktvariante v=2,...,V im Bezug zur Basisvariante v=1

k_p^{R} = Durchschnittliche Rüstkosten im Prozessschritt p=1,...,P

k_v^{MK} = Materialkosten für fremdgefertigte Umfänge der Produktvariante v = 1,...,V

Mengeneinheiten (x)

X_v = Gesamte Absatzstückzahl der Produktvariante v=1,...,V

x^s = Anzahl der Schnittstellen zwischen den Modulen

x_m^{mv} = Anzahl der Modulvarianten des Moduls m=1,...,M

$x_m^{mv,muss}$ = Anzahl der obligatorischen Modulvarianten des Moduls m=1,...,M

$x_m^{mv,kann}$ = Anzahl der optionalen Modulvarianten des Moduls m=1,...,M

x_m^{k} = Anzahl der Komponenten im Modul m=1,...,M

x_p^{a} = Anzahl der Ausstattungsvarianten, die den Prozessschritt p=1,...,P verlassen

$x_{p=P}^{a}$ = Anzahl der Ausstattungsvarianten, die den letzten Prozessschritt verlassen

Zeit (t)

T = Gesamte Laufzeit der modularen Fahrzeugfamilie

t_v^{FE} = F&E-Zeit für die Produktvariante v=1,...,V

$t^{mo,opt}$ = Optimale Modulendmontagezeit

$t_m^{mo,real}$ = Reale Modulendmontagezeit für das Modul m=1,...,M

$t_m^{mo,k}$ = Durchschnittliche Komponenten-Einbauzeit bei der Modulvormontage des Moduls m=1,...,M

t_m^{test} = Testzeit für das Modul m=1,...,M

Preis (p)

p_v = Absatzpreis für die Produktvariante v=1,...,V

Sonstige

P = Gesamte Anzahl der Prozessschritte

M = Gesamte Anzahl der Module

V = Gesamte Anzahl der Produktvarianten

I_v^P = Absolute Investitionen in der Produktion für die Produktvariante v=1,...,V

CF_t = Netto-Cash-Flow der Periode t

i = Kalkulationszinssatz (Kapitalkostensatz)

q_m = Wahrscheinlichkeit des Nichterkennens von Fehlern bei der Modulendmontagetätigkeit des Moduls m=1,...,M ($0 \leq q_m \leq 1$)

c_m = Schnittstellenkomplexitätsfaktor für das Modul m=1,...,M ($0 < c_m \leq 1$)

f_m = Fehlerwahrscheinlichkeit für die Modulendmontagetätigkeit des Moduls m=1,...,M ($0 \leq f_m \leq 1$)

w_m = Fehlerwahrscheinlichkeit des Moduls m=1,...,M ($0 \leq w_m \leq 1$)

$Ä^E$ = Ähnlichkeit der Aufbau*elemente* resultierend aus dem Paarvergleich der betrachteten Produktvarianten

$Ä^O$ = Ähnlichkeit der Aufbau*ordnungen* resultierend aus dem Paarvergleich der betrachteten Produktvarianten

MA_r = Marktanteil der Absatzregion r=1,...,R am Gesamtmarktvolumen der paarweise betrachteten Produktvarianten v_1 und v_2

$MA_r^{v_1}$ = Marktanteil der im Paarvergleich betrachteten Produktvariante 1 am Marktvolumen der Absatzregion r=1,...,R

$MA_r^{v_2}$ = Marktanteil der im Paarvergleich betrachteten Produktvariante 2 am Marktvolumen der Absatzregion r=1,...,R

KV = Kombinationsverbote zwischen den Modulen

1 Einleitung

1.1 Ausgangssituation und Entwicklungstrend in der Automobilindustrie

Das Umfeld der Automobilindustrie ist durch eine hohe Dynamik und Komplexität geprägt. Die Technologien lösen sich in immer kürzer werdenden Zeitabständen ab und die Produktlebenszyklen verringern sich immer mehr. Zudem hat der Trend zu einer Mikrosegmentierung der Märkte zur Folge, dass die Fahrzeughersteller zusätzliche Varianten auf den Markt bringen müssen, um die kundenindividuellen Bedürfnisse zu befriedigen und im Wettbewerb bestehen zu können. Folge dieses dynamischen Marktumfeldes ist es, dass die Fahrzeughersteller immer mehr Fahrzeugvarianten in immer kürzerer Zeit entwickeln und vermarkten.

Die Herausforderung für die Unternehmen besteht in diesem Umfeld darin, Produkte frühzeitig am Markt zu platzieren, die den individuellen Kundenwünschen entsprechen, den technischen Fortschritt widerspiegeln und gleichzeitig den Wettbewerbs- und Kostendruck von Seiten der Konkurrenz berücksichtigen.[1] Der Erfolg eines Unternehmens hängt nicht zuletzt davon ab, mit welcher internen Komplexität es auf diese zunehmend ansteigende externe Komplexität reagiert, die unmittelbar aus der Diversität der Marktbedürfnisse und den Kundenanforderungen sowie dem intensiven Wettbewerb resultiert.

Bindeglied zwischen der externen und internen Komplexität ist die Produktstruktur, die sowohl den Grad der Befriedigung der extern geforderten Komplexität als auch die interne Komplexität bestimmt (vgl. Abbildung 1).

Die Produktstruktur beeinflusst im Wesentlichen drei Hauptfaktoren der internen Komplexität: die Effizienz der Leistungserstellung, die Flexibilität der Leistungsgestaltung und die Effektivität der Leistungsvermarktung. Reduziert werden kann die interne Komplexität dementsprechend durch einen relativ geringen durchschnittlichen Entwicklungsaufwand je Variante, durch hohes Reaktionsvermögen in der Produktion und durch eine gezielte Marketing- und Vertriebsstrategie. Ziel eines Fahrzeugherstellers muss es dementsprechend sein, eine optimale Produktstruktur im Spannungsfeld zwischen kundenorientierter Differenzierung und kostengetriebener Standardisierung zu finden.

---

[1] Vgl. Warnecke, H.-J. (1997), S. 3.

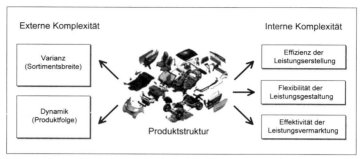

Abbildung 1: Die Produktstruktur als Bindeglied zwischen externer und interner Komplexität[2]

Vor dem Hintergrund des aufgezeigten Spannungsfeldes zwischen Standardisierung und Differenzierung existiert ein Trend in der Automobilindustrie, durch modulare Produktstrukturen sowohl die externe als auch die interne Komplexität zu optimieren. So zeigte Mercedes-Benz mit dem „Vario-Research-Car" ein Fahrzeugkonzept, das vier Produktvarianten in einem Konzept vereint. Der Kunde kann das Fahrzeug durch den Austausch von Modulen in kürzester Zeit mit wenigen Handgriffen zum Cabrio, Pick-up, Kombi oder zur Limousine individuell konfigurieren. Ein ähnliches Konzept wurde von Opel mit dem „Opel Maxx" vorgestellt, bei dem eine große Bandbreite von Fahrzeugvarianten mittels Austausch von Modulen durch den Kunden generiert werden kann. Je nach individuellen Anforderungen kann der Kunde zwischen vollverkleideter Basisversion, Cabrio, Limousine, Strand-Buggy, Lieferwagen, etc. wählen.[3] General Motors stellte zudem erst in jüngster Zeit mit dem Konzept „Hy-wire" eine Studie vor, bei der verschiedene Technologien, wie z.B. Brennstoffzellenantrieb und „drive-by-wire", mit einer modularen Bauweise kombiniert wurden. Das Ergebnis ist ein Basismodul in Form eines überdimensionalen Skateboards, auf das kundenindividuell verschiedene Aufbaumodule montiert werden können.[4]

Neben dieser Art von Fahrzeugkonzepten, bei denen der Kunde selbst das Fahrzeug nach seinen individuellen Transport- und Mobilitätswünschen konfiguriert (sog. Modularity-in-Use), existieren modulare Konzepte, bei denen die Variantenbildung bereits im Rahmen der Produktion beim Hersteller erfolgt (sog. Modularity-in-Production).[5] So stellte beispielsweise Mercedes-Benz mit dem MoCar-Konzept einen

---

[2] Vgl. Hofer, A.P. (2001), S. 3.
[3] Siehe z.B. o.V. (1996) oder Kaiser, A. et al. (1996).
[4] Siehe z.B. Garsten, E. (2002).
[5] Vgl. Sako, M. / Murray, F. (2000), S. 3ff.

1.1 Ausgangssituation und Entwicklungstrend in der Automobilindustrie

Ansatz vor, bei dem vier vollständig montierte und lackierte Karosseriemodule (Vorbau, Passagierzelle, Heck und Dach) einbaufertig an die Montagelinie angeliefert und zu verschiedenen Gesamtfahrzeugen zusammengestellt werden.[6] Dabei erfolgt eine Trennung in die Fertigung standardisierter Großmodule (Vorbau und Dach) und variantenbildender Module (Passagierzelle und Heck). Zudem ermöglicht diese Art der Fahrzeugstrukturierung eine schnellere Entwicklung von zusätzlichen Fahrzeugvarianten, indem lediglich einzelne Großmodule adaptiert werden (Modularity-in-Design).[7]

Eine Studie der Boston Consulting Group für die Automobilproduktion im Jahr 2020 bestätigt den aufgezeigten Trend zur Modularisierung. Demzufolge wird die Fabrik der Zukunft eine ringförmige Struktur haben, an die sich die (internen wie externen) Zulieferer satellitenförmig angliedern und die bereits vormontierten Module zum Gesamtfahrzeug endmontieren (vgl. Abbildung 2).

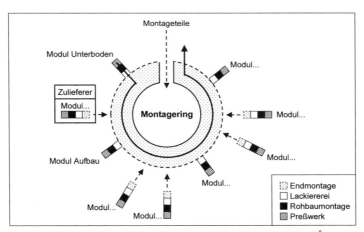

Abbildung 2: Fertigung modularer Produktfamilien in der Zukunft[8]

Der Einzug neuer Technologien in die Automobilproduktion wird diese Art der Fertigung forcieren. Beispielsweise ermöglicht die Folienbeschichtung anstelle der Nasslackierung die Sicherstellung der Farbtongleichheit der zu kombinierenden Module (sog. Color-Matching). Zudem tragen neue Fügetechnologien dazu bei, Großmodule

---

[6] Vgl. Truckenbrodt, A. (2001), S. 42ff; Hauri, S. (2001), S. 21.
[7] Vgl. Nebelung, D. (2000), S. 1; Sako, M. / Murray, F. (2000), S. 2f.
[8] Maurer, A. / Stark, W.A. (2001), S. 28.

zu einem Gesamtfahrzeug integrieren zu können (z.B. spezielle Klebeverfahren oder elektromagnetisches Fügen).[9]

Schließlich wird der Modularisierungstrend durch den zunehmenden Konzentrationsprozess in der Automobilindustrie verstärkt: Ausgehend vom Jahr 1970 reduzierten sich die damals 40 unabhängigen Automobilhersteller immer mehr durch Unternehmenszusammenschlüsse und strategische Allianzen. Im Jahr 2003 existierten noch 11 unabhängige Hersteller, wovon Prognosen zufolge im Jahr 2010 noch fünf bis acht Hersteller unabhängig bleiben werden.[10] Ergebnis dieses Konzentrationsprozesses ist, dass die Unternehmen in zunehmenden Maße auf Synergien durch baureihen- und markenübergreifende Nutzung von Komponenten und Modulen abzielen werden.

1.2 Problemstellung

Die konsequente Ausrichtung der Produktpolitik auf die Kunden unter Berücksichtigung des Produktangebotes der Wettbewerber veranlasst die Fahrzeughersteller zu einer zunehmenden Sortimentserweiterung durch zusätzliche Fahrzeugvarianten.[11] Abbildung 3 verdeutlicht die daraus resultierenden Effekte.

Eine Zunahme der Variantenanzahl (Quadrant I) entspricht einer Bewegung von Punkt A zu Punkt B. Bei nahezu konstanter Gesamtabsatzmenge resultiert daraus eine sinkende Stückzahl pro Variante (Quadrant II). Aufgrund der sinkenden Stückzahlen pro Variante erhöhen sich die Stückkosten infolge einer Umkehrung der Skaleneffekte und einer Zunahme der Komplexitätskosten (Quadrant III). Aus dieser Stückkostenerhöhung folgt eine Erhöhung der Gesamtkosten (Bewegung von Punkt A' zu Punkt B'). Flexible, modulare Produktfamilien versprechen einen Ausweg aus dem Dilemma. Mit modularen Produktfamilien ist es möglich, die extern geforderte Komplexität mit einer um ein Vielfaches geringeren internen Komplexität - und in der Folge geringeren Gesamtkosten - herzustellen. Zu berücksichtigen ist dabei, dass deren Entwicklung zunächst einen erhöhten Initialaufwand gegenüber der Solitärentwicklung erfordert (Bereich zwischen Punkt A und Punkt C). Unterschiedliche Anforderungen der Produktvarianten müssen bereits frühzeitig berücksichtigt werden, woraus ein erhöhter Koor-

---

[9] Vgl. Baumann, M / Sweeney, K. / Hänschke, A. (2001), S.416ff.
[10] Vgl. Dudenhöffer, F. (2001), S. 66.
[11] Vgl. Herrmann, A. / Huber, F. (2000), S. 246; Battenfeld, D. (2001), S. 137.

dinationsaufwand in der Entwicklung resultiert. Dieser Nachteil reduziert sich mit zunehmender Variantenanzahl, da aus einem einmal konzipierten modularen Baukasten mit relativ geringem Aufwand zusätzliche Varianten generiert werden können. Ab einer gewissen Variantenanzahl überwiegen die Vorteile einer modularen Produktfamilie (Punkt C) und die Gesamtkosten liegen unter denen einer Solitärentwicklung.

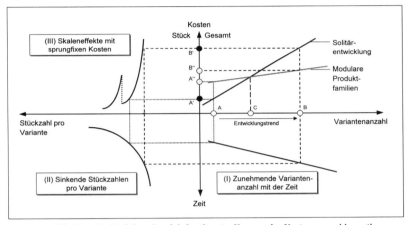

Abbildung 3: Modulare Produktfamilien im Kontext der Variantenproblematik

Das modularen Produktfamilien zu Grunde liegende Prinzip ist einfach, doch gibt es vielfältige Umsetzungsmöglichkeiten. Historische Beispiele aus der Automobilindustrie und anderen Branchen zeigen, dass modulare Produktarchitekturen in einem Spannungsfeld von Differenzierung und Standardisierung entwickelt und optimiert werden müssen. Häufig erfolgt die Entwicklung modularer Konzepte primär mit dem Ziel der Kostensenkung durch Komplexitätsreduktion und Verringerung der Teilevielfalt. Die dadurch resultierenden Synergieeffekte führen zu Kosten- und Zeitersparnissen sowie zu einer Verbesserung der Produktqualität. Diesen Synergieeffekten stehen jedoch potentielle Risiken gegenüber, die die Vorteile der Modularisierung überkompensieren können. Werden z.B. nahezu identische Fahrzeugvarianten auf dem gleichen Absatzmarkt zu unterschiedlichen Absatzpreisen angeboten, können Kannibalisierungseffekte zu einer Reduktion des Unternehmensgewinns führen, wenn sich die Kunden in der Mehrheit für die günstigere Variante entscheiden. Zudem droht bei einer markenübergreifenden Modularisierungsstrategie die Gefahr der Markenerosion.[12]

---

[12] Vgl. Huber, F. / Hieronimus, F. (2001), S. 12ff.

Damit steht die Verwendung von Gleichteilen in verschiedenen Produkten und Produktvarianten im Konflikt mit dem Wunsch des Kunden nach maßgeschneiderten, individuellen Produkten. Dieses Spannungsfeld zwischen Kunden- und Kostenorientierung in der Produktentwicklung fordert eine frühzeitige Verbindung der Anforderungen aus den beteiligten Funktionsbereichen des Unternehmens, um konkurrierende Zielsetzungen zu integrieren. Vor dem Hintergrund unterschiedlicher Zielsetzungen der an der Fahrzeugentwicklung beteiligten Funktionsbereiche, sind dabei die auftretenden Trade-offs richtig einzuschätzen und die modulare Produktfamilie zu optimieren. Hierbei kommt der Wahl der „richtigen" Produktstruktur, auf der die modulare Produktfamilie basiert, eine erfolgsentscheidende Bedeutung zu. Sie muss an die jeweiligen Marktbedingungen und die Marketingstrategie des Unternehmens ebenso angepasst werden wie an die Anforderungen der Produktion. Unterschiedliche Innovationsgeschwindigkeiten verschiedener technischer Systeme erfordern zudem differenzierte Wiederverwendungsstrategien.[13] Eine starre Produktarchitektur kann aufgrund eines relativ hohen Integrationsaufwandes für Innovationen einen zeitlichen Innovationsaufschub bzw. eine Innovationsvermeidung und somit Nachteile im Wettbewerbsvergleich zur Folge haben.

Diese Problemfelder führen zu einem methodischen Unterstützungsbedarf bei der ganzheitlichen Planung und Steuerung modularer Fahrzeugfamilien. Speziell in der angelsächsischen Literatur sind vereinzelt Produktstrukturierungs- und Bewertungsansätze zu finden, die auf das Planungs- und Steuerungsobjekt „modulare Produktfamilien" angewendet werden können. Ein ganzheitliches Planungs- und Steuerungsinstrument existiert jedoch in der Praxis sowie in der theoretischen Forschungslandschaft derzeit nicht. Zudem fehlt es an einem einheitlichen Definitionsmodell, das die häufig aus marketingpolitischen Gründen unterschiedlich kommunizierten Produktentwicklungsstrategien (z.B. Plattformstrategie, Modulbauweise, Gleichteilestrategie) auf einer einheitlichen definitorischen Basis beschreibt.

---

[13] Vgl. Neff, T. / Junge, M. / Virt, W. / Hertel, G. / Bellmann, K. (2001), S. 28.

1.3 Zielsetzung und Aufbau

1.3.1 Forschungsfrage

Ziel dieser Arbeit ist es, einen ganzheitlichen Performance-Measurement-Ansatz zu konzipieren, der im Rahmen der Modularisierung herangezogen werden kann, um modulare Produktfamilien planen und steuern zu können. Dabei müssen Bewertungskriterien für die an der Produktentwicklung beteiligten Funktionsbereiche gefunden werden. Dies schließt die Entwicklung, die Produktion, das Marketing und den Vertrieb sowie den Bereich Finanzwirtschaft ein, der insbesondere für die Rentabilität der Produktentwicklung zu sorgen hat. Aufgrund der vielfältigen Zielkonflikte und der starken Verflechtung der Anforderungen an eine Produktentwicklung, müssen Kennzahlen erarbeitet werden, die eine integrierte Bewertung modularer Produktfamilien zulassen. Dies ist umso wichtiger, da die zu entwickelnde Architektur für die Entwicklung mehrerer unterschiedlicher Varianten genutzt werden soll und somit das zukünftige Produktprogramm entscheidend bestimmt. Zudem wird das Ziel verfolgt, ein Definitionsmodell zu erarbeiten, mit dem auf einer einheitlichen definitorischen Grundlage, das Prinzip der Modularisierung verdeutlicht werden kann.

Die aufgezeigte Problemstellung wirft folgende Forschungsfrage auf, die diese Arbeit zu klären versucht:

Wie ist ein Performance-Measurement-Ansatz zu konzipieren, der im Rahmen der Produktentwicklung zur Planung und Steuerung modularer Produktfamilien eingesetzt werden kann?

Diese Forschungsfrage gibt bereits einen Hinweis auf das der Forschungsarbeit zu Grunde liegende Verständnis betriebswirtschaftlicher Forschung als angewandte, praktische Realwissenschaft. Demzufolge besteht die Hauptaufgabe der weiteren Untersuchung darin, mit Hilfe bestehender wissenschaftlicher Erkenntnisse sowie den Erfahrungen aus der Praxis, Problemlösungen für praktisches Handeln zu entwickeln.[14] Dabei zielt der zu erarbeitende methodische Ansatz insbesondere darauf ab, die strategische Planung in der Konzeptphase zu unterstützen, die operative Umsetzung der Modularisierungsstrategie über ein gezieltes Controlling sicherzustellen und eine methodische Basis für Benchmarking-Analysen bereitzustellen. Die wesentliche Herausfor-

---

[14] Vgl. Ulrich, H. (1984), S. 200.

derung besteht zum Einen in der Erarbeitung eines Zielsystems, das die mit der Modularisierung verfolgten Ziele systematisch erfasst. Zum Anderen sind existierende Methoden zur Bewertung der entsprechenden Zielerreichungsgrade aufzugreifen und zu ergänzen.

1.3.2 Forschungsziele

Folgende Forschungsziele ergeben sich aus der Forschungsfrage:

- **Erarbeiten eines Definitionsmodells für modulare Produktfamilien**

Der Wandel der Terminologie im Laufe der Zeit, der Einfluss der englischsprachigen Literatur und die oft unterschiedlichen Heimatdisziplinen der Experten haben zu einer umfangreichen Begriffsvielfalt geführt. Ein Definitionsmodell dient dem grundlegenden Verständnis der Zusammenhänge dieses Fachvokabulars.

- **Darstellung und Beurteilung ausgewählter Methoden zur Bewertung modularer Produktfamilien**

Die Qualität der Bewertungsergebnisse hängt in großem Maße davon ab, in welcher Qualität die formalen Ziele eines Zielsystems durch messbare Größen ausgedrückt werden können. Daher ist zu untersuchen, inwiefern Kennzahlen ausgewählter Methoden mit vertretbarem Aufwand, hoher Transparenz und Aussagekraft in einem ganzheitlichen Planungs- und Steuerungsansatz eingesetzt werden können.

- **Formulierung eines multikriteriellen Zielsystems und Bildung von Ursache-Wirkungsbeziehungen**

Einer ganzheitlichen Betrachtung soll Rechnung getragen werden, indem ein multikriterielles Zielsystem für modulare Produktfamilien erstellt wird. Dazu sind die Ziele zum Einen hierarchisch zu gliedern und zum Anderen anhand weiterer Ordnungsstrukturen zu klassifizieren. Die Bedeutung der Ziele wird über eine Expertenbefragung bei einem internationalen Automobilhersteller und anhand von Aussagen der Fahrzeughersteller im Rahmen einer Literaturrecherche überprüft. Zudem werden die Ziele im Rahmen von Ursache-Wirkungsbeziehungen auf Abhängigkeiten untereinander untersucht, um daraus eine Modularisierungsstrategie abzuleiten.

- **Konzeption eines Performance-Measurement-Ansatzes für modulare Produktfamilien basierend auf dem Balanced-Scorecard-Konzept**

Basierend auf den Analysen ausgewählter Bewertungsmethoden wird ein Ansatz konzipiert, der die ganzheitliche Planung und Steuerung modularer Produktfamilien unterstützt. Das Konzept der Balanced-Scorecard wird als Ausgangspunkt herangezogen, da bei der strategischen Ausrichtung neben der finanziellen Perspektive auch weitere Perspektiven berücksichtigt werden. Zudem geben die Konzeptionsphasen der Balanced-Scorecard eine Systematik für die Strategieformulierung bis zur Umsetzung der Strategie in operative Maßnahmen vor. Die Herausforderung besteht in diesem Zusammenhang insbesondere darin, die speziellen Ziele der Modularisierung und die zur Zielquantifizierung geeigneten Kennzahlen zu identifizieren. Dafür werden Kennzahlen existierender Bewertungsmethoden adaptiert, um weitere Aspekte ergänzt und in einen integrierten Ansatz, die sog. „Modularisierungs-Balanced-Scorecard", überführt.

1.3.3 Aufbau und Vorgehensweise

Die Arbeit gliedert sich in fünf Hauptkapitel (vgl. Abbildung 4). Nach der Einleitung in diesem Kapitel erfolgt im zweiten Kapitel eine Einführung in das Thema Modularisierung und eine Klärung begrifflicher Grundlagen.

Das dritte Kapitel hat eine Analyse ausgewählter Methoden zum Inhalt, die einen Beitrag zur kennzahlenbasierten Planung und Steuerung modularer Produktfamilien leisten können. Die Kennzahlen werden dabei auf ihre Eignung zur Integration in einen ganzheitlichen Performance-Measurement-Ansatz untersucht.

Im darauf folgenden vierten Abschnitt, der den Hauptteil dieser Arbeit darstellt, wird ein Performance-Measurement-Ansatzes für modulare Produktfamilien in Anlehnung an die Balanced-Scorecard (BSC) konzipiert. Zunächst werden dabei die Grundlagen und die Konzeptionsphasen der BSC erläutert. Im Anschluss daran erfolgt die Konkretisierung der Modularisierungs-Balanced-Scorecard (M-BSC), die speziell für die

Planung und Steuerung modularer Produktfamilien generiert wird. Dazu werden Modularisierungsziele erarbeitet und über Ursache-Wirkungsbeziehungen zu einer Modularisierungsstrategie aggregiert. Darauf aufbauend erfolgt die Bestimmung der Kennzahlenstruktur und die Zuordnung zu den entsprechenden Modularisierungszielen.[15]

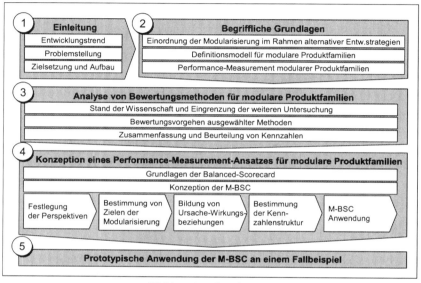

Abbildung 4: Aufbau der Arbeit

Im fünften Kapitel wird im Rahmen einer prototypischen Umsetzung der M-BSC an einem praxisnahen Beispiel überprüft, inwiefern die entwickelte Methode in der Praxis der Fahrzeugindustrie anwendbar ist. Darüber hinaus wird eine strukturierte Vorgehensweise verdeutlicht, die als Grundlage für die praktische Anwendung dient.

---

[15] Unter Kennzahlenstrukturen wird im Weiteren die Zusammenstellung voneinander nicht zwangsläufig abhängigen Kennzahlen verstanden, deren Berechnung aus einem gemeinsamen Datenbestand mit einheitlichen Parameterdeklarationen erfolgt. Darüber hinaus werden die Wertebereiche und Zielwerte soweit wie möglich vereinheitlicht (vgl. Kapitel 4.2.4).

2 Begriffliche Grundlagen

2.1 Einordnung der Modularisierung im Rahmen alternativer Entwicklungsstrategien

Die Ansätze zur Umsetzung eines möglichst hohen Standardisierungsgrades, ohne die vom Kunden wahrgenommenen Differenzierungselemente eines Fahrzeuges allzu sehr zu beschneiden, sind vielfältig und von marketingpolitischen Begriffsbildungen geprägt. Unbestritten ist, dass die Ausgestaltung der Produktstruktur einen wesentlichen Einfluss auf die Fähigkeit eines Unternehmens hat, unter ständig wechselnden Umweltbedingungen erfolgreich zu sein. Unter diesen Voraussetzungen kommt der Gestaltung der Produktstruktur eine steigende Bedeutung zu. Damit wird es zu einem kritischen Erfolgsfaktor, die geeignete Struktur für die anvisierten Marktsegmente zu finden, die unter Ausnutzung von Standardisierungspotentialen die kundenseitigen Differenzierungsanforderungen erfüllt und flexible Entwicklungsmöglichkeiten bietet. Die Betrachtung des Spektrums möglicher Produktentwicklungsansätze in Form einer Produktkorridoranalyse zeigt, dass im Spannungsfeld zwischen Standardisierung – und damit Kostensenkung – und Produktdifferenzierung Kompromisse möglich, die Übergänge zwischen den Strategien jedoch fließend sind (vgl. Abbildung 5).

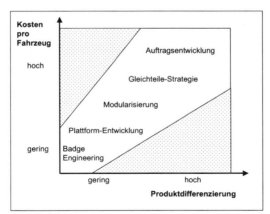

Abbildung 5: Produktkorridoranalyse [16]

---

[16] Vgl. Dudenhöffer, F. (1998), S. 35; siehe auch Neff, T. / Junge, M. / Virt, W. / Hertel, G. / Bellmann, K. (2001), S. 33. Der Produktkorridor gibt die Menge aller technisch möglichen Fahrzeugkosten-Produktdifferenzierungs-Kombinationen an und ist als Raum zwischen den beiden Geraden gekennzeichnet. Kombinationen außerhalb dieser Fläche sind technisch (bisher) nicht realisierbar.

Eine Auftragsentwicklung wird immer den höchsten Grad an Individualisierung erzielen, aber nie mit den Kosten einer standardisierten Massenfertigung konkurrieren können. Eine Gleichteilestrategie – eigentlich müsste von einer Wiederholteilestrategie gesprochen werden – zeichnet sich dadurch aus, dass für unterschiedliche Produkte bewusst Bauteile wiederholt verwendet werden.[17] Diese Form der Standardisierung führt bereits zu signifikanten Einsparungen, ohne jedoch die Unterschiedlichkeit der betroffenen Fahrzeuge allzu sehr einzuschränken. D.h. die fahrzeugbestimmenden Hauptabmessungen und die technische Ausstattung sind noch deutlich unterscheidbar.

Einen Schritt weiter geht die Strategie der Modularisierung. Nach RAPP lassen sich alle Produktsysteme modular darstellen, es ist allein eine Frage des Modularisierungsgrades.[18] Modulare Ansätze finden sich seit langem im Bereich der Bus-Industrie, wie beispielsweise bei den MAN-Niederflurstadtbussen der dritten Generation. Dort gestattet die Modulstrukturierung in Bodengerippe- und Aufbaugerippesegmente die Verwendung gleicher Teileumfänge in allen Bustypen.[19] Auch im Nutzfahrzeugbereich sind derartige Ansätze zu finden. So wird beispielsweise bei Scania auf Basis eines Modulkonzeptes, bestehend aus ca. 12.000 Bauteilen, eine Modellpalette von rund 360 Fahrzeugen generiert, die sich zudem in mehrere tausend Varianten untergliedert.[20] Auch für Pkw finden sich zunehmend modulare Ansätze, wie z.B. das smart-Konzept, bei dem wenige Hauptmodule in rund 4,5 Stunden zu einem Gesamtfahrzeug endmontiert werden.[21] In der Regel wird bei der modularen Entwicklung implizit davon ausgegangen, dass mehr Freiheitsgrade bestehen als bei einer Plattform-Entwicklung, wodurch die Möglichkeiten zur Produktdifferenzierung noch größer sind. Innerhalb der Module wird versucht, möglichst wenige Varianten mit einem gleichzeitig möglichst hohen Wiederholteileanteil zu realisieren und dennoch die relevanten Kundenanforderungen abzudecken.

---

[17] Während bei der Gleichteileverwendung gleiche Teile in *einem* Produkt verbaut werden, werden die Teile bei der Wiederholteileverwendung in *unterschiedlichen* Produkten mehrfach verwendet (vgl. Ehrlenspiel, K. (1995), S. 277). In der Praxis werden die Begriffe in der Regel synonym verwendet.
[18] Vgl. Rapp,T. (1999), S. 59.
[19] Vgl. Uttenthaler, J. (1998), S. 179.
[20] Vgl. Scania (2001).
[21] Vgl. o.V. (1997b), S. 48.

Bei der Plattform-Entwicklung setzt sich eine Produktplattform aus standardisierten Basismodulen zusammen, während die Differenzierung von Elementen außerhalb der Plattform erfolgt. „Plattformstrategie (im Automobilbau; A.d.V.) bedeutet, auf der Basis von wenigen Grundbaumustern und Bodengruppen eine Vielfalt von Fahrzeugtypen, auch verschiedener Marken, zu entwickeln und anzubieten, die aufgrund ihres äußeren Erscheinungsbildes eigenständig und verschieden sind."[22] Populärster Vertreter der Plattformstrategie in Europa ist der VW Konzern, bei dem auf einer Plattform bis zu sieben Fahrzeugmodelle mit einer Jahresstückzahl von ca. 1,8 Mio. Fahrzeugen basieren. In Zukunft wird angestrebt, die auf einer Plattform basierende Modellanzahl noch weiter zu erhöhen und den Plattformlebenszyklus von bisher acht auf zwölf Jahre zu verlängern.[23]

Eine Extremform der Standardisierung stellt das Badge-Engineering dar. Hierunter wird die Baugleichheit von Fahrzeugen verstanden, deren Entwicklung in einem Joint Venture von verschiedenen Fahrzeugherstellern gemeinsam erfolgte, aber unter verschiedenen Markennamen vertrieben werden.[24] Das Gemeinschaftsprojekt zwischen VW und Ford bei der Fertigung weitgehend baugleicher Vans (VW Sharan, Seat Alhambra und Ford Galaxy) kann als ein Beispiel für diese Bauweise herangezogen werden. Hier besteht nur noch ein geringes Differenzierungspotential, wodurch die Gefahr eines Preisverfalls besteht.

Die Ausführungen zur Produktkorridoranalyse und historische Beispiele aus der Automobilindustrie zeigen, dass die Herausforderung für die Fahrzeughersteller darin besteht, zwischen den zwei Extremformen der kostenintensiven Auftragsentwicklung und der kostengünstigen Badge-Engineering-Strategie einen Kompromiss zu finden. Zudem wird deutlich, dass die Übergänge zwischen den Definitionen der Produktentwicklungsstrategien zum Teil fließend sind. Daraus entstehen insbesondere in der Entwicklungspraxis Probleme aufgrund des uneinheitlichen Sprachgebrauchs. Diese Problematik resultiert nicht zuletzt aus der Tatsache, dass die Strategien nicht isoliert betrachtet werden können, da ihnen gemeinsame Prinzipien, wie z.B. das Prinzip der Standardisierung, zu Grunde liegen. Daraus ergibt sich ein Bedarf nach einem Definitionsmodell im Rahmen der Entwicklung modularer Produktfamilien.

---

[22] Schmid, M. /Anders, M. / GfK (2001), S. 6.
[23] Vgl. Gorgs, C. (2002), S. 63.
[24] Vgl. Piller, F.T. / Waringer, D. (1999), S. 105.

2.2 Definitionsmodell für modulare Produktfamilien

2.2.1 Modulare Produktfamilien als Ergebnis der Modularisierung

Eine Produktfamilie beinhaltet eine Menge individueller Produkte, die auf einer gemeinsamen Basis aufbauen und dennoch spezifische Eigenschaften und Funktionen besitzen.[25] Diese gemeinsame Basis kann im Rahmen der Produktstrukturierung durch das Prinzip der Modularisierung generiert werden. Unter Modularisierung wird die Gestaltung von Produkten und Komponenten durch die Kombination von funktional und physisch durch Passstellen klar abgegrenzte Bausteine (Module) verstanden, die durch Schnittstellen miteinander verbunden sind.[26] Das Produkt wird dabei in einzelne Module untergliedert, die wiederum in weitere (Sub-)Module zerlegt werden können.[27] Sofern die Produkte einer Produktfamilie aus einem derartigen Modulbaukasten konfiguriert werden, charakterisiert dies eine *modulare* Produktfamilie.

Führen historisch gewachsene Produktstrukturierungen oder projektspezifische Moduldefinitionen zu unterschiedlichen Modulstrukturen bzw. Definitionen, ist die Modulstruktur sowie das Modulverständnis zunächst unternehmensweit anzugleichen oder gegebenenfalls neu zudefinieren. Exemplarisch werden in Abbildung 6 die Hierarchieebenen einer modularen Produktstruktur am Beispiel eines Automobils verdeutlicht. Die Untergliederung des Fahrzeuges erfolgt dabei in einem Verhältnis von eins zu sechs auf jeder Produktebene, was einem Erfahrungswert aus der Fahrzeugentwicklungspraxis entspricht. Diese beispielhafte Darstellung verdeutlicht die Anzahl der Hierarchieebenen bei der Modularisierung eines Fahrzeuges, das aus ca. 8.000 Einzelteilen besteht. Im Beispiel existieren zwischen dem Gesamtfahrzeug und der Einzelteilebene vier Modulebenen. Dabei steigt mit zunehmender Modularisierungstiefe die Anzahl der Module exponentiell an. Zur Begrenzung der Komplexität bei der Konzeptentwicklung einer modularen Produktfamilie bietet es sich an, dem Produktentstehungsprozess die zweite Modulebene als Referenzebene zu Grunde zu legen, da die zu koordinierende Modulanzahl auf dieser Ebene überschaubar bleibt.

Zu berücksichtigen ist bei dieser Untergliederung des Produktes die Abgrenzung eines Moduls. Aus logistischer und produktionstechnischer Sicht ist ein Modul eine nach Montageaspekten abgrenzbare und einbaufertige Einheit, die aus mehreren Elementen

---

[25] Vgl. Meyer, M. / Lehnerd, A. (1997), S. 35.
[26] Vgl. Baldwin, C.Y. / Clark, K.B. (1997), S. 86.
[27] Vgl. Eversheim, W. / Schernikau, J. / Goeman, D. (1996), S. 44f.

zusammengesetzt (vormontiert) ist.[28] Bei der Kombination der Module kommt der Anordnung der Schnittstellen, d.h. der physischen Abhängigkeit, eine wesentliche Bedeutung zu. Durch das Zusammensetzen der Module zu einer funktionalen Einheit, die notwendigerweise nicht direkt physisch zusammenhängen, entsteht ein System. Systeme können im Gegensatz zu Modulen auch Produktgrenzen überschreiten, wie z.B. bei Informationssystemen.[29] Ziel sollte es sein, die Module über möglichst wenige Schnittstellen miteinander zu verbinden. Dadurch ergeben sich vielseitige Vorteile in Produktion und Entwicklung. Insbesondere resultiert daraus eine Komplexitätsreduktion im Produktionsablauf aufgrund vereinfachter Montageprozesse und eine Vereinfachung der Entwicklungsprozesse durch wenige, fest definierte Schnittstellen. Sofern eine Trennbarkeit der Module auch nach Fertigstellung des Produktes ermöglicht wird, ergibt sich eine erweiterte physische Unabhängigkeit der Module, da diese während der Nutzungsphase durch den Kunden selbst ausgewechselt werden können (z.B. bei Reparaturen oder Reinigungen).

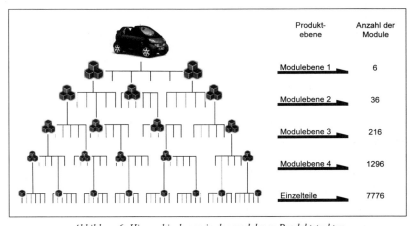

Abbildung 6: Hierarchieebenen in der modularen Produktstruktur

Neben der physischen Abhängigkeit der Module, kommt der funktionalen Abhängigkeit eine Bedeutung zu. Nach dieser funktionalen Sichtweise bildet ein Modul eine in sich geschlossene autarke Funktionseinheit, die von Veränderungen in anderen Teilen des Systems unabhängig ist.[30] Die funktionale Abhängigkeit resultiert aus der Trans-

---

[28] Vgl. Piller, F.T. / Waringer, D. (1999), S. 39; Schindele, S. (1998), S. 89.
[29] Vgl. Schindele, S. (1998), S. 89.
[30] Vgl. Hesser, W. / Sodka, M. (1998), S. 50.

formationsstruktur zwischen Funktions- und Baustruktur. Dabei ist die funktionale Unabhängigkeit maximal, wenn jede Teilfunktion von genau einem Modul erfüllt wird. Sofern jedoch zur Erfüllung einer geforderten Funktion mehrere Module erforderlich, entstehen zwischen den Modulen funktionale Abhängigkeiten.[31]

Die Zuordnung zwischen Modulen und Funktionen kann auf Basis von vier Prinzipien beschrieben werden (vgl. Abbildung 7):[32] Mit dem Begriff „Functional Purity" wird die Zuordnung von einer Funktion zu einem Modul bezeichnet. Dagegen werden beim Prinzip „Module Sharing" mehreren Funktionen in einem Modul integriert. Das „Function Sharing" beschreibt die Aufspaltung einer Funktion auf mehrere Module, während „Integral Design" die Verteilung unterschiedlicher Funktionen auf eine Vielzahl von Modulen charakterisiert.

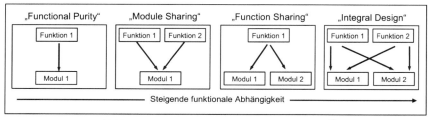

Abbildung 7: Möglichkeiten funktionaler Abhängigkeiten[33]

Aus der Kombination von physischer und funktionaler Unabhängigkeit resultiert der Modularitätsgrad einer Produktstruktur. Der Grad der Modularität eines Produktes kann danach beurteilt werden, wie viele physisch und funktional unabhängige Module die Produktstruktur bilden. Das Maß der Modularität ist umso größer, je stärker die funktionale und physische Unabhängigkeit ausgeprägt ist (vgl. Abbildung 8).[34] Demzufolge existieren bis auf wenige Ausnahmefälle keine nicht-modularen, sondern nur mehr oder weniger modulare Produkte. Ausnahmefall ist die integrale Produktstruktur, die sich durch eine niedrige funktionale und zugleich eine niedrige physische Unabhängigkeit auszeichnet.

---

[31] Vgl. Göpfert, J. (1998), S. 104.
[32] Vgl. Holmqvist, T. / Persson, M. (2000), S. 1ff.
[33] Vgl. ebenda, S. 1ff.
[34] Vgl. Göpfert, J. (1998) S. 107.

2.2 Definitionsmodell für modulare Produktfamilien

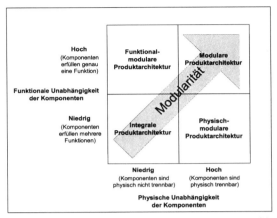

Abbildung 8: Modularitätsgrad in Abhängigkeit von der physischen und funktionalen Unabhängigkeit[35]

Neben dem rein technischen Ansatz der Produktstrukturierung zur Überwindung des beschriebenen Spannungsfeldes kommen auch noch produktionsseitige und organisatorisch-prozessseitige Ansätze in Frage. Derartige Ansätze setzen eine geeigneten Produktarchitektur als notwendige Bedingung voraus, um die jeweils verfolgten Ziele zu erreichen. Ein strategischer Ansatz, der den aufgezeigten Konflikt zwischen Standardisierung und Differenzierung aufgreift, wird in der betriebswirtschaftlichen Literatur als Mass Customization bezeichnet. Darunter wird eine hybride Wettbewerbsstrategie verstanden, die versucht eine kundenindividuelle Massenproduktion umzusetzen.[36] Durch Einsatz moderner Produktions- und IuK-Technologien wird versucht über ein umfassendes Leistungsangebot Differenzierungs- und Kostenvorteile gleichzeitig zu verfolgen. Dabei wird in der Regel die Modularisierung in ihren verschiedenen Ausprägungen als eine geeignete Entwicklungsstrategie angesehen.

2.2.2 Arten der Modularisierung

In der Literatur finden sich vier Arten der Modularisierung (vgl. Abbildung 9).[37] Unter einer generischen Modularisierung wird die Zusammensetzung eines Produktes aus stets der gleichen Anzahl standardisierter Module verstanden, die jeweils unterschied-

---

[35] Göpfert, J. (1998), S. 107.
[36] Vgl. Piller, F.T. (2000), S. 213.
[37] Vgl. dazu insbesondere Piller, F.T. / Waringer, D. (1999), S. 46ff.

liche Leistungsmerkmale aufweisen können. Die Basis ist ein einheitliches Grundprodukt, die Produktplattform. Dieser Ansatz ist relativ starr und wird in dieser Form in der Automobilindustrie nur noch selten konsequent umgesetzt. Ein Beispiel, das diesem Ansatz in der Vergangenheit sehr nahe kam, war die historische Fahrzeugplattform von Chrysler, die sog. K-Plattform. Mit dieser Plattform gelang es dem Unternehmen in den 80er-Jahren einen Ausweg aus der finanziellen Krise zu finden, indem die Kosten durch die Verwendung einer gemeinsamen Plattform erheblich gesenkt wurden. Eine Aufweichung dieser strengen Form der Modularisierung wird durch die Verwendung von Anpassungsteilen möglich, die innerhalb bestimmter Grenzen variabel sind und dadurch z.B. Längenanpassungen der Fahrzeugkarosserie erlauben.

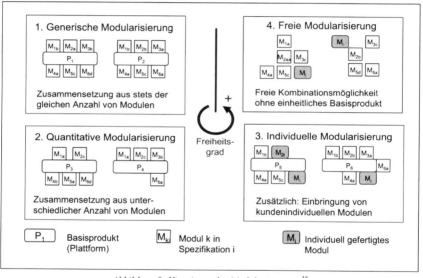

Abbildung 9: Vier Arten der Modularisierung[38]

Unter quantitativer Modularisierung wird der Zusammenbau eines Produktes aus unterschiedlich vielen standardisierten Modulen auf einem Basisprodukt bzw. -modul verstanden. Eine Variation der Zahl der Module ist z.B. durch zusätzliche Sonderausstattungen vorgegeben, die dem Kunden eine Individualisierung seines Fahrzeuges erlauben. Als Beispiel für diesen Modularisierungstyp kann die modulare Produktfamilie smart angeführt werden.

---

[38] Vgl. Piller, F.T. / Waringer, D. (1999), S. 47.

Mit individueller Modularisierung wird die Zusammensetzung von Produkten aus Modulen fixer oder variabler Anzahl bezeichnet, die teilweise aus einem Standardsatz stammen, teilweise aber auch kundenindividuell gestaltet werden können. Diese Art der Modularisierung ist häufig im Schienenfahrzeugbau zu finden, wo sog. „free-for-design-Bereiche" kundenindividuell angefertigt werden (z.b. spezifische Türmodule).

Die freie Modularisierung ist durch die freie Kombinationsmöglichkeit standardisierter und individueller Module charakterisiert. Dabei entfällt die Notwendigkeit eines einheitlichen Basisproduktes. Damit wird das höchste Maß an Differenzierung und Kundenorientierung erreicht. Dieses Prinzip ist aufgrund der hohen Freiheitsgrade auch am schwierigsten umzusetzen. Auf Gesamtfahrzeugebene lässt sich heute noch kein Beispiel finden, aber Fahrzeugsubsysteme oder modulare Fertigungsanlagen können nach diesem Prinzip bereits gegenwärtig erstellt werden.[39]

Die Darstellungen zu den alternativen Modularisierungsarten haben gezeigt, dass dem Prinzip der Modularisierung in der Regel eine Basis, die aus mehreren Basismodulen bestehen kann, zu Grunde liegt. Erst die freie Modularisierung, die sich durch einen vergleichsweise hohen Freiheitsgrad auszeichnet, ist nicht mehr auf die Bildung eines variantenübergreifenden, unbedingt notwendigen Basismodulumfangs angewiesen. Festzuhalten bleibt jedoch, dass diese freie Art der Modularisierung, bezogen auf ein Gesamtfahrzeug, einen theoretischen Idealfall darstellt, der z.B. als Referenz bei der Bewertung herangezogen werden kann.

In der Fahrzeugindustrie gewinnt das Prinzip der quantitativen Modularisierung zunehmend an Bedeutung. Es ist festzustellen, dass diesem Prinzip weitere Aspekte zu Grunde liegen, die zu dem bereits eingangs erwähnten uneinheitlichen Sprachgebrauch führen. Fragestellungen wie „Welcher Umfang gehört zur Plattform?" oder „Verfolgt ein Unternehmen per Definition eine Plattformstrategie oder eher eine Modulbauweise?" können häufig nicht eindeutig beantwortet werden. Daraus entsteht der Bedarf nach einer weiteren Detaillierung der definitorischen Zusammenhänge, um bei der Entwicklung modularer Produktfamilien Missverständnisse zu vermeiden.

---

[39] Vgl. Neff, T. / Junge, M. / Virt, W. / Hertel, G. / Bellmann, K. (2001), S. 35.

2.2.3 Formulierung eines Definitionsmodells

Das Definitionsmodell basiert auf der Annahme, dass die Modularisierung der Produkte einer Produktfamilie bereits erfolgt ist, d.h. die Produktstruktur bereits festgelegt wurde. In diesem Sinne werden Produktvarianten aus einem Modulbaukasten zusammengesetzt, in dem sämtliche aus der Modularisierung resultierende Module aufgeführt sind (vgl. Abbildung 10). Jede Modulart dieses Baukastens (z.B. Motor) wird durch einen Würfel der Grundfläche repräsentiert, wobei eine vertikale Würfelsäule die verschiedenen Modulvarianten (z.B. Benzin- und Dieselmotor) darstellt.

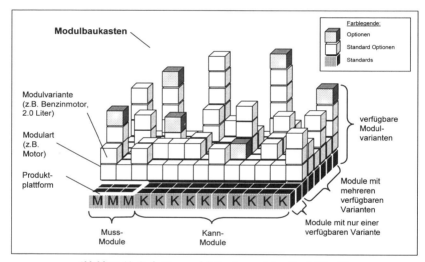

Abbildung 10: Definitionsmodell für eine modulare Produktfamilie

Innerhalb einer Säule existieren drei mögliche Typen der Modulvarianten: Standards, Standard Optionen und Optionen. Als Standards werden solche Modulvarianten bezeichnet, die der Hersteller als Grund- oder Serienausstattung seines Produktes festgelegt hat. Darüber hinaus existieren für viele Module auch Standard Optionen, die als Sonderausstattungen zu interpretieren sind. Dieses sind alternative Modulvarianten, die der Kunde, meist gegen Aufpreis, zusätzlich bzw. anstelle der Standards bestellen kann. Die Optionen stellen schließlich die Modulvarianten dar, die der Hersteller zwar grundsätzlich vorgesehen, aber noch nicht fertig ausentwickelt hat. Die Ausentwicklung erfolgt erst auf kundenspezifischen Auftrag und mit entsprechender Kostenbelastung für den Kunden. Verbreitet ist eine derartige Vorgehensweise im Bereich der

Schienenfahrzeuge, bei dem die Kunden häufig spezifische Sonderwünsche äußern, die individuell in das Produkt einzubringen sind. Sofern ein derartiges Modul der Kategorie „Option" einmal kundenspezifisch ausentwickelt wurde, kann es in die Modulkategorie „Standard Option" übergehen, da es nach der detaillierten Entwicklung in der Regel auch weiteren Kunden angeboten werden kann.

Unter Modulvarianten werden in diesem Zusammenhang ähnliche Module verstanden, die sich jeweils nur in wenigen Merkmalen unterscheiden. Diese Varianten können auf Einzelteilebene durch Modifikation des Materials, der Geometrie, der Farbe oder der Funktion des Einzelteils erzeugt werden. Bei mehrteiligen Modulen können Variationen zusätzlich durch Variation der Einzelteile, durch unterschiedliche Kombination der Einzelteile zu Baugruppen und durch unterschiedliche Kombination der Einzelteile und Baugruppen zu Modulen erzielt werden.[40] Analog gelten diese Zusammenhänge der Modulebene auch auf der Ebene des Endproduktes.

Neben den Modulvarianten, die innerhalb einer Säule im Definitionsmodell aufgeführt sind, wird auf horizontaler Ebene zwischen Muss- und Kann-Modulen unterschieden. Muss-Module, die auch als obligatorische Module bezeichnet werden, sind zur Funktionserfüllung des Gesamtprodukts unbedingt erforderlich (z.B. Motor) und „müssen" zwingend im Produkt enthalten sein. Kann-Module – auch als optionale Module bezeichnet – sind als zusätzliche Wahlmöglichkeiten zu verstehen, die zur Erfüllung der Grundfunktionen nicht unbedingt erforderlich sind (z.B. Heckspoiler) und „können" weggelassen werden.

Auf Basis der vertikalen Darstellung der Modulvarianten können die Module identifiziert werden, die in nur einer Variante existieren. D.h. in der grafischen Darstellung liegt der jeweiligen Säule nur ein „Würfel" zu Grunde. Sofern das entsprechende Modul gleichzeitig ein Muss-Modul darstellt, ist es dem Umfang der Produktplattform zuzurechnen. Die Produktplattform ergibt sich demzufolge aus der Menge der Muss-Module, die nur in einer Modulvariante existieren und in jeder Produktvariante der modularen Produktfamilie vorkommen.

---

[40] Vgl. Rosenberg, O. (1996), Sp. 2119.

Ziel der Modularisierung und der Differenzierung in Standards, Standard Optionen und Optionen muss es sein, einen Modulbaukasten zu entwickeln, der eine hohe Zahl an Modulvarianten beinhaltet, die in jeder Produktvariante unverändert eingebaut werden. Diese Module bilden den standardisierten Produktplattformumfang, während Module, die der Kunde als Differenzierungsmerkmal wahrnimmt, als sog. „free-for-design-Bereiche" zur Differenzierung beitragen müssen. Diese Zusammenhänge verdeutlichen erneut, dass Modularisierung, Produktplattformen und Gleichteilestrategien in einem engen Verhältnis zueinander stehen. Die Verknüpfung in einem derartigen Definitionsmodell macht diese impliziten Zusammenhänge explizit.

2.3 Performance-Measurement modularer Produktfamilien

2.3.1 Begriffsbestimmung

Im Bereich der Unternehmensführung wurden unter dem Stichwort „Performance-Measurement" in den letzten Jahren verstärkt Instrumentarien diskutiert, die auf eine ganzheitliche Planung und Steuerung von Arbeitsleistungen und -ergebnissen abzielen. Im Vordergrund steht dabei die Unterstützung von strategisch und monetär orientierten Entscheidungsprozessen auf der Ebene der Unternehmensführung. Insbesondere wird eine Verknüpfung der Zielsetzungen des Gesamtunternehmens mit denen der einzelnen Geschäftseinheiten angestrebt.[41] Die von KAPLAN und NORTON entwickelte Balanced-Scorecard, das Quantum Performance Modell der Beratungsgesellschaft ARTHUR ANDERSEN und die Performance Pyramid von LYNCH und CROSS gehören zu den populärsten Performance-Measurement-Ansätzen.[42]

Eine Vielzahl von Veröffentlichungen hat zu unterschiedlichen Definitionen des Performance-Measurements geführt. Im Wesentlichen ist dies darauf zurückzuführen, dass in der deutschen Sprache eine geeignete Übersetzung fehlt.[43] Die Übersetzung des Begriffs Performance-Measurement mit dem deutschen Begriff „Leistungsmessung", führt aufgrund der vielfachen Belegung des Begriffs Leistung zu Irritationen. Beispielsweise wird im Rechnungswesen mit dem Begriff Leistung der bewertete Output an Gütern und Dienstleistungen verbunden, während darunter im physikalischen Sinne die Arbeit pro Zeiteinheit verstanden wird. Der Leistungsbegriff an sich hat somit le-

---

[41] Vgl. Klingebiel, N. (1998), S. 1.
[42] Vgl. Schomann, M. (2001), S. 136ff.
[43] Vgl. ebenda, S. 108.

2.3 Performance-Measurement modularer Produktfamilien

diglich den Charakter einer eindimensionalen und quantitativen Größe, die die Ergebnisse von Aktionen vergangenheitsbezogen misst.[44] Dagegen stehen bei Performance-Measurement-Ansätzen mehrdimensionale Größen im Vordergrund, die zukunftsgerichtet optimiert werden sollen.

GLEICH definiert Performance-Measurement als einen Ansatz, bei dem durch den Aufbau und Einsatz meist mehrerer Kennzahlen verschiedener Dimensionen (z.B. Kosten, Zeit, Qualität, etc.) die Effektivität und Effizienz der Leistung von Objekten innerhalb einer Unternehmung, sog. Leistungsebenen, beurteilt wird.[45] Unter Leistungsebenen sind dabei Organisationseinheiten, Mitarbeiter und Prozesse zu verstehen. KLINGEBIEL versteht unter Performance-Measurement ein Instrumentarium, dass zur Verfolgung der Leistungsentwicklung und der Identifikation von Leistungslücken dient. Er betont insbesondere die Einbettung des Performance-Measurements in einen ganzheitlichen Performance-Measurement-Ansatz, bei dem der Zielformulierungsprozess und die Maßnahmenableitung bei Zielverfehlungen wesentliche Elemente darstellen.[46]

In Anlehnung an diese Definitionen wird Performance-Measurement hier als ein ganzheitlicher, kennzahlenbasierter Planungs- und Steuerungsansatz verstanden, der – unter Berücksichtigung mehrerer Bewertungsperspektiven – die Leistungsbeurteilung unterschiedlicher Objekte im Unternehmen ermöglicht. Dabei erfolgt die Verknüpfung zwischen den strategischen Zielsetzungen und der operativen Umsetzung über Steuerungsgrößen, die den Zielerreichungsgrad und damit indirekt die Wirkungen operativer Maßnahmen widerspiegeln. Einen Überblick über weitere Definitionen zum Performance-Measurement gibt Tabelle 1.

---

[44] Vgl. Riedl, J.B. (2000), S. 17.
[45] Vgl. Gleich, R. (2002), S. 447.
[46] Vgl. Klingebiel, N. (1998), S. 1f.

Verfasser	Jahr	Definition
Rummler, Brache	1990	Leistungsbeurteilung auf drei Ebenen des Leistungserstellungsprozess (Unternehmen, Prozess, Mitarbeiter)
Eccles	1991	Messung der Entwicklung langfristiger Erfolgsfaktoren; Beurteilungsdimensionen: Qualität, Kundenzufriedenheit, Innovation, Marktanteil
Fitzgerald	1991	Essentieller Bestandteil eines jeglichen Steuerungssystem
Hronec	1993	Messung der Lebenszeichen („Vital Signs") einer Organisation; Beurteilung der Effizienz und Effektivität von Aktivitäten und Geschäftsprozessen; Beurteilungsdimensionen: Kosten, Zeit und Qualität
McGee	1993	Verknüpfung zwischen strategischen Zielsetzungen und operativen Maßnahmen
Lockamy, Cox	1994	Systematischer Weg der Evaluierung von Einsatz, Ergebnis, Leistungserstellung und Produktivität eines Produktions- oder Dienstleistungsunternehmens
Neely, Gregory, Platts	1995	Vorgang der Effektivitäts- und Effizienzmessung der Leistungserbringung
Klingebiel	1996	System zur Leistungsbeurteilung mit dem Ziel der kontinuierlichen Leistungsverbesserung
Gleich	1997	Beurteilung der Effektivität und Effizienz der Leistung und Leistungspotentiale unterschiedlicher Objekte im Unternehmen (Organisationseinheiten unterschiedlichster Größe, Mitarbeiter, Prozesse)

Tabelle 1: Ausgewählte Definitionen des Performance-Measurements [47]

2.3.2 Zielsetzung

Bei der Generierung eines ganzheitlichen Planungs- und Steuerungsinstrumentariums für modulare Produktfamilien bietet sich eine Adaption und Anwendung eines Performance-Measurement-Ansatzes für dieses Anwendungsgebiet an. Die methodischen Anforderungen lassen sich aus den mit der Einführung eines Performance-Measurement-Ansatzes verfolgten Zielsetzungen ableiten.

Generell wird darauf abgezielt, die Defizite rein finanzorientierter Instrumente zu beheben, da derartige eindimensionale Instrumente nur einen Teil der Wirklichkeit abbilden. Neben der Vernachlässigung nichtmonetärer Größen wird an traditionellen Planungs- und Steuerungsansätzen kritisiert, dass eine Anbindung an die strategische Planung fehlt, eine zu starke Vergangenheitsorientierung und Kurzfristigkeit vorherrscht, die Kundenorientierung wenig ausgeprägt ist und falsche Anreizbezugspunkte gesetzt werden.[48] Um diese Defizite zu beheben, werden mit der Einführung eines Performance-Measurement-Ansatzes sehr unterschiedliche Zielsetzungen verfolgt. Diese können auf die Anforderungen eines Performance-Measurement-Ansatzes speziell für modulare Produktfamilien übertragen werden, wie Abbildung 11 verdeutlicht.

---

[47] Schomann, M. (2001), S. 110.
[48] Vgl. Gleich, R. (2002), S. 447; Gleich, R. (2001), S. 7ff; Klingebiel, N. (2001), S. 19f.

2.3 Performance-Measurement modularer Produktfamilien

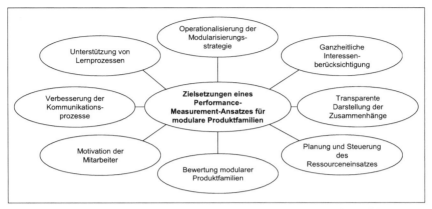

Abbildung 11: Zielsetzungen eines Performance-Measurement-Ansatzes für modulare Produktfamilien[49]

Die Operationalisierung der Modularisierungsstrategie stellt eine der wichtigsten Zielsetzungen bei der Einführung eines Performance-Measurement-Ansatzes für modulare Produktfamilien dar. KAPLAN und NORTON formulieren diese Zielsetzung mit „Translating Strategy into Action" sehr treffend.[50] Häufig fehlt eine transparente Formulierung der Modularisierungsstrategie und ein Kommunikationsprozess, mit dem die Strategie in die entsprechenden Leistungsebenen bzw. an die Leistungsträger transferiert wird. Daher ist zum Einen der Strategiefindungsprozess methodisch zu unterstützen, indem die mit der Modularisierung verfolgten Zielsetzungen herausgearbeitet und hinsichtlich ihrer Ursache-Wirkungsbeziehungen untersucht werden. Zum Anderen ist die operative Umsetzung der Modularisierungsstrategie durch entsprechende Kennzahlen zu unterstützen, um eine zielgerichtete Steuerung des Produktentstehungsprozesses zu gewährleisten.

Als weitere Zielsetzung ist die ganzheitliche Interessenberücksichtigung der am Entstehungsprozess einer modularen Produktfamilie beteiligten Funktionsbereiche, d.h. insbesondere Entwicklung, Produktion, Marketing und Vertrieb sowie Finanzwirtschaft, zu nennen. Speziell ist dabei das Spannungsfeld zwischen der kostengetriebenen Standardisierung und der kundenorientierten Differenzierung aufzuzeigen. Die Betrachtung der abweichenden Interessen, mit dem Ziel eines Interessenausgleichs aus

---

[49] Vgl. Schomann, M. (2001), S. 118; siehe auch Junge, M. (2003), S. 97.
[50] Vgl. Kaplan, R.S. / Norton, D.P. (1999).

einer ganzheitlichen Gesamtperspektive, stellt einen wichtigen Erfolgsfaktor modularer Produktfamilien dar.

Zudem gilt die transparente Darstellung der Zusammenhänge in Form von Ursache-Wirkungsbeziehungen der Modularisierungsziele als ein Zweck von Performance-Measurement-Ansätzen. Dadurch werden die impliziten Annahmen über die Beziehungen der Modularisierungsstrategie expliziert, wodurch eine Harmonisierung unterschiedlicher Vorstellungen über die Wirkungszusammenhänge erreicht werden kann. Zudem wird verdeutlicht, wie die an der Produktentwicklung beteiligten Bereiche zusammenwirken müssen, um die Modularisierungsstrategie umzusetzen. Daraus resultiert eine engere Zusammenarbeit innerhalb des Managements als auch zwischen den Bereichen. Außerdem werden Stellhebel für die operative Umsetzung der Modularisierungsstrategie verdeutlicht. Sofern die entsprechenden Kennzahlen bei der operativen Umsetzung nicht den Sollwert erreichen, sind Ansatzpunkte für Maßnahmen zur Zielerreichung aufzuzeigen und mit eindeutigen Verantwortlichkeiten zu hinterlegen. Schließlich wird durch die Ursache-Wirkungsbeziehungen ein Erklärungsmodell für den strategischen Erfolg erzeugt, mit dem die Logik der Strategie nachvollziehbar und kommunizierbar wird.[51]

Ein Performance-Measurement-Ansatz für modulare Produktfamilien kann zudem zur Unterstützung bei der Planung und Steuerung des Ressourceneinsatzes herangezogen werden. Dabei können Zielvorgaben für verschiedene Anwendungsobjekte (z.B. Abteilungen, Teams, Mitarbeiter, Lieferanten) formuliert und entsprechende Soll-Ist-Vergleiche zur Steuerung getätigt werden.[52] Mit der Dekomposition des Gesamtfahrzeuges in einzelne Module, deren Zusammenwirken über fest definierte Schnittstellen eindeutig determiniert ist, wird eine Komplexitätsreduktion durch eine separate Planung und Steuerung der einzelnen Module sowie eindeutigen Verantwortlichkeiten ermöglicht.

Die Bewertung modularer Produktfamilien stellt ein weiteres Ziel dar. Generell steht dabei die Beurteilung der Effektivität und Effizienz der Leistung und Leistungspotentiale unterschiedlicher Objekte im Vordergrund.[53] Für das Objekt „modulare Produktfamilie" gilt es, durch dessen Beurteilung in den frühen Phasen des Produkt-

---

[51] Vgl. Horváth & Partner (2001), S. 179f.
[52] Vgl. Schomann, M. (2001), S. 120.
[53] Vgl. Gleich, R. (2002), S. 447.

entstehungsprozesses, Handlungsbedarfe zu identifizieren und durch frühzeitige Konzeptänderungen Potentiale der Modularisierung aufzuzeigen. Diese Potentiale lassen sich insbesondere durch interne sowie externe Benchmarking-Analysen identifizieren, bei denen verschiedene modulare Produktfamilien anhand ausgewählter Kennzahlen miteinander verglichen werden.

Mit einem Performance-Measurement-Ansatz lässt sich zudem eine Mitarbeitermotivation erzielen. Diese kann einerseits durch die mit dem Performance-Measurement einhergehende Möglichkeit zur Selbststeuerung von Abteilungen, Teams oder Mitarbeitern resultieren, die durch die Definition autarker Module zusätzlich gefördert wird. Eine Erhöhung der Handlungsfreiräume und des Informationsgrades der Mitarbeiter kann dabei als vorteilhaft empfunden werden und zu einer Motivationserhöhung beitragen. Andererseits wird durch eine Verknüpfung des Performance-Measurement-Ansatzes mit Anreizsystemen eine leistungsabhängige Vergütung ermöglicht.

Die transparente Darstellung der Zusammenhänge im Rahmen eines Performance-Measurement-Ansatzes dient als Grundlage zur Verbesserung der Kommunikationsprozesse. Dabei kann sowohl die vertikale und horizontale als auch die leistungsebenenbezogene und -übergreifende Kommunikation von strategischen Zielen, Initiativen sowie von aktuellen Situationen verbessert werden.[54] Ein wichtiger Erfolgsfaktor ist dabei die Wahrnehmung der Modularisierungsstrategie als gemeinsam geteiltes Denkmodell (Shared Mental Model). Infolgedessen sind die Führungskräfte bei der Konzeption des Performance-Measurement-Ansatzes einzubeziehen, um bei späteren Kommunikationsprozessen die entsprechende Akzeptanz zu finden. Zudem wird durch diese Einbeziehung eine Basis für verbindliche Zielvereinbarungen sowie gemeinsame Verantwortungen geschaffen und der Abbau von „Abteilungsegoismen" unterstützt.[55]

Schließlich kann ein Performance-Measurement-Ansatz für modulare Produktfamilien als unterstützendes Instrument für Lernprozesse eingesetzt werden. Zu unterscheiden ist dabei zwischen Anpassungslernen (Single-Loop-Learning) und Veränderungslernen

---

[54] Vgl. Gooderham, G. (1999), S. A6-2.
[55] Vgl. Schomann, M. (2001), S. 121.

(Double-Loop-Learning).[56] Während sich das Anpassungslernen auf das Anpassen von Maßnahmen bei Nichterreichung der gesetzte Ziele beschränkt, beschreibt Veränderungslernen einen strategischen Lernprozess, der zu einer Anpassung des Zielsystems und der Strategie führen kann.[57]

Festzuhalten bleibt, dass Performance-Measurement-Ansätze, die in der Regel auf Gesamtunternehmensebene eingesetzt werden, als methodische Grundlage für die Planung und Steuerung modularer Produktfamilien geeignet erscheinen. Die allgemeinen Zielsetzungen von Performance-Measurement-Ansätzen lassen sich auf das Planungs- und Steuerungsinstrumentarium für modulare Produktfamilien übertragen und determinieren dessen methodische Anforderungen.

---

[56] Vgl. Argyris, C. (1992), S. 115ff.
[57] Vgl. Schomann, M. (2001), S. 122.

3 Analyse von Bewertungsmethoden für modulare Produktfamilien

3.1 Stand der Wissenschaft und Eingrenzung der weiteren Untersuchung

Planung wird auch als „prospektives Denkhandeln" bezeichnet, mit deren Hilfe „zukünftiges Tathandeln" vorweggenommen werden soll.[58] Das zukunftsbezogene Durchdenken und Festlegen von Zielen, Maßnahmen und Vorgehensweisen zur künftigen Zielerreichung setzt das Abwägen verschiedener Handlungsalternativen voraus. Essentieller Bestandteil des Treffens von Entscheidungen im Entwicklungsprozess ist das vorausgehende Bewerten, d.h. vor jeder Entscheidung sind angestrebte Ziele mit dem Gegenstand der Entwicklung zu vergleichen und hinsichtlich ihrer Erfüllung zu überprüfen. Dabei hängt die Qualität der Bewertungsergebnisse in großem Maße davon ab, in welcher Qualität die formalen Ziele des Zielsystems durch messbare Größen ausgedrückt werden können.

Im Rahmen traditioneller Bewertungsmethoden können die Besonderheiten modularer Fahrzeugkonzepte häufig nicht durch spezielle Messgrößen abgebildet werden.[59] Derzeit existieren nur wenige Methoden, die sich speziell mit der Bewertung modularer Produktfamilien befassen. Häufig steht die Konzeption des modularen Konzeptes im Vordergrund und Bewertungsaspekte treten in den Hintergrund. Insbesondere in der deutschsprachigen Literatur sind nur wenige Veröffentlichungen zu diesem Thema zu finden, während in angelsächsischen Publikationen, insbesondere in jüngerer Zeit, vermehrt Bewertungsansätze vorgestellt werden. Tabelle 2 zeigt einen Überblick über die relevanten Ansätze. Dabei wurde zum Einen auf die Darstellung von Methoden verzichtet, die sich auf die Bildung der Produktarchitekturen fokussieren und neben traditionellen Bewertungsansätzen (z.B. Nutzwertanalyse bzw. Scoring-Modell i.w.S.) keine spezifischen Kennzahlen beinhalten.[60] Zum Anderen wurde auf die Darstellung reiner Operations Research Modelle verzichtet, da deren Praxisrelevanz im Rahmen eines kennzahlenbasierten Performance-Measurement-Ansatzes – unter anderem aufgrund des hohen Erstellungsaufwandes – relativ gering ist.[61] Zudem steht im Rahmen

---

[58] Vgl. Kosiol, E. (1967), S. 79.
[59] Vgl. Meyer, M. / Lehnerd, A. (1997), S. 146; Göpfert, J. / Steinbrecher, M. (2000), S. 23.
[60] Siehe zu diesen Methoden z.B.: Göpfert, J. (1998); Knosala, R. (1989); Ulrich, K.T. / Eppinger, S.D. (1995).
[61] Dazu gehören Modelle von Gonzalez-Zugasti, J.P. et al. (1999), Fisher, M. et al. (1999), Gupta, S. / Krishnan, V. (1999), Nelson, S. et al. (1999) und Fujita, K. et al. (1999). Zu weiteren Übersichten siehe: Schröder, H.-H. (2002), S. 91ff; Dahmus, J.B. / Gonzalez-Zugasti, J.P. / Otto, K.N. (2000), S. 225; Cornet, A. (2002), S. 101f.

eines mehrdimensionalen Planungs- und Steuerungsinstrumentariums nicht die Optimierung eines Zielwertes bzw. einer Zielfunktion im Vordergrund. Vielmehr erfolgt eine Fokussierung auf das Ziel der Ganzheitlichkeit, indem die Interessen verschiedener Leistungsebenen, die an der Entwicklung modularer Produktfamilien beteiligt sind, ausgewogen berücksichtigt werden.

Ein weiterer Ansatz zur Bewertung modularer Produktkonzepte basiert auf der Optionswerttheorie.[62] Dabei wird die mit modularen Konzepten einhergehende Option, im Laufe der Zeit relativ schnell zusätzliche Varianten auf den Markt bringen zu können, bewertet. Kritiker bemängeln, dass die Anwendung der Optionswerttheorie ohne einen Basistitel, d.h. in diesem Fall ohne Marktwert für die Entwicklungsprojekte, nicht möglich ist. In der traditionellen Anwendung der Optionswerttheorie existieren für die Finanzoptionen derartige Basistitel in Form von dazugehörigen Aktien, deren Wert sich direkt über den Marktpreis ergibt.[63] Weitere Ansätze basieren auf Conjoint-Analysen, die unter Berücksichtigung des Kundennutzens eine gewinnmaximale Produktgestaltung auf Basis von Plattformen anstreben.[64] Im Rahmen der weiteren Untersuchung erfolgt jedoch eine Fokussierung auf Kennzahlen aus Bewertungsansätzen, die prinzipiell aus dem entsprechenden Bewertungsansatz extrahiert und damit als ein Element in eine ganzheitliche Kennzahlenstruktur überführt werden können. Auf die Betrachtung von Methoden, die lediglich als Gesamtheit aufgegriffen werden könnten (z.B. Operations Research Modelle), wird im Weiteren nicht näher eingegangen.

Vor diesem Hintergrund werden die in der Tabelle 2 skizzierten Methoden im Detail analysiert, wobei sich die Detaillierungstiefe mit abnehmendem Anwendungspotential reduziert. Die Methoden werden in Abhängigkeit ihres Bewertungsumfangs in zwei Kategorien untergliedert. Die erste Kategorie beinhaltet eindimensionale Bewertungsmethoden, die das Bewertungsobjekt hinsichtlich einer Zielgröße (z.B. Kosten) bewerten (vgl. Kapitel 3.2.1). Die zweite Kategorie umfasst mehrdimensionale Bewertungsmethoden, die mehrere Zielgrößen (z.B. Kosten-/Nutzen-Relationen) berücksichtigen (vgl. Kapitel 3.2.2).

---

[62] Siehe Kogut, B. / Kulatilaka, N. (1994).
[63] Vgl. Völker, R. / Voit, E. (2000), S. 141. Die Autoren schlagen zur Bewertung der mit modularen Konzepten verbundenen Optionen eine Vorgehensweise zur Abschätzung von Wertpotentialen vor.
[64] Siehe diesbezüglich Riesenbeck, H. / Herrmann, A. / Huber, F. (2001).

Autor	Inhalt / Titel	Bewertungsverfahren
WILHELM (2001)	Bewertung und Konzeption einer modularen Fahrzeugfamilie	Ermittlung des Kapitalwertes mittels dynamischer Investitionsrechnung zur Bewertung unterschiedlicher modularer Konzepte.
MARTIN / ISHII (1996-2000)	Design for Variety	Die Kennzahlen Commonality-Index, Differentiation-Point-Index und Setup-Cost-Index verdeutlichen die Auswirkungen der Variantenvielfalt. Zudem werden Charts entwickelt, die Hinweise zur variantenoptimalen Gestaltung geben.
ERIXON (1998)	Modular Function Deployment (MFD)	Modulare Konzepte werden über die Kennzahlen Interface Complexity, Assortment Complexity, Lead Time, Variant Flexibility und die Wahrscheinlichkeit einer fehlerfreien Montage bewertet. Außerdem werden allgemeine Regeln dargestellt, die bei der Beurteilung herangezogen werden können.
KIDD (1998)	A Systematic Method for Valuing a Product Platform Strategy	Der Bewertungsansatz basiert auf einer Investitionsrechnung mit den Kennzahlen Net-Present-Value und Return-on-Sales und wird mit einer linearen Optimierung kombiniert. Das Risiko wird durch eine (Monte-Carlo-) Simulation erfasst, bei der die c.p. Modelleingangsgrößen variiert werden.
KOTA / SETHURAMAN (1998)	Managing Variety in Product Families through Design for Commonality	Zur Bewertung des Wiederholteilegrades innerhalb einer Produktfamilie wird die Kennzahl Product-Line-Commonality-Index bestimmt. Die Kennzahl beschränkt sich dabei auf den Wiederholteilegrad für alle Komponenten, die nicht-differenzierungsrelevante Grundfunktionen erfüllen.
MEYER / LEHNERD (1997)	The Power of Product Platforms	Die zur Kennzahlenberechnung benötigten Daten werden in einer sog. Product-Family-Map gesammelt, um im Anschluss die Kennzahlen Platform-Efficiency, Cycle-Time-Efficiency, Platform-Effectiveness und Cost-Price-Ratio zu ermitteln. Die grafische Aufbereitung einzelner Kennzahlen und ein Diagramm zur Bewertung der Innovationsfähigkeit schafft zusätzliche Transparenz.
NEUMANN (1996)	Auf der Methode QFD basierender Ansatz zur Produktplattformentwicklung	Eine Variationsmatrix wird als hierarchisch gegliederte Produktstruktur erstellt. Daraus werden auf den unterschiedlichen Hierarchieebenen Kennzahlen verdichtet und zur Hauptkennzahl „Varianz" verdichtet, die den Zuwachs der Variantenvielfalt im Entwicklungsprozess beschreibt.
MAIER (1993)	Gleichteileanalyse und Ähnlichkeitsermittlung von Produktprogrammen	Für alle sichtbaren Merkmale wird, getrennt nach Aufbauelementen und Aufbauordnungen, über einen paarweisen Vergleich die Ähnlichkeit zweier Varianten ermittelt. Die gewichtete Summe der Ähnlichkeit von Aufbauelementen und -ordnungen ergibt die Kennzahl des objektiven Ähnlichkeitsgrades zweier Produktvarianten.
CAESAR (1991)	Variant Mode and Effects Analysis (VMEA)	Durch die Analyse des sog. Variantenbaumes, der die Variantenentwicklung entlang der Montagereihenfolge grafisch darstellt, werden Teilekennzahlen bestimmt, die sich mittels Gewichtung der VMEA-Gestaltskennzahl in Form einer Spitzenkennzahl verdichten lassen.

Tabelle 2: Ansätze zur Bewertung modularer Produktfamilien im Überblick[65]

---

[65] Vgl. Junge, M. (2003), S. 100.

3.2 Bewertungsvorgehen ausgewählter Methoden

3.2.1 Eindimensionale Bewertungsmethoden

3.2.1.1 Managing Variety in Product Families (KOTA / SETHURAMAN)

KOTA und SETHURAMAN stellen eine Methode vor, um der wachsenden Anzahl von Produktvarianten und damit der Zunahme der Komplexität zu begegnen.[66] Ziel des Bewertungsvorgehens ist es, eine Kennzahl zu ermitteln, die als Indikator für den Standardisierungsgrad innerhalb einer Produktfamilie herangezogen werden kann.

Ausgangspunkt der Bewertungsmethode ist die Untergliederung der Produktfunktionen in Grund- und Zusatzfunktionen. Grundfunktionen sind die Funktionen, die in sämtlichen Produkten der Produktfamilie vorkommen, während Zusatzfunktionen einen eher einzigartigen bzw. innovativen Charakter haben und vom Kunden auch als solches wahrgenommen werden. Standardisierung sollte dementsprechend bei den Komponenten erfolgen, die zur Erfüllung der Grundfunktionen benötigt werden (sog. Non-Product-Differentiating-Functions), um die Eigenständigkeit der Produktvarianten nicht zu gefährden.

In einem ersten Schritt wird für jedes Produkt der Produktfamilie ein Funktionsdiagramm erarbeitet und daraus die gemeinsamen Grundfunktionen ermittelt. Die zu den Grundfunktionen gehörigen Komponenten sind in einem zweiten Schritt soweit wie möglich zu standardisieren. Das Ergebnis dieser Standardisierung wird im dritten Schritt auf Basis der Kennzahl „Product-Line-Commonality-Index (PCI)" bewertet.

Die Kennzahl PCI ist ein Indikator für den Wiederholteilegrad innerhalb einer Produktfamilie bezogen auf alle Komponenten, die keine differenzierungsrelevanten Grundfunktionen erfüllen. Komponenten, die differenzierungsrelevante Zusatzfunktionen erfüllen, werden nicht betrachtet. Der Wertebereich der Kennzahl liegt zwischen null und 100 Prozent. Ein Wert von 100 Prozent gibt an, dass alle nicht differenzierungsrelevanten Komponenten in sämtlichen Produktvarianten der Produktfamilie verwendet werden und zwar in identischem Zustand hinsichtlich Größe und Form,

---

[66] Siehe Kota, S. / Sethuraman, K. (1998).

Material und Produktionsprozess sowie Montage- und Befestigungskonzept. D.h. je größer der Kennzahlenwert, desto größer ist der Standardisierungsgrad in einer Produktfamilie. KOTA und SETHURAMAN definieren die Kennzahl wie folgt:[67]

$$PCI = \frac{\sum_{i=1}^{P} CCI_i - \sum_{i=1}^{P} MinCCI_i}{\sum_{i=1}^{P} MaxCCI_i - \sum_{i=1}^{P} MinCCI_i} \cdot 100\% = \frac{\sum_{i=1}^{P} n_i \cdot f_{1i} \cdot f_{2i} \cdot f_{3i} - \sum_{i=1}^{P} \frac{1}{n_i^2}}{\sum_{i=1}^{P} n_i - \sum_{i=1}^{P} \frac{1}{n_i^2}} \cdot 100\%$$

mit:
- PCI = Product-Line-Commonality-Index;
- CCI_i = Component-Commonality-Index für Komponente i ($= n_i \cdot f_{1i} \cdot f_{2i} \cdot f_{3i}$);
- $MinCCI_i$ = minimal möglicher CCI für Komponente i ($= n_i \cdot \frac{1}{n_i} \cdot \frac{1}{n_i} \cdot \frac{1}{n_i} = \frac{1}{n_i^2}$);
- $MaxCCI_i$ = maximal möglicher CCI für Komponente i ($= n_i$);
- P = Anzahl der Komponenten, die Grundfunktionen erfüllen und potentiell standardisierbar sind;
- n_i = Anzahl der Produktvarianten innerhalb der Produktfamilie, die Komponente i beinhalten;
- f_{1i} = Faktor 1: Variation bei Größe u. Form von Komponente i;
- f_{2i} = Faktor 2: Variation bei Material u. Produktion von Komponente i;
- f_{3i} = Faktor 3: Variation bei Montage u. Befestigung von Komponente i.

Das folgende Beispiel verdeutlicht die Kennzahlenberechnung (vgl. Abbildung 12). Ausgangspunkt der Berechnung ist die Angabe der Anzahl der Produktvarianten der Produktfamilie (n_i), die die betrachtete Komponente i beinhalten. Dieser Wert (n_i) wird zusätzlich mit drei Faktoren (f_{1i}, f_{2i}, f_{3i}) multipliziert, die die Variation einer Komponente berücksichtigen (z.B. hinsichtlich Größe und Form), so dass erfasst wird, ob eine *ähnliche* oder eine *identische* Komponente in den Produktvarianten verwendet wird. Der Faktor f gibt dabei an, wie viele der Produktvarianten, die die Komponente i enthalten, diese tatsächlich in identischem Zustand übernehmen. Sofern alle Produktvarianten die Komponente in identischem Zustand übernehmen, nimmt der Faktor f den Wert Eins an. Wird die Komponente für bestimmte Produktvarianten z.B. in Größe und Form verändert, resultieren ähnliche, d.h. nicht identische Teile, wodurch der Faktor f einen Wert kleiner Eins annimmt. Vor diesem Hintergrund ergibt sich der Faktor f durch die Division der Anzahl der Produktvarianten, die die jeweilige Komponente *tatsächlich* in identischem Zustand übernehmen, mit der Anzahl der Produktvarianten,

---

[67] Vgl. Kota, S. / Sethuraman, K. (1998), S. 6.

die eine identische Komponente übernehmen *könnten* (n_i). Sofern die drei Faktoren feststehen, erfolgt eine Multiplikation dieser Faktoren mit dem Wert n_i. Das Ergebnis ist der Component-Commonality-Index für die Komponente i (CCI_i), der die Wiederverwendung der Komponente unter Berücksichtigung von variantenspezifischen Veränderungen verdeutlicht.

Komponente (i)	Produktvarianten mit Komponente i (n_i)	$MinCCI_i$ ($1/n_i^2$)	Faktor 1 (f_{1i}): Größe & Form	Faktor 2 (f_{2i}): Material & Prod.	Faktor 3 (f_{3i}): Montage & Befest.	CCI_i: ($n_i \cdot f_{1i} \cdot f_{2i} \cdot f_{3i}$)
1	4	0,0625	1	1	1	4
2	3	0,1111	0,67	1	1	2
3	4	0,0625	1	0,5	1	2
Σ MaxCCI=	11	0,2361	= Σ MinCCI		Σ CCI=	8

$$PCI = \frac{\sum_{i=1}^{P} CCI_i - \sum_{i=1}^{P} MinCCI_i}{\sum_{i=1}^{P} MaxCCI_i - \sum_{i=1}^{P} MinCCI_i} \cdot 100\% = \frac{8 - 0,2361}{11 - 0,2361} \cdot 100\% = 72,13\%$$

Abbildung 12: Vorgehensweise zur Ermittlung der Kennzahl PCI

Im Beispiel der Abbildung 12 wird die Komponente i=2 in drei Produktvarianten verwendet (n_2=3). Hinsichtlich der Größe und Form sind lediglich zwei der drei Komponenten identisch, weshalb der Faktor $f_{1,2}$ den Wert 0,67 annimmt. Die Faktoren $f_{2,2}$ und $f_{3,2}$ zeigen dagegen auf, dass die Komponente in den drei Produktvarianten hinsichtlich Material und Produktionsprozess sowie Montage- und Befestigungskonzept vollkommen identisch ist.

Die Kennzahl Product-Line-Commonality resultiert aus der Summe aller CCI-Werte, die ins Verhältnis zum bestmöglichen CCI-Wert gesetzt werden. Da die Synergiebasis durch den minimal möglichen CCI-Wert nach unten begrenzt ist, wird sowohl der Nenner als auch der Zähler um den minimalen CCI-Wert reduziert.

Für den Vergleich zweier Produktfamilien im Rahmen von Benchmarking-Untersuchungen, berücksichtigen KOTA und SETHURAMAN zusätzlich die Anzahl der Komponenten je Produktfamilie. Ausgangspunkt bei einer solchen Betrachtung ist, dass ein gleicher Kennzahlwert des PCI mit einer unterschiedlichen Anzahl von Komponenten je Produktfamilie realisiert werden kann. Je höher jedoch die Anzahl der Komponenten ist, desto komplexer ist die Produktfamilie gestaltet.[68] Um diesen Zusammenhang zu berücksichtigen, definieren KOTA und SETHURAMAN den „Normalized-Product-Line-Commonality-Index (NPCI)", bei dem der PCI und die Anzahl der benötigten Komponenten berücksichtigt wird:[69]

$$NPCI_j = \frac{PCI_j}{Max(PCI_j)} \cdot \frac{Max(NumParts_j)}{NumParts_j}$$

mit: PCI_j = Product-Line-Commonality-Index für Produktfamilie j;
$Max(PCI_j)$ = Maximalwert des Product Line Commonality Index aller zu vergleichenden Produktfamilien;
$NumParts_j$ = Anzahl der Komponenten der Produktfamilie j;
$Max(NumParts_j)$ = Komponentenanzahl der Produktfamilie mit den meisten Komponenten aller zur vergleichenden Produktfamilien.

Für den NPCI bleibt festzuhalten: je größer der Kennzahlenwert, desto besser erfüllt die Produktfamilie eines Unternehmens das Ziel der Standardisierung von Komponenten und gleichzeitig die Reduktion der Komponentenanzahl im Bezug zu den Vergleichsunternehmen.

KOTA und SETHURAMAN zeigen eine exemplarische Anwendung der Kennzahlen. Dabei wird der PCI für eine Produktfamilie des Sony-Walkmans ermittelt und daraus der NPCI abgeleitet. Dieser wird im Rahmen einer Benchmarking-Untersuchung dem NPCI konkurrierender Unternehmen gegenübergestellt. Die Anwendung der Kennzahlen verdeutlicht den Wiederholteileumfang bei nicht differenzierungsrelevanten Komponenten. Auf eine Anwendung der Kennzahl bei produktdifferenzierenden Komponenten wird per Definition verzichtet, jedoch empfehlen die Autoren, auch in diesen Bereich nach Wiederverwendungspotentialen zu suchen.[70]

---

[68] Tendenziell weisen modular aufgebaute Produktfamilien eine höhere Anzahl von Komponenten auf als integrale Bauweisen, bei denen Funktionsintegrationen zur Reduktion der Komponentenanzahl beitragen.
[69] Vgl. Kota, S. / Sethuraman, K. (1998), S. 7.
[70] Vgl. ebenda, S. 3ff.

3.2.1.2 Gleichteileanalyse und Ähnlichkeitsermittlung (MAIER)

Die Gleichteileanalyse und Ähnlichkeitsermittlung zwischen Produktvarianten eines Produktprogramms bildet den Forschungsschwerpunkt von MAIER.[71] MAIER versucht das Kriterium der formalen Ähnlichkeit einerseits objektiv und numerisch zu erfassen und andererseits subjektiv bzw. gefühlsmäßig zu beurteilen. Ziel ist es, mit Hilfe einer geeigneten Lösungsmethodik die objektive Ähnlichkeit zu berechnen. Der Vergleich mit dem subjektiv ermittelten Ähnlichkeitsgrad dient dazu, die Gültigkeit der hypothetisch gewonnenen objektiven Berechnungsverfahren zu bestimmen. Im Ergebnis wird eine Wertfunktion ermittelt, die ein Hilfsmittel darstellt, um vom objektiv berechneten Ähnlichkeitsgrad auf den subjektiven zu schließen. Umgekehrt lassen sich verbal ausgedrückte bzw. subjektiv erkannte Ähnlichkeiten auf einem objektiven Wert abbilden.[72]

Basis der Untersuchung sind die sichtbaren Umfänge der Produktvarianten unter Vernachlässigung von Farbe und Grafik. Diese Umfänge bestehen aus Aufbauelementen und Aufbauordnungen. Unter Aufbauelementen werden die Bauteile einer Produktvariante verstanden, die innerhalb des Produktprogramms aus Gleich- und Variantenteilen bestehen. Die Aufbauordnungen entsprechen den Hauptordnungen einer Produktgestalt und berücksichtigen Symmetrien, Raumlage, Proportionen, Gestalttyp sowie die Anordnung der Teilgestalten. Die Ähnlichkeitsermittlung erfolgt in Anlehnung an allgemein gültige Methoden der Ähnlichkeitstheorie.[73] Zunächst werden in einem ersten Schritt die zu untersuchenden Produktvarianten[74] ($V_1,...,V_n$) festgelegt (vgl. Abbildung 13). Dies können z.B. verschiedene Fahrzeugvarianten (Coupé, Kombi oder Limousine) sein. In einem zweiten Schritt erfolgt die Erstellung der allgemeinen Datenmatrix. Diese besteht zunächst aus der Datenmatrix aller sichtbaren Merkmale der Aufbauelemente (E_A^M). Die Gliederung erfolgt ausgehend von den Modulen bis in die Komponentenebene. Als Beispiel kann das Modul „Motorhaube" herangezogen

---

[71] Siehe Maier, T. (1993).
[72] MAIER stellt fest, dass der formal ermittelte, objektive Ähnlichkeitsgrad zwischen den Varianten für eine relativ hohe objektive Ähnlichkeit nahezu identisch mit der subjektiven Ähnlichkeit ist. Je geringer der objektive Ähnlichkeitsgrad zwischen den Varianten, desto größer ist die Abweichung zwischen subjektiver und objektiver Ähnlichkeit (vgl. ebenda, S. 131ff).
[73] MAIER gibt einen ausführlichen Überblick über die diversen Methoden der Ähnlichkeitsermittlung (vgl. ebenda, S. 18 ff). Herauszustellen sind die sog. Paarvergleich und die Clusteranalyse.
[74] MAIER bezeichnet die Produktvarianten als Gestalten. Zum besseren Verständnis werden hier jedoch die Begriffe Produktvarianten bzw. Varianten benutzt.

werden, das aus den sichtbaren Bauteilen Haube, Kühlergrill, Wischwasserdüsen und Markenemblem besteht. Auf diese Weise lassen sich alle Merkmalsausprägungen der einzelnen Varianten durch Abzählen aller sichtbaren Module bzw. Komponenten ermitteln.

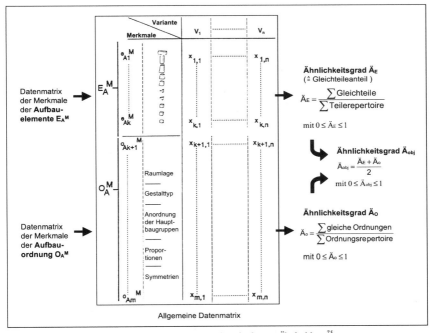

Abbildung 13: Berechnung der objektiven Ähnlichkeit [75]

Ergänzt wird diese Matrix durch die Datenmatrix der sichtbaren Merkmale der Aufbauordnung (O_A^M), gegliedert nach Raumlage, Gestalttyp, Anordnung der Hauptbaugruppen, Proportionen und Symmetrien. Je nach Untersuchungsgegenstand sind an dieser Stelle sinnvolle Merkmale der Aufbauordnungen zu wählen (z.B. beim Fahrzeug: Länge, Höhe oder Radstand). Auch hier lässt sich die Anzahl der Merkmalsausprägungen durch Abzählung ermitteln.

---

[75] Vgl. Maier, T. (1993), S. 70.

Nach dem Vervollständigen der allgemeinen Datenmatrix können die Ähnlichkeitsgrade der Aufbauelemente und der Aufbauordnung mit Hilfe des Paarvergleichs für jeweils zwei Produktvarianten bestimmt werden. Zunächst wird aus der Datenmatrix aller sichtbaren Merkmale der Aufbauelemente (E_A^M) der Ähnlichkeitsgrad ($Ä_E$) abgeleitet. Abbildung 14 stellt in diesem Zusammenhang beispielhaft die Ermittlung des Ähnlichkeitsgrades ($Ä_E$) von zwei verschiedenen Radvarianten dar.

Merkmale \ Variante		V_1	V_2
Aufbauelement Rad			
1	Stahlfelge mit Blende	4	0
2	Leichtmetallfelge	0	4
3	Reifen A	0	4
4	Reifen B	4	0
5	Schrauben	5	6
Σ Teileanzahl		13	14
Σ Gleichteile *(nach Anzahl)*		5	
Σ Teilerepertoire *(nach Anzahl)*		22	
$Ä_E = \dfrac{\Sigma \text{ Gleichteile}}{\Sigma \text{ Teilerepertoire}} = 0{,}23$			

Abbildung 14: Beispielhafte Darstellung zur Berechnung des Ähnlichkeitsgrades nach der Teileanzahl

Anhand der fünf Merkmale des Aufbauelementes Rad kann die Teileanzahl je Variante und die Summe der Gleichteile ermittelt werden. Über diese beiden Werte lässt sich das Teilerepertoire ableiten, indem die Summe der Gleichteile von der Teileanzahl der zwei Varianten subtrahiert wird. Für die Ermittlung des Ähnlichkeitsgrades ($Ä_E$ mit $0 \leq Ä_E \leq 1$) wird schließlich die Summe der Gleichteile ins Verhältnis zum gesamten Teilerepertoire gesetzt. Bei einem Wert von Eins bestehen die zwei Varianten komplett aus Gleichteilen und wären identisch. Bei einem Wert von Null weisen beide Varianten hingegen keinerlei gleiche Teile auf.

Neben der Berechnung des Ähnlichkeitsgrades auf Basis der Teileanzahl, beschreibt MAIER die Möglichkeit, diesen auf Basis der Teile*arten*anzahl zu ermitteln. Bei dieser Vorgehensweise wird der Berechnung nicht die Anzahl der Teile zu Grunde gelegt, sondern die Anzahl der Teile*arten* (vgl. Abbildung 15).

3.2 Bewertungsvorgehen ausgewählter Methoden

Merkmale \ Variante		V_1	V_2
Aufbauelement Rad			
1	Stahlfelge mit Blende	4	0
2	Leichtmetallfelge	0	4
3	Reifen A	0	4
4	Reifen B	4	0
5	Schrauben	5	6
Σ Artenzahl		3	3
Σ Gleichteile (nach Art)		1	
Σ Teilerepertoire (nach Art)		5	
$\ddot{A}_E = \dfrac{\Sigma\ \text{Gleichteile}}{\Sigma\ \text{Teilerepertoire}} = 0{,}20$			

Abbildung 15: Beispielhafte Darstellung zur Berechnung des Ähnlichkeitsgrades nach der Teileart

Wie die Beispiele zeigen, kann es bei der Berechnung des Ähnlichkeitsgrades durch die Differenzierung in Teileanzahl und Artenanzahl zu unterschiedlichen Ergebnissen kommen. Bei der Vorgehensweise nach der Teile*arten*zahl werden alle Ausprägungen eines Merkmals, d.h. eines Teils, aufgeführt. Im Anschluss wird untersucht, inwiefern eine Teileart zwischen zwei Varianten identisch verwendet wird. Dabei werden zur Ermittlung der Summe der Gleichteile und des Teilerepertoires nicht die Anzahl der Teile bestimmt, sondern Anzahl der Teile*arten*. Das Ergebnis des Ähnlichkeitsgrades nach dieser Berechnung interpretiert MAIER als „Reinheit einer Gestalt". Dagegen fungiert bei der Berechnung nach der Teileanzahl der Umfang aller Merkmalsausprägungen als Gradmesser für die „Elementkomplexität".[76]

Analog zum Ähnlichkeitsgrad der Aufbauelemente ($\ddot{A}_E$) wird der Ähnlichkeitsgrad der Aufbauordnungen ($\ddot{A}_o$) gebildet. Hier wird für jeweils zwei Varianten die Summe der gleichen Ordnungen durch das Ordnungsrepertoire dividiert. Dabei ist keine Unterscheidung zwischen der Vorgehensweise nach der Anzahl oder nach der Art vorzunehmen, da die Ausprägungen der Aufbauordnungen binärer Natur sind.[77] D.h. entweder trifft die Ausprägung der Aufbauordnung für eine Variante zu oder sie trifft nicht zu (z.B. Radstand: 2.500 mm). Aus diesem Grund ist hier der Ähnlichkeitsgrad der Aufbauordnung in der Regel nur einmal zu berechnen und die Entscheidung, welche Vorgehensweise zu wählen ist, entfällt.

---

[76] Vgl. Maier, T. (1993), S. 69.
[77] Vgl. ebenda, S. 69.

Schließlich wird in einem letzten Schritt der objektive Ähnlichkeitsgrad ($Ä_{obj}$) zwischen jeweils zwei Varianten ermittelt. Dies erfolgt mit Hilfe einer Verknüpfungsfunktion der Ähnlichkeitsgrade der Aufbauordnungen und der Aufbauelemente, wobei MAIER die arithmetische Mittelwertbildung empfiehlt. Der Autor zeigt in seiner Untersuchung, dass die arithmetische Mittelwertbildung im Vergleich zu anderen Verknüpfungsfunktionen Ergebnisse mit maximalem Korrelationswert liefert.

Neben der objektiven Ähnlichkeit lässt sich auch der subjektive Ähnlichkeitsgrad ($Ä_{subj}$) mittels Befragung ermitteln. Dabei wird die verbale Ähnlichkeitsskala in reproduzierbare Werte zwischen Null und Eins transformiert (beispielsweise {1; 0,75; 0,5; 0,25; 0}). Dadurch kann der subjektive Ähnlichkeitsgrad ($Ä_{subj}$) zwischen den analysierten Varianten mittels Paarvergleich und durch Mittelwertbildung aus den Werten aller Testpersonen berechnet werden. Ein abschließender Vergleich des objektiven Ähnlichkeitswertes ($Ä_{obj}$) mit dem subjektiven Ähnlichkeitswert ($Ä_{subj}$) zeigt, inwieweit die Untersuchungsergebnisse übereinstimmen.

Als Kritikpunkt bezüglich der Methodik von MAIER ist anzumerken, dass bei der Ähnlichkeitsermittlung Farbe und Grafik der betreffenden Produktvarianten vernachlässigt werden und nur die „Gestalt" im Vordergrund steht. Für einen vollständigen Vergleich müssten auch diese Merkmale untersucht werden.

Ein Ansatzpunkt zur Vereinfachung der Methodik ergibt sich aus der Proportionalität zwischen dem Gleichteileanteil und dem Flächenanteil der Gleichteile zur Gesamtfläche.[78] D.h. es wird der identische Flächenanteil der betroffenen Produktansicht (z.B. Heck) betrachtet und aus den überlappenden Flächen der Ähnlichkeitsgrad abgeleitet. Zusätzlich kann bei der Ähnlichkeitsgradermittlung eine Gewichtung mit der Häufigkeit der Betrachtungswinkel erfolgen. Dadurch wird berücksichtigt, dass die Ähnlichkeit selten betrachteter Flächen (z.B. Unterboden) für die Ähnlichkeitswahrnehmung aus Kundensicht kaum relevant ist. Allerdings zeigen die Untersuchungen von MAIER bereits, dass über den Flächenanteil nicht alle Formmerkmale erfasst werden und es somit noch andere Phänomene in diesem Zusammenhang geben muss. In erster Näherung scheint diese Proportionalität jedoch geeignet zu sein.

---

[78] Vgl. Maier, T. (1993), S. 136.

3.2.1.3 Produktplattformentwicklung mit QFD (NEUMANN)

NEUMANN entwickelte einen Ansatz zur Produktplattformentwicklung basierend auf der Methode Quality Function Deployment (QFD).[79] Vor der Anwendung der Methode QFD verwendet NEUMANN eine Variationsmatrix zur systematischen Variantenplanung und -bewertung unter Berücksichtigung einer möglichst hohen Wiederverwendung innerhalb des Produktprogramms. Der gesamte Ansatz besteht aus drei Hauptphasen.

In der ersten Phase erfolgt die Definition des Produktplattformkonzeptes aus strategischer Sicht. Das Konzept wird zum Einen durch eine Analyse des Projektumfeldes abgeleitet, wobei durch die Berücksichtigung der Wettbewerbs- und Unternehmenssituation Leitziele für das Plattformkonzept bestimmt werden. Zum Anderen erfolgt eine Synthese des strategischen Produktplattformplans durch die Identifikation des Plattformumfangs (hinsichtlich Marktsegmenten und Zeithorizont) sowie die Festlegung der Produktstrategie (hinsichtlich Markteintrittsterminen und Laufzeiten der Varianten). Der strategische Produktplattformplan beinhaltet durch das Zusammenführen von Plattformumfang und Produktstrategie die zeitlichen Zusammenhänge zwischen dem Produkt- und Technologieplan sowie den benötigten Kernkompetenzen.

Die zweite Phase beinhaltet die Verfeinerung der Entwicklungskonzepte durch Schaffung von Voraussetzungen für die gezielte Wiederverwendung von Elementen und das Aufstellen eines Wiederverwendungsplanes. Voraussetzung für eine gezielte Wiederverwendung ist nach NEUMANN eine effiziente Kommunikation und Dokumentation innerhalb der beteiligten Teams.[80] Dafür wird ein sog. Plattform-Referenzmodell erstellt, mit dem zunächst das Basisprodukt hierarchisch in seine Bestandteile, einschließlich der Variationen, in Form einer Baumstruktur untergliedert wird (vgl. Abbildung 16). Darüber hinaus werden Verantwortlichkeiten zugeordnet und multifunktionale Projektteams gebildet. Zur Definition detaillierter Wiederverwendungspläne wird zunächst auf das Plattform-Referenzmodell für das Basisprodukt zurückgegriffen und eine Wiederverwendungsmatrix erstellt, in der Quellen für die Wiederverwendung dokumentiert werden. Zusätzlich werden für alle weiteren Plattformprodukte derartige Wiederverwendungsmatrizen erstellt. Zur Ermittlung der Auswirkungen der

---

[79] Vgl. Neumann, A. (1996). Zur detaillierten Beschreibung der Methode QFD wird verwiesen auf: Akao, Y. (1992).
[80] Vgl. Neumann, A. (1996), S. 86.

Wiederverwendungsplanung auf die Variantenvielfalt der hierarchischen Fahrzeugebenen entwickelte NEUMANN eine Variationsmatrix, die zur Bewertung der Wiederverwendung und zur Wiederverwendungszielableitung verwendet werden kann. Dabei wird basierend auf dem Plattform-Referenzmodell des Basisproduktes und deren Wiederverwendungsmatrix eine Variationsmatrix erstellt, die für jede hierarchische Ebene des Produktes die Teilevielfalt durch den Varianzgrad verdeutlicht (vgl. Abbildung 16).

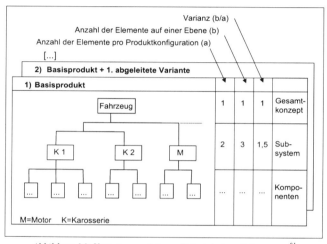

Abbildung 16: Variationsmatrix am Beispiel eines Fahrzeuges [81]

Zur Berechnung der Varianz werden zwei Teilkennzahlen benötigt. Die erste Teilkennzahl erfasst die Anzahl der Elemente pro Produktkonfiguration, die die Pflichtelemente eines Produktes darstellen (z.B. Motor und Karosserie). Diese können als Anzahl der Muss-Module interpretiert werden (vgl. Kapitel 2.2.3). Mit einer zweiten Teilkennzahl wird die Anzahl der kombinierbaren Variantenmerkmale bestimmt, d.h. welche Anzahl an Elementen auf einer Ebene zur Verfügung stehen (z.B. zwei Karosserievarianten (K1 und K2) und eine Motorvariante (M)). Der Varianzgrad ergibt sich als Quotient der Teilekennzahlen. Je näher die Varianz in Richtung Eins tendiert, desto geringer ist die Variantenvielfalt auf der entsprechenden Ebene.

---

[81] Vgl. Neumann, A. (1996), S. 61 / Anhang IX.

Ausgehend von der Ausgangs-Variationsmatrix für das Basisprodukt wird für jedes weitere abgeleitete Produkt eine neue Variationsmatrix unter Rückgriff auf die Wiederverwendungsmatrix erstellt und die zusätzlichen Elemente integriert. Ein iteratives Vorgehen nach diesem Prinzip ermöglicht eine Überprüfung, ob neue Elemente für abgeleitete Produkte auch in Basisprodukten verwendet werden können.[82] Die damit verbundene iterative Ermittlung der Kennzahlen lässt eine Bewertung der Variantenentwicklung während der Konzeptphase zu.

Nach dem Abschluss der strategischen und taktischen Planung erfolgt in der dritten Phase die eigentliche Produktentwicklung mit der Methode QFD auf operativer Ebene. Hinsichtlich der Wiederverwendung findet dabei eine kontinuierliche Bewertung des Wiederverwendungsstatus mit den Wiederverwendungszielen statt.

3.2.1.4 Konzeption und Bewertung einer modularen Fahrzeugfamilie (WILHELM)

WILHELM beschreibt in seiner Forschungsarbeit eine Methode zur Konzeption und Bewertung einer modularen Fahrzeugfamilie, die sich in vier Arbeitsgebiete untergliedert.[83]

Im ersten Arbeitsgebiet erfolgt die Konzeption einer modularen Fahrzeugfamilie und deren Produktvarianten mittels allgemeiner Methoden zur Konzeptstrukturierung.[84] Als Resultat ergeben sich Schnittstellen- und Grobmaßkonzepte der Produktvarianten und der damit verbundene Gleichteilegrad sowie beschreibende Kennzahlen (Preise, Maßkonzept- und Leistungsdaten). Darauf basierend werden im zweiten Arbeitsgebiet die potentiellen Absatzmengen strukturiert abgeschätzt. Dies geschieht unter Berücksichtigung zukünftiger Marktentwicklungen und einer Ähnlichkeitsermittlung der Varianten nach funktionalen und emotionalen Gesichtspunkten, um Substitutionseffekte

---

[82] Die Unterscheidung zwischen den hierarchischen Produktebenen hat zur Folge, dass z.B. auf Subsystemebene variierende Elemente gebildet werden können, jedoch eine Ebene tiefer, auf Komponentenebene, zwischen den Subsystemen Gleichteile verwendet werden können. Diesem Zusammenhang wird durch Berechnung der Kennzahlen auf verschiedenen Hierarchieebenen Rechnung getragen.

[83] Siehe Wilhelm, B. (2001).

[84] Dabei kann unterschieden werden zwischen analytischen Verfahren (Produktsegmentierung, Produktpalettenanalyse, Morphologie), intuitiven Verfahren (Brainstorming, Brainwriting, Expertenbefragung) und sonstigen Verfahren (Patentrecherche, Produktbenchmark, Genetische Algorithmen). Vgl. ebenda, S. 23ff.

abzuleiten. Darüber hinaus erfolgt eine Prognose der erzielbaren Absatzpreise für die Produktvarianten. Im dritten Arbeitsgebiet werden technische Detaillösungen und eine mengenunabhängige Kostenbasis geschaffen, die sich aus der Kalkulation des Produktvorgängers und einer Separierung von fixen und variablen Kosten ergibt. Dadurch sollen alternative Marktszenarien vergleichbar bewertet werden können.[85] Im vierten Arbeitsgebiet wird eine Wirtschaftlichkeitsbewertung durchgeführt. Dabei wird für die priorisierten Produktvarianten über die Mengen, Preise, und Kostenstrukturen ein Finanzplan als Basis für die Investitionsrechnung ermittelt. Die Eingangsgrößen werden von Experten geschätzt oder aus funktionalen Zusammenhängen abgeleitet. Als Ergebnis wird der Kapitalwert ausgewiesen, der um Eintrittswahrscheinlichkeiten für das jeweilige Marktszenario und dessen Absatzzahlen ergänzt wird.

Durch einen Vergleich der Bewertungsergebnisse alternativer Produktstrukturen verdeutlicht WILHELM die Vorteile modularer Konzepte. Dabei werden bei festem Marktszenario unterschiedliche Plattformumfänge definiert und in das Bewertungsmodell integriert. Neben der in der Forschungsarbeit konzipierten sog. „modularen Plattform" werden folgende Produktstrukturen unterschieden: Motorenplattform (Gleichteilebeschränkung auf Aggregate), Markenplattform (zusätzlich zur Motorenplattform: Achsen und Bodengruppe) und Familienplattform (zusätzlich zur Markenplattform: Interieur und Exterieur). WILHELM zeigt auf, dass die Ergebnisse der Kostenbewertung keine großen Unterschiede ergeben. Erst die erhöhte Flexibilität eines modularen Konzeptes bei der Ableitung von Produktvarianten führt zu deutlichen wirtschaftlichen Vorteilen.[86]

Die vergleichende Gegenüberstellung der Bewertungsergebnisse alternativer Konzepte verdeutlichen die Robustheit der priorisierten Lösung. Zur Bewertung weiterer Potentiale werden zusätzliche Kriterien ergänzt. Dazu gehört der Aspekt der Flexibilität, die über Entscheidungsbäume ermittelt wird. Darüber hinaus sind Risiken, Sensitivitäten, After-Sales- sowie Recycling-Potentiale über Schätzungen zu berücksichtigen.[87]

---

[85] Vgl. Wilhelm, B. (2001), S. 138ff.
[86] Vgl. ebenda, S. 167.
[87] Vgl. ebenda, S. 164ff.

3.2.2 Mehrdimensionale Bewertungsmethoden

3.2.2.1 Variant Mode and Effects Analysis (CAESAR)

Die Optimierung der Produktstruktur mit dem Fokus die Variantenvielfalt zu beherrschen, stellte bereits bei SCHUH den Schwerpunkt der Forschungsarbeit dar.[88] CAESAR griff die methodischen Ansätze auf und integrierte den Variantenbaum und das Kostenmodell in die Methode „Variant Mode and Effects Analysis (VMEA)".[89] Die Methode ist als kostenorientierte Gestaltungsmethodik für variantenreiche Serienprodukte zu interpretieren. Ziel ist es, die Entwicklung der Variantenvielfalt bereits im Gestaltungsprozess zu kontrollieren und konstruktionsbegleitend bewerten zu können.[90] Abbildung 17 gibt einen Überblick über die Prozessschritte der Methode.

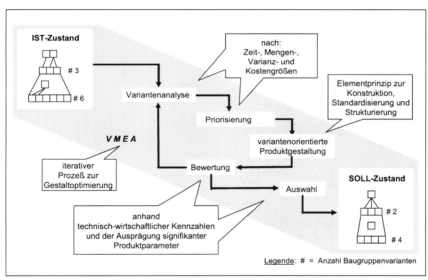

Abbildung 17: Prozessablauf der VMEA - Methodik [91]

Bei der Methodenanwendung wird zunächst der Ist-Zustand anhand eines Variantenbaumes beschrieben und darauf aufbauend eine Variantenanalyse durchlaufen. Dabei werden die Bestimmungsgrößen einer gleichzeitig variantenorientierten und kosten-

---

[88] Siehe Schuh, G. (1989).
[89] Siehe Caesar, C. (1991).
[90] Vgl. ebenda, S. 8.
[91] Vgl. ebenda, S. 36.

günstigen Produktgestaltung ermittelt. Zu optimierende Teilumfänge werden im Anschluss daran priorisiert, da eine Betrachtung sämtlicher Teilumfänge zu aufwendig wäre. Die ausgewählten Teilumfänge werden über Prinzipien der variantenorientierten Produktgestaltung konstruiert, standardisiert und strukturiert. Danach erfolgt die Bewertung der konstruktiven Lösungen und es schließt sich eine erneute Prozessiteration zur weiteren Gestaltoptimierung an.

Die Bewertung orientiert sich am sog. Variantenbaum. Ziel ist eine Reduzierung der Variantenzahl in den ersten Stufen der Fertigungs- und Montagereihenfolge (vgl. Abbildung 18). Ausgehend vom Variantenbaum lassen sich eine Reihe von Teilkennzahlen ableiten, die zur Variantenentwicklungskennzahl und zur Verwendungskennzahl für ein Variantenspektrum aggregiert werden.[92] Die Kennzahlen im VMEA-Konzept liegen im Intervall zwischen Null und Eins, wobei der Grad der variantenoptimalen Produktgestaltung umso höher ist, desto kleiner die Kennzahlenwerte sind.[93]

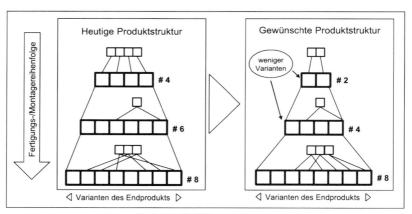

Abbildung 18: Ist- und Soll-Zustand des Variantenbaums

Die Variantenentwicklungskennzahl dient zur Bewertung der Variantenentwicklung innerhalb der Montagereihenfolge und strebt für einen schmalen Variantenbaum mit einer geringeren Anzahl von Variantenspektren[94] gegen Null. Andersherum gilt: bei

---

[92] Zur Herleitung und detaillierten Darstellung siehe Caesar, C. (1991), S. 77.
[93] Vgl. ebenda, S. 75.
[94] Unter Variantenspektren sind die horizontalen Leisten in einem Variantenbaum zu verstehen (vgl. Abbildung 18).

3.2 Bewertungsvorgehen ausgewählter Methoden

einem Variantenbaum, bei dem die Anzahl der Baugruppenvarianten bereits sehr früh während der Montagereihenfolge erzeugt wird, strebt die Variantenentwicklungskennzahl gegen Eins.

Die Verwendungskennzahl für ein Variantenspektrum spiegelt die Auswirkungen zusätzlicher Varianten auf die übergeordnete Baugruppenebene wider.[95] Dabei wird der Variantenzuwachs in der jeweiligen Variantenleiste gemessen und in Relation zur Variantenanzahl in der letzten Variantenleiste gesetzt. Strebt der Wert der Verwendungskennzahl gegen Eins, so entspricht dies einer hohen Variantenanzahl je Variantenleiste. Dies bedeutet gleichzeitig, dass auch auf der übergeordneten – d.h. nachfolgenden – Baugruppenebene eine hohe Anzahl zusätzlicher Varianten auftritt.

Als Spitzenkennzahl ergibt sich die VMEA-Gestaltskennzahl durch die Aggregation der Variantenentwicklungskennzahl und der Verwendungskennzahl für ein Variantenspektrum. Sie fasst dadurch die formulierten Zielkriterien zur variantenoptimalen Produktgestaltung in einer Gesamtbewertung zusammen und strebt im Optimum gegen Null. Die VMEA-Gestaltskennzahl berücksichtigt jedoch nicht die Kostenseite für den Vergleich von Ist- und Sollzustand. Diese Bewertung erfolgt in einer separaten Kalkulation.[96]

---

[95] Dabei wird unterschieden zwischen Ersatzvarianten, die sich gegenseitig ausschließen (z.B. Schalt- und Automatikgetriebe), Zusatzvarianten, die nur bei bestimmten Ausstattungen montiert werden (z.B. dritte Kopfstütze hinten) und Zusatzersatzvarianten, als Kombination (z.B. manuelle bzw. elektrische Teleskopantenne).

[96] CAESAR prognostiziert das Kostenreduzierungspotential und die durchschnittlichen Variantenkosten über Kostenschwerpunkte und -trends sowie deren Sensitivitäten (vgl. Caesar, C. (1991), S. 122).

3.2.2.2 Modular Function Deployment (ERIXON)

Die Methode „Modular Function Deployment" (MFD) stellt einen durchgängigen Ansatz zur Entwicklung modularer Konzepte dar.[97] ERIXON definierte für die Methode fünf Hauptschritte (vgl. Abbildung 19).

Abbildung 19: Vorgehensweise der Methode MFD

Im ersten Schritt wird die Methode Quality Function Deployment in vereinfachter Form eingesetzt. Dabei werden in einer Matrix den Kundenanforderungen (z.B. wirtschaftliche Nutzung) technische Produkteigenschaften (z.B. Benzinverbrauch) gegenübergestellt und die Abhängigkeiten über die Bewertung jeder Beziehung ermittelt (vgl. Abbildung 20). Je höher die Zeilensumme einer Kundenanforderung ist, desto größer ist die Korrelation zu den technischen Eigenschaften und somit der entwicklungsseitige Aufwand, diese Kundenanforderung zu erfüllen. Die Spaltensumme je Produkteigenschaft zeigt an, wie stark diese dazu beiträgt, die Kundenanforderungen zu erfüllen.

Im zweiten Schritt werden technische Lösungen[98] generiert und ausgewählt, indem eine funktionale Dekomposition des Endproduktes erfolgt. D.h. es werden aus den Funktionen die technischen Lösungen hierarchisch abgeleitet.[99]

---

[97] Siehe Erixon, G. (1998).
[98] Technische Lösungen stellen Komponenten, Baugruppen oder Module dar und sind nicht zu verwechseln mit alternativen Konzepten, unter denen es auszuwählen gilt. Hier geht es vielmehr um die Frage, welche technischen Lösungen zu einer Einheit zusammengefasst werden können.
[99] So hat z.B. die Realisierung der Funktion „Fahrzeug antreiben" durch die technische Lösung „Benzinmotor" auf der nächsten Hierarchieebene einen Treibstofftank zur Realisierung der Funktion „Treibstoff mitführen" zur Folge. Sollte als technische Lösung ein „Elektromotor" gewählt werden, ergibt sich auf der nächsten Ebene die Funktion „Strom speichern", die über die technische Lösung „Batterie" zu erfüllen ist.

3.2 Bewertungsvorgehen ausgewählter Methoden

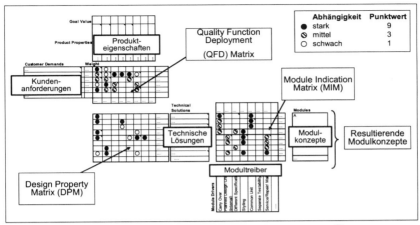

Abbildung 20: Ableitung von Modulkonzepten durch MFD [100]

Die technischen Lösungen (z.B. Benzinmotor) werden den technischen Eigenschaften (z.B. Benzinverbrauch) in der sog. Design Property Matrix gegenübergestellt und der Grad der Abhängigkeit bewertet. Diese zweite Bewertungsmatrix gibt Hinweise, wie stark die technischen Lösungen zur Erfüllung der Kundenanforderung beitragen.[101] So könnte beispielsweise deutlich werden, dass die technische Lösung „Benzinmotor" die technische Eigenschaft „Benzinverbrauch" stark beeinflusst. Dieser hat wiederum starke Auswirkungen auf die Erfüllung der Kundenanforderungen, wie z.B. auf die wirtschaftliche Nutzbarkeit, zur Folge.

Der dritte Schritt bildet den Kern der Methode MFD. Sind die technischen Lösungen bereits gegeben (z.B. bei der Produktfolgentwicklung), können die Schritte eins und zwei entfallen und es kann mit diesem dritten Schritt begonnen werden. Hierbei werden die technischen Lösungen über die sog. Modul Indication Matrix zu Modulen aggregiert, indem technische Lösungen mittels sog. Modultreiber bewertet werden. Diese Modultreiber dienen als Bewertungskriterien, warum eine technische Lösung als eigenständige Lösung definiert oder mehrere Lösungen zu einem Modul zusammengefasst werden sollten. In Tabelle 3 sind die Modultreiber dargestellt und anhand von Beispielen aus der Fahrzeugindustrie erläutert.

---

[100] Vgl. Fa. Modular Management (2001); siehe auch Erixon, G. (1998), S.67ff.
[101] Die Einflussstärke der technischen Lösung auf die Erfüllung der Kundenanforderung lässt sich aus dem Produkt von Punktwert und Spaltensumme je technischer Eigenschaft aus der ersten Matrix ermitteln.

	Modultreiber	Zielsetzung durch Modulbildung	Beispiele aus der Fahrzeugindustrie
Entwicklung	Carry-Over	Verwendung der Komponente vom Vorgänger für ein zukünftiges Produkt mit dem Ziel, die Komponente einen möglichst langen Zeitraum generationenübergreifend zu verwenden.	Plattformwiederverwendung bei Fiat über zwei Fahrzeuggenerationen, d.h. zweimal sechs Jahre.
	Technology Push	Beachtung von Veränderungen der Technologie während des Lebenszyklusses aufgrund von Technologiesprüngen oder sich ändernder Kundenanforderungen.	Nachträgliche Erweiterung der BMW i-Drive (Bedienungskonzept) Funktionalitäten per Software-Update.
	Planned Design Changes	Berücksichtigung eingeplanter Veränderungen der Komponente während des Lifecycles bereits im Produktentstehungsprozess.	Austausch des Frontends bei einer Modellpflege.
Varianz	Technical Specification	Abdeckung der extern geforderten Varianz durch gezieltes Variantenmanagement, d.h. Definition zur Variantenerzeugung geeigneter Module.	Verwendung einer variablen Kennzeichenmulde zur Befestigung länderspezifischer Kennzeichen.
	Styling	Separierung von Komponenten, die typische Produkt- oder Markeneigenschaften verkörpern.	Frontend-Variation der Chrysler LH-Plattform zur Erzeugung markenspezifischer „Gesichter", d.h. vier Quadranten beim Dodge Intrepid und eine ovale Öffnung beim Chrysler 300M, Concorde und LHS.
Produktion	Common Unit	Komponenten, die gleiche funktionale Kundenanforderungen beinhalten, sollten in unterschiedlichen Produkten eingesetzt werden, um ein Produktionsmengenwachstum an Gleichteilen zu erzielen.	Marken- und baureihenübergreifende Nutzung von Aggregaten im VW Konzern (z.B. gemeinsame Achsen, Getriebe und Motoren beim Skoda Fabia, VW Polo und Seat Ibiza).
	Process/ Organisation	Separierung von Fertigungsumfängen aufgrund spezifischer Produktionsabläufe. Dazu gehören spezialisierte Produktionsprozesse, Teambildung, Verantwortlichkeiten, Durchlaufzeiten, etc.	Trennung von 1-Linien- und Drehscheiben-Werken im VW Konzern. 1-Linien-Werke fertigen nur ein Modell (Solitär), während in hochflexiblen Drehscheibenwerken verschiedene Fahrzeuge gefertigt werden.
Qualität	Separate Testing	Qualitätsverbesserung durch separates Testen der Module vor der Endmontage.	Türmodule werden bei VW in einem abgeschlossenen Prozess gefertigt und separat geprüft. Viele Fehler können dadurch im Vorfeld erkannt werden.
Einkauf	Black-Box-Engineering	Reduktion der Komplexität durch Teilereduktion aufgrund des Zukaufs kompletter Module. Daraus folgt: Reduktion von Logistikaufwand, Lieferantenzahl, Produktsimplifizierung, etc.	Beim smart City-Coupé und Cabrio liefern acht Systempartner die vorgefertigten Komponenten direkt ans Endmontageband und bauen diese z.T. selbst ein. Dadurch kann das Fahrzeug in weniger als fünf Stunden montiert werden.
After Sales	Service/ Maintenance	Verbesserung der Kundenzufriedenheit durch definierte Schnittstellen, über die Module im Schadens- oder Wartungsfall vereinfacht ausgetauscht werden können.	Austauschbarkeit von Body-Panels bei den smart Varianten führt zur Vereinfachung von Reparaturabläufen und der Definition einer neuen Niedrigst-Kasko-Klasse. Neunzig Prozent aller technischen Probleme lassen sich in weniger als zwei Stunden wieder beheben.

3.2 Bewertungsvorgehen ausgewählter Methoden

	Upgrading	Möglichkeit bieten, das Produkt durch den Austausch von Modulen zu verändern und aus Kundensicht zu verbessern.	Änderungsmöglichkeit der Farbe durch den Austausch von Body-Panels beim Fahrzeugkonzept smart.
	Recycling	Vereinfachung des Recyclings in der Demontage des Produktes und Erhöhung des Recyclinganteils durch Materialseparierung.	Demontage von Modulen und Wiederverwendung im Ersatzteilgeschäft (z.B. Mercedes-Benz Altfahrzeug- und Altteilecenter).

Tabelle 3: Modultreiberbeschreibung

Nachdem sämtliche technische Lösungen anhand der Modultreiber bewertet wurden, sind soweit wie möglich diejenigen Komponenten zu Modulen zusammenzufassen, die ein ähnliches Modultreiberprofil aufweisen. Sofern sich das Modultreiberprofil weitgehend gleicht und lediglich einzelne Modultreiber differieren, hat eine Gewichtung der Modultreiber zu erfolgen, wodurch sich Hinderungsgründe der Modulintegration möglicherweise relativieren.

Im vierten Schritt wird eine separate Bewertung der Modulkonzepte anhand der Schnittstellen zwischen den Modulen sowie weiterer Bewertungskriterien durchgeführt. Die Schnittstellenbewertung erfolgt über eine Dreiecksmatrix, in der die Verbindungen zwischen den Modulen aufgezeigt werden (vgl. Abbildung 21).

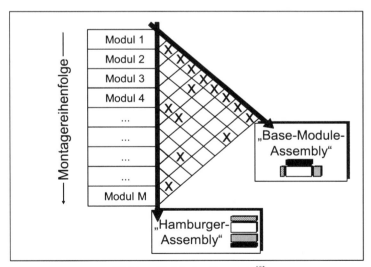

Abbildung 21: Schnittstellenmatrix [102]

---

[102] Vgl. Erixon, G. (1998), S. 84.

Aus Sicht der Montage existieren zwei ideale Schnittstellenprinzipien: zum Einen das Prinzip „Base-Module-Assembly", bei dem die Module an ein Basismodul montiert werden und untereinander nicht weiter vernetzt sind. Zum Anderen das Prinzip „Hamburger-Assembly", bei dem jedes Modul auf ein anderes aufgesetzt wird. Anhand einer derartigen Schnittstellenmatrix können Hinweise abgeleitet werden, wo die Schnittstellenkonfiguration verbessert werden kann. Eine Wertungszahl als Bewertungsergebnis des Gesamtkonzeptes leitet ERIXON nicht ab.

Die Berücksichtigung weiterer Bewertungskriterien ergänzt den Bewertungsprozess innerhalb der Methode MFD. Dabei wird den einzelnen Lebensphasen der Produkte – Entwicklung, Montage sowie Vertrieb und After Sales – Rechnung getragen. Sofern eine quantifizierbare Messgröße vorliegt, wird der Effekt über Kennzahlen bewertet. Ansonsten beschränkt sich ERIXON auf allgemein gültige Regeln (vgl. Tabelle 4).

Bewertungskriterien	Kennzahl / Regel	
Entwicklung		
1. Entwicklungszeit	Interface Complexity	Kennzahl
2. Entwicklungskosten	Geschätzte Anzahl an „Carry Over" Modulen	Regel
3. Entwicklungskapazität	Geschätzte Anzahl an zugekauften Modulen	Regel
Montage		
4. Herstellkosten	Assortment Complexity	Kennzahl
5. Vielfaltskosten	Geschätzte Anzahl an zugekauften Modulen	Regel
6. Durchlaufzeit	Lead Time	Kennzahl
7. Qualität	Wahrscheinlichkeit einer fehlerfreien Montage	Kennzahl
Vertrieb / After Sales		
8. Variantenflexibilität	Variant Flexibility	Kennzahl
9. Service / Upgrading	Funktionsreinheit in den Modulen	Regel
10. Recycelbarkeit	Materialreinheit in den Modulen	Regel

Tabelle 4: Innerhalb von MFD bewertete Modularisierungseffekte [103]

Die Bewertung der Effekte in der Entwicklung erfolgt anhand der Kriterien Entwicklungszeit, -kosten und -kapazität. Zur Abschätzung der *Entwicklungszeit* zieht ERIXON eine Kennzahl heran, die darauf beruht, dass durch eine frühzeitige und möglichst einfache Schnittstellendefinition zwischen einzelnen Modulen, Parallelarbeit in der Entwicklungsphase ermöglicht wird. Einzelne Aufgabenpakete können dadurch klar

---

[103] Erixon, G. (1998), S. 87.

abgegrenzt und somit eine Verkürzung der Entwicklungszeit realisiert werden. ERIXON verwendet zur Bewertung der Schnittstellenkomplexität die Kennzahl „Interface-Complexity":[104]

$$\text{Interface - Complexity} = \frac{\sum_{i=1}^{N_m-1} T_{BDI,i}}{T_{BDI,opt}}$$

mit: $T_{BDI,i}$ = Montagezeit für eine Modul-Schnittstelle i;
N_m = Anzahl der Module in einer Produktvariante;
$T_{BDI,opt}$ = Optimale Montagezeit für eine Modul-Schnittstelle.

Ziel ist es, den Wert für diese Kennzahl zu minimieren. Je kleiner der Wert, desto weniger Zeitaufwand wird im Durchschnitt bei der Schnittstellenmontage benötigt. ERIXON folgert daraus, dass sich die entwicklungsseitige Schnittstellenkomplexität proportional zum Zeitaufwand in der Montage verhält. D.h. je geringer der Zeitaufwand in der Montage, desto weniger komplex sind die Schnittstellen hinsichtlich Form, Befestigungsprinzip, Anzahl der Kontaktflächen, etc. Bei einer einfachen Schnittstellengestaltung zwischen den Modulen erhöht sich die Möglichkeit zur Parallelarbeit mit der Folge kürzerer Entwicklungszeiten, da der Koordinations- und Abstimmungsaufwand relativ gering ist.

Zur Bewertung der *Entwicklungskosten* wird die allgemeine Regel verwendet, dass der Einsatz von „Carry-Over-Modulen", also Modulen, die in den Folgegenerationen unverändert eingesetzt werden, einen direkten Einfluss auf die Kostensituation hat. Daher sollte darauf abgezielt werden, vermehrt „Carry-Over-Module" einzusetzen, um so die Entwicklungskosten zu minimieren.

Bei der Bewertung der *Entwicklungskapazität* wird ebenso keine Kennzahl formuliert, sondern eine Regel aus der Frage „make or buy" und den Folgen einer Veränderung der Wertschöpfungstiefe abgeleitet. Je größer der Umfang der Module, die von externen Lieferanten inklusive der Entwicklungsleistung zugekauft werden können (sog. Black-Box-Engineering), desto geringer ist die selbst zur Verfügung zu stellende Entwicklungskapazität.

---

[104] In Anlehnung an BOOTHROYD und DEWHURST verwendet ERIXON als ideale Arbeitsdauer ($T_{BDI,opt}$) drei Sekunden (vgl. Boothroyd, G. / Dewhurst, P. (1987), S. 3; Erixon, G. (1998), S. 88). ERIXON stellt zudem ein Näherungsverfahren vor, mit dem ein idealer Kennzahlenwert abgeschätzt werden kann (vgl. Erixon, G. (1998), S. 88). Eine nähere Erläuterung zu dem Parameter $T_{BDI,opt}$ erfolgt beim Bewertungskriterium Qualität und der dazugehörigen Kennzahl auf den folgenden Seiten.

Die Bewertung der Effekte in der Montage erfolgt anhand der Kriterien Herstellkosten, Vielfaltskosten, Durchlaufzeit und Qualität. Die *Herstellkosten* werden in Anlehnung an PUGH über eine Kennzahl bewertet, die sich aus der Sortimentskomplexität ergibt.[105] Um die Herstellkosten zu minimieren, gilt es, ein Sortiment anzustreben, das bei einer möglichst geringen Variantenanzahl der Module und Schnittstellen trotzdem allen Kundenanforderungen gerecht wird. In diesem Zusammenhang wird die Kennzahl „Assortment-Complexity" wie folgt definiert:

$$\text{Assortment - Complexity} = \sqrt[3]{N_m N_{mtot} N_i}$$

mit: N_m = Anzahl der Module in einer durchschnittlichen Produktvariante;
 $N_{m,tot}$ = gesamte Anzahl der benötigten Modulvarianten zur Realisierung der Produktpalette;
 N_i = Anzahl der Schnittstellen zwischen den Modulen eines Produktes.

Stellhebel für die Minimierung des Kennzahlenwertes sind die Modulanzahl pro Produkt, die Anzahl der Modulvarianten und die Schnittstellenzahl.[106]

Als weiteres in der Montage relevantes Bewertungskriterium werden die *Vielfaltskosten*[107] herangezogen. Diese subsumieren die gesamten Kosten, die bei der Unterstützung der Montage verursacht werden (z.B. Kosten für Einkauf, Produktionsplanung, Qualitätskontrolle, Logistik und Produktionsentwicklung). Abhängig wiederum von der Komplexität und somit von der Lieferantenanzahl sowie der Teile- und Modulanzahl entstehen hier unterschiedlich hohe Kosten. Wie bei der Bewertung der Entwicklungskapazität stellt sich auch hier die Frage „make or buy" mit zwei Extremfällen: einerseits alles selber machen, wobei die höchsten Vielfaltskosten anfallen, oder andererseits alle Module von externen Lieferanten hinzukaufen, um dadurch die Vielfaltskosten weitgehend zu reduzieren. Vor diesem Hintergrund formuliert ERIXON folgende Regel: die Vielfaltskosten verhalten sich umgekehrt proportional zu der Anzahl an zugekauften Modulen.

---

[105] Siehe dazu: Pugh, S. (1990), S. 134f.
[106] Ähnlich wie bei der Kennzahl „Interface-Complexity" stellt ERIXON ein Näherungsverfahren dar, das es ermöglicht, die Schnittstellenanzahl (N_c) abzuschätzen und darüber hinaus die ideale „Assortment-Complexity" abzuleiten (vgl. Erixon, G. (1998), S. 93).
[107] ERIXON verwendet an dieser Stelle den Begriff „System Costs" (vgl. ebenda, S. 94).

Die *Durchlaufzeit* in der Montage bewertet ERIXON unter der Prämisse, dass die einzelnen Module parallel vormontiert, separat getestet und im Anschluss auf einer Linie endmontiert werden. Wird weiterhin davon ausgegangen, dass es keine Wartezeiten während der Montage der Module gibt, lässt sich die Kennzahl „Lead-Time" wie folgt definieren:[108]

$$\text{Lead - Time (L)} = \frac{N_p T_{norm}}{N_m} + T_{test} + (N_m - 1)T_{int}$$

mit:
- N_p = Anzahl der Teile im Endprodukt;
- N_m = Anzahl der Module in einer durchschnittlichen Produktvariante;
- T_{norm} = durchschnittliche Teile-Einbauzeit beim Zusammenbau eines Moduls;
- T_{int} = durchschnittliche Modulendmontagezeit (Zusammenfügen der Schnittstellen);
- T_{test} = durchschnittliche Zeit für Funktionstests der Module.

Ziel ist es, die Durchlaufzeit so kurz wie möglich zu halten, wobei Ansatzpunkte zur Zeitreduzierung in der Modul-Vormontage, bei den Modul-Funktionstests sowie bei der Endmontage bestehen. Eine wichtige Rolle bei der Verkürzung der Durchlaufzeit spielt insbesondere die Möglichkeit der parallelen Modul-Vormontage. Theoretisch kann die Durchlaufzeit weiter verkürzt werden, indem die Module in immer kleinere Submodule aufgeteilt werden, bis schließlich eine optimale Anzahl von Modulen erreicht ist. Die durchlaufzeitminimierende Modulanzahl bestimmt ERIXON über die erste Ableitung folgendermaßen:

$$L = L(N_m)$$

$$\frac{dL}{dN_m} = -\frac{N_p T_{norm}}{(N_m)^2} + T_{int}$$

$$\frac{dL}{dN_m} = 0 \Rightarrow N_m = \sqrt{\frac{N_p T_{norm}}{T_{int}}}$$

Durch Variation der Parameter N_p (Teilezahl) und dem Verhältnis von T_{norm} (Teile-Einbauzeit) und T_{int} (Modulendmontagezeit) lässt sich die in Abbildung 22 dargestellte Grafik erstellen. Die beispielhafte Variation eines Parameters soll das der Abbildung zu Grunde liegende Prinzip der Durchlaufzeitenminimierung verdeutlichen: Für den Fall, dass die Modulendmontagezeit (T_{int}) – bei gleich bleibender Teile-Einbauzeit (T_{norm}) – steigt, reduziert sich die optimale Modulanzahl (N_m) zur Minimierung der

---

[108] Nach ERIXON bewegt sich die Modulendmontagezeit (T_{int}) in der Regel zwischen zehn und fünfzig Sekunden. Die Teile-Einbauzeit für ein Teil (T_{norm}) beträgt ca. zehn Sekunden (vgl. Erixon, G. (1998), S. 96).

Durchlaufzeit. Folglich erhöht sich die Teilezahl pro Modul bei gleich bleibender Gesamtteilezahl (N_p). Durch die Mehrinhalte eines jeden Moduls erhöht sich zwar die Modulvormontagezeit, jedoch weniger stark als sich die Modulendmontagezeit erhöhen würde. Daher ist es insgesamt zielführender, mit steigender Modulendmontagezeit tendenziell weniger Module mit umfangreicheren Modulinhalten zu konzipieren.

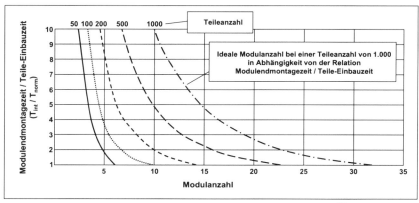

Abbildung 22: Abschätzung der optimalen Anzahl von Modulen [109]

Effekte bezüglich der *Qualität* quantifiziert ERIXON über die Wahrscheinlichkeit einer fehlerfreien Montage. Ohne zunächst speziell die Modulvormontage zu berücksichtigen, ist die entsprechende Kennzahl für den Montagebereich folgendermaßen definiert:

$$P_A = \prod_{i=1}^{n} \left[1 - C_k (T_i - T_{ideal})^k \right]\left(1 - D_{Pi}\right)$$

mit:
    P_A = Wahrscheinlichkeit einer fehlerfreien kompletten Montage;
    C_k = Konstante bezogen auf die Qualitätskontrolle bei der Montagetätigkeit,
          mit $0 \leq C_k \leq 1$ (je kleiner, desto mehr Fehler werden erkannt);
    T_i = benötigte Zeit für die i-te Montagetätigkeit;
    T_{ideal} = ideale Montagezeit;
    k = Exponent bezogen auf die Fehleranfälligkeit einer Montagetätigkeit mit $k \geq 1$;
    n = Anzahl der Montagetätigkeiten;
    D_{Pi} = Wahrscheinlichkeit, dass das i-te Teil einen Fehler aufweist.

---

[109] Erixon, G. (1998), S. 97.

Bei der zunächst relativ komplex erscheinenden Kennzahl ergibt sich die Gesamtwahrscheinlichkeit einer fehlerfreien Montage aus dem Produkt der Wahrscheinlichkeit einer fehlerfreien Montagetätigkeit (erster Klammerausdruck) und der Wahrscheinlichkeit, das ein Teil fehlerfrei ist (zweiter Klammerausdruck). Die Wahrscheinlichkeit, dass ein verbautes Teil einen Fehler enthält, wird im zweiten Klammerausdruck durch die Subtraktion der Teile-Fehlwahrscheinlichkeit von Eins berücksichtigt.[110]

Die Ermittlung der Wahrscheinlichkeit einer fehlerfreien Montagetätigkeit (erster Klammerausdruck) erfolgt in sinngemäßer Form, indem die Fehlerwahrscheinlichkeit der Montagemontagetätigkeit von Eins subtrahiert wird. Diese Fehlerwahrscheinlichkeit wird aus Untersuchungen von BOOTHROYD und DEWHURST sowie einer Analyse von GEBALA abgeleitet. In diesen Untersuchungen wurde festgestellt, dass die Fehleranzahl mit steigender Montagezeit je Arbeitsschritt steigt (vgl. Abbildung 23). Vor diesem Hintergrund wird die Montagezeit als Maß für den Arbeitsinhalt verwendet: je länger die Montage dauert, desto komplexer ist der Arbeitsinhalt und umso größer ist die Wahrscheinlichkeit, dass bei der Montage Fehler unterlaufen.

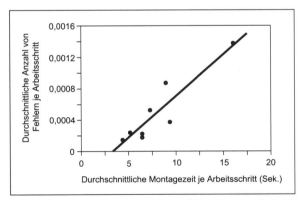

Abbildung 23: Ableitung der idealen Montagezeit in Abhängigkeit von der Fehleranzahl [111]

Als ideale Montagezeit wird diejenige Zeit definiert, die zu einer Minimierung der Fehleranzahl führt. Beide Studien haben eine ideale Montagezeit von ca. drei Sekunden ermittelt, bei der die Wahrscheinlichkeit des Auftretens von Fehlern während der

---

[110] Zum Abschätzen dieser Größe bietet sich der aus dem Qualitätsmanagement stammende Wert parts-per-million (ppm) an, der die Anzahl der fehlerhaften Teile für jede Teilart abbildet.
[111] Vgl. Barkan, P. / Hinckley, C.M. (1993), S. 217.

Montagetätigkeit am geringsten ist.[112] Je stärker die real benötigte Montagezeit von dieser idealen Montagezeit abweicht ($T_i - T_{ideal}$), desto höher ist die Wahrscheinlichkeit einer fehlerhaften Montagetätigkeit.

Als Kritikpunkt ist an dieser Stelle anzumerken, dass die Kennzahl in dieser Form nicht den Axiomen der Wahrscheinlichkeitsrechnung gerecht wird, nach denen Wahrscheinlichkeitswerte in einem Intervall zwischen Null und Eins liegen müssen. Demzufolge ist bei einer Weiterentwicklung der Kennzahl (vgl. Kapitel 4.2.5.3) über die *zeitliche Differenz* zwischen der idealen und realen Montagezeit, wie sie der o.g. Kennzahl zu Grunde liegt, auf die *Wahrscheinlichkeit* einer fehlerfreien Montagetätigkeit im genannten Intervall zu schließen.

Neben dem Zusammenhang der Montagezeitabweichung wird in der Kennzahl berücksichtigt, dass bestimmte Montageschritte fehleranfälliger sind als andere. Der Exponent k berücksichtigt diesen Zusammenhang. Im Idealfall nimmt dieser Exponent den Wert Eins an, denn dann erhöht sich die Fehlerwahrscheinlichkeit durch die Potenzierung nicht.[113] Unzugängliche Stellen, Überkopfarbeiten oder ein fehlender direkter Sichtkontakt erhöhen beispielsweise den Parameterwert. In Abbildung 23 würde eine Veränderung des Exponenten k eine Veränderung der Steigung der Geraden bedeuten. Je größer der Exponent k, desto steiler verläuft die Gerade, da bei gleicher Montagezeit die Anzahl der Fehler erhöht wird, d.h. die Fehlersensitivität steigt.

Zusätzlich zur Montagezeitabweichung und zur Fehlersensitivität der Montageschritte wird in der Kennzahl das Leistungspotential der Qualitätskontrolle in der Montage mit der Konstanten C_k abgebildet. Der Wert gibt an, welcher Anteil der Fehler im Durchschnitt unentdeckt bleibt. Bei einer idealen Kontrolle würden nach jedem Montageschritt alle Fehler gefunden werden, d.h. die Konstante C_k würde den Wert Null annehmen und damit für den gesamten Ausdruck in der ersten Klammer zum Wert Eins führen.[114]

---

[112] BOOTHROYD und DEWHURST haben als ideale Zeit für einen Montageschritt drei Sekunden identifiziert (vgl. Boothroyd, G. / Dewhurst, P. (1987), S. 3 - Kapitel 2). Mit 3,3 Sekunden wurde bei einer Analyse des Montageprozesses bei Motorola ein nahezu identischer Wert ermittelt (vgl. Gebala, D. (1992) zitiert in Barkan, P. / Hinckley, C.M. (1993), S. 217). Bei einer Anwendung der Kennzahl in der Praxis der Fahrzeugindustrie sind diese Werte spezifisch zu überprüfen und gegebenenfalls anzupassen.

[113] In der praktischen Anwendung bei Motorola bewegte sich der Parameterwert zwischen Eins und Drei (vgl. Barkan, P. / Hinckley, C.M. (1993), S. 218).

[114] In der Realität sind Werte zwischen 0,12 ‰ und 0,26 ‰ zu erwarten (vgl. ebenda, S. 218).

3.2 Bewertungsvorgehen ausgewählter Methoden

Die zuvor aufgezeigte Kennzahl kann einem Montagesystem mit separater Modul-Vormontage sowie anschließender Endmontage der zuvor geprüften Module wie folgt angepasst werden:[115]

$$P_{Atest} = \left[1 - C_k(T_{int} - T_{ideal})^k\right]^{N_m - 1} \left[1 - C_k(T_{norm} - T_{ideal})^k\right]^{N_{notest}}$$

zusätzlich mit:

N_m = Anzahl der Module in einer durchschnittlichen Produktvariante;
T_{norm} = durchschnittliche Zeit für die Montage eines Teiles beim Zusammenbau eines Moduls;
T_{int} = durchschnittliche Montagezeit bei der Endmontage für die Schnittstellen zwischen den Modulen;
T_{ideal} = ideale Montagezeit;
N_{notest} = Anzahl Teile, die in nicht getesteten Modulen verbaut sind.

Die zwei Klammerausdrücke sind ähnlich der vorangegangenen Formel zu interpretieren. Die Wahrscheinlichkeit einer fehlerfreien Montage ergibt sich aus der Wahrscheinlichkeit einer fehlerfreien Modulendmontage (erster Klammerausdruck) und der Wahrscheinlichkeit einer fehlerfreien Modulvormontage (zweiter Klammerausdruck).[116]

Die Wahrscheinlichkeit einer fehlerfreien Modulendmontage lässt sich wiederum aus der Modulmontagezeitabweichung (T_{int}-T_{ideal}), der Fehlersensitivität der Montageschritte (k) und dem Leistungspotential der Qualitätskontrolle (C_k) ableiten. Da der Teil der Formel nur die Wahrscheinlichkeit für einen Montageschritt abbildet, wird diese mit der Anzahl der zu montierenden Module (N_m-1) potenziert, um eine durchschnittliche Wahrscheinlichkeit zu erhalten.[117]

Der zweite Teil der Formel beschreibt die Wahrscheinlichkeit, inwiefern die Modulvormontage fehlerfrei erfolgt, d.h. nicht getestete, vormontierte Module Fehler enthalten können (separat getestete Module werden als fehlerfrei angenommen). Dabei ist die Grundidee, dass diese Wahrscheinlichkeit mit der Anzahl nicht über separate Modultests geprüfte Teile (N_{notest}) zunimmt. N_{notest} ergibt sich aus der Differenz aller Teile im fertigen Produkt und den Teilen, die bereits zu separat getesteten Modulen zusam-

---

[115] Vgl. Erixon, G. (1998), S. 100.
[116] Positiv getestete Module werden als fehlerfrei angesehen und daher nicht detaillierter beachtet.
[117] Genau genommen müsste, wie in der ursprünglichen Formel, eine multiplikative Verknüpfung über alle Montageschritte einzeln erfolgen, um die Wahrscheinlichkeiten nicht pauschal für alle Module abzuschätzen.

mengebaut sind. Ansonsten erfolgt die Berechnung analog zum ersten Klammerausdruck der Formel mit der Änderung, dass hier zum Einen anstatt der *Modul*montagezeit (T_{int}) die *Teile*einbauzeit bei der Modulvormontage (T_{norm}) betrachtet wird. Zum Anderen wird nicht die Anzahl zu montierender *Module* (N_m-1) sondern die Anzahl nicht getesteter *Teile* (N_{notest}) verwendet.

Die so angepasste Kennzahl berücksichtigt, dass die Wahrscheinlichkeit eines fehlerfreien Endproduktes mit zunehmendem Anteil separat getesteter Module tendenziell steigt. Wird kein Modul getestet, kann aufgrund einer hohen Fehlerwahrscheinlichkeit von einer relativ schlechten Qualität des Endprodukts ausgegangen werden. Folglich kann von einer bestmöglichen Qualität ausgegangen werden, wenn alle Module separat getestet werden.

Die Bewertung der Effekte im Vertrieb bzw. After Sales erfolgt anhand der Kriterien Variantenflexibilität, Service bzw. Upgrading und Recycelbarkeit. Bei der *Variantenflexibilität* ist insbesondere die Mehrfachverwendung von Modulen, Prozessen und Organisationseinheiten von Wichtigkeit. Ziel sollte es sein, aus einer gegebenen Anzahl von Modulen möglichst viele Varianten, die vom Kunden gefordert werden, zu generieren und gleichzeitig unnötige Varianten zu vermeiden. Zur Bewertung der Variantenflexibilität verwendet ERIXON daher die Beziehung zwischen der Anzahl der Produktvarianten und der gesamten Anzahl der benötigten Module als Kennzahl:

$$\text{Variant - Flexibility} = \frac{N_{var}}{N_{m,tot}}$$

mit: N_{var} = Anzahl der konfigurierbaren Produktvarianten (externe Varianz);
$N_{m,tot}$ = Gesamte Anzahl von Modulen, die zur Konfiguration aller Produktvarianten benötigt werden (interne Varianz).

Ein hoher Wert dieser Kennzahl weist auf eine hohe externe Varianz im Verhältnis zur internen Varianz hin. Daraus resultieren viele Vorteile hinsichtlich der Komplexität, wie z.B. weniger Werkzeuge oder eine vereinfachte Auftragsplanung, weshalb eine Maximierung dieses Kennzahlenwertes anzustreben ist.

Um Effekte im *Service* bzw. hinsichtlich der Möglichkeit zum *Upgrading* bewerten zu können, formuliert ERIXON allgemeine Regeln. Dabei sollte das Hauptaugenmerk auf der Funktionsreinheit in den Modulen liegen. So empfiehlt ERIXON darauf zu achten, dass möglichst keine funktionalen Verknüpfungen zwischen den Modulen bestehen, da sonst eine einfache Austauschbarkeit nicht mehr gewährleistet ist. Aus diesem Grund sind Funktionen nicht auf mehrere Module zu verteilen. Bereits bei der Generierung von Konzepten mittels der Module Indication Matrix (MIM) sollte diesem Umstand Rechnung getragen werden.

Aufgrund einer zunehmenden Bedeutung des Umweltschutzes und immer schärferen Gesetzen zum Themenbereich Recycling wird das Kriterium *Recycelbarkeit* von Produkten immer wichtiger. Bei der Bewertung der Recycelbarkeit ist darauf zu achten, dass die Materialreinheit in den Modulen gegeben sein sollte. Das bedeutet, dass zur Sicherstellung eines hohen Grades der Wiederverwertung von Rohstoffen die Anzahl von unterschiedlichen Materialien in den einzelnen Modulen so gering wie möglich gehalten werden muss.[118] Diesbezüglich beschränkt sich ERIXON ebenfalls auf die Formulierung einer allgemeinen Regel.

Nach dem zuvor ausführlich dargestellten vierten Schritt, in dem verschiedene Kennzahlen und Regeln in die Bewertung einfließen, erfolgt im fünften Schritt der MFD-Methode die detailliertere Entwicklung der einzelnen Module. Dabei können Modultreiber aus der Modul Indication Matrix (MIM) Hinweise geben, welches DFx-Prinzip[119] für das spezielle Modul in der Detailentwicklung angewendet werden sollte. Nach der Detaillierung der technischen Konzepte wird die gesamte MFD-Methode erneut durchlaufen. Diese Iterationsschritte wiederholen sich bis zum Abschluss der Entwicklungsphase.

3.2.2.3 Strategischer Bewertungsansatz (KIDD)

„A Systematic Method for Valuing a Product Platform Strategy" wurde 1998 am Massachusetts Institute of Technology von KIDD veröffentlicht und stellt eine auf der dynamischen Investitionsrechnung basierende Bewertungsmethode für Plattformstrategien dar. Die Methode gliedert sich in fünf Hauptschritte, die in der nachfolgenden Abbildung beschrieben werden.[120]

---

[118] Zur Unterstützung einer Bewertung nach diesem Prinzip könnte auf einfache Pareto Charts bzw. auf die 80/20-Regel zurückgegriffen werden (vgl. Erixon, G. (1998), S. 103).
[119] DFx steht für „Design for X", wobei das X als Platzhalter für die unterschiedlichsten Konstruktionsprinzipien steht (z.B. DFA für Design for Assembly oder DFV für Design for Variety).
[120] Vgl. Kidd, S. (1998), S. 20ff.

Abbildung 24: Vorgehensweise nach KIDD

Die Bewertung beginnt im ersten Schritt mit der Identifikation von strategischen Attributen, Kennzahlen und Risiken. Strategische Attribute erfassen die Kosten-Nutzen-Wirkung einzelner Plattformstrategien und dienen der Berechnung der Kennzahlen. Für die vorliegende Methode werden die folgenden acht strategischen Attribute definiert: Investitionen, Fixkosten, Produktionskapazitäten, Fertigungskosten, Transportkosten, Produkt-Timing, Verkaufspreis und die Kundennachfrage (vgl. Abbildung 26). Als Kennzahlen werden der Net-Present-Value, d.h. die abgezinsten Netto-Cash-Flows, und der Return-on-Sales, d.h. die Umsatzrendite, verwendet. Diese quantifizieren den erwarteten Rückfluss einzelner Plattformstrategien und werden für den Vergleich verschiedener Szenarien herangezogen. Als dritter Aspekt werden die Risiken der Eingangsparameter abgeschätzt, um mit Hilfe von Monte-Carlo-Simulationen Wahrscheinlichkeitsverteilungen für die Kennzahlen Net-Present-Value und Return-on-Sales im Rahmen der Szenarienanalyse zu generieren.

In einem zweiten Schritt werden Szenarien für Modularisierungsstrategien entwickelt. Ein Szenario wird durch strategische Attribute und deren Risiken definiert (siehe Schritt 1) und ist Grundlage für die spätere Strategiebewertung. Das Szenario wird komplettiert durch die Formulierung eines Marketing-, Produkt- und Produktionsplans (vgl. Abbildung 25).

Der Marketingplan dient der Marktsegmentierung und beantwortet die Frage, welche Produkte in welchem Segment angeboten werden. Der Produktplan beschreibt, welche der Marktsegmente durch die verschiedenen modularen Basisarchitekturen und deren Varianten bedient werden. Schließlich bestimmt der Produktionsplan, welche Produkte an welchem Produktionsstandort mit welcher Technologie gefertigt werden.

3.2 Bewertungsvorgehen ausgewählter Methoden

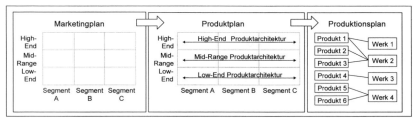

Abbildung 25: Aufbau der Szenarien [121]

Nach der Entwicklung alternativer Szenarien findet im dritten Schritt die Szenarioanalyse statt, die aus drei Bestandteilen besteht: lineare Programmierung, Simulation und Ergebnisaufbereitung. Dabei werden auf der einen Seite die einzelnen Szenarien auf ihre wirtschaftliche Vorteilhaftigkeit hin untersucht, auf der anderen Seite werden dadurch die unterschiedlichen Szenarien vergleichbar gemacht. Die Vorgehensweise wird in Abbildung 26 skizziert. Durch eine Überführung der periodischen Outputdaten in eine dynamische Investitionsrechnung werden, unter subjektiver Abschätzung der Wahrscheinlichkeitsverteilung (Monte-Carlo-Simulation), die Kennzahlen Net-Present-Value und Return-on-Sales berechnet.

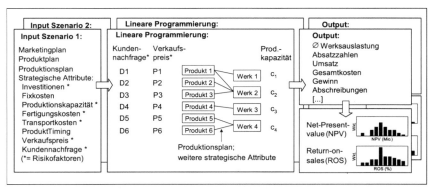

Abbildung 26: Vorgehensweise bei der Analyse alternativer Szenarien [122]

Ausgehend vom Marketing-, Produkt- und Produktionsplan sowie den strategischen Attributen wird für jedes Szenario ein lineares Modell entwickelt und berechnet. Als Erweiterung bietet sich die Simulation an. Hier werden wiederholt Werte für die zu

---

[121] Vgl. Kidd, S. (1998), S. 23ff.
[122] Vgl. ebenda, S. 38ff.

erwartenden strategischen Attribute, unter Berücksichtigung der Wahrscheinlichkeiten, ausgewählt und durchgerechnet. Das Ergebnis der linearen Programmierung, in Abbildung 26 als Output bezeichnet, kann anschließend systematisch in tabellarischer Form aufbereitet werden.

Die Bewertung und der Vergleich der verschiedenen strategischen Ansätze werden auf Grundlage der zuvor gewonnenen Informationen im vierten Schritt durchgeführt. Dabei beschränkt sich KIDD grundsätzlich auf die beiden Kennzahlen Net-Present-Value und Return-on-Sales und zieht diese beiden Größen für einen Vergleich heran. Das Auswahlkriterium in beiden Fällen ist ein möglichst hoher Wert für die jeweilige Kennzahl. Zudem findet auch das Risiko Berücksichtigung, dem durch eine möglichst geringe Standardabweichung Rechnung getragen wird.[123] Aufbauend auf den zu Grunde liegenden Kennzahlen und deren Risiko erfolgt im fünften und letzten Schritt der Methode schließlich die Entscheidung für die optimale Strategie. Ergänzend empfiehlt KIDD den Einsatz von Trade-off-Graphen für die Gegenüberstellung der Strategien, um dadurch Vorteilhaftigkeiten transparent zu machen. Dabei werden beispielsweise Investitionen im Vergleich zu Größen wie Absatzzahlen, Umsatz, variablen Kosten oder Fixkosten grafisch dargestellt (vgl. Abbildung 27).

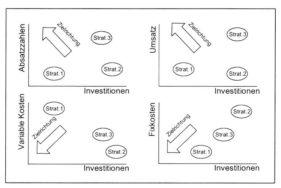

Abbildung 27: Trade-off-Graphen zur Abbildung der Vorteilhaftigkeit von Strategien[124]

Abschließend sei angemerkt, dass der beschriebene Ansatz, entgegen der eingangs dargestellten methodischen Fokussierung, zu den Operations Research Modellen zugeordnet werden kann. Der Ansatz beschränkt sich jedoch nicht nur auf die mathema-

---

[123] Zum Umgang mit Unsicherheiten im Entscheidungsprozess siehe Neff, T. (2002), S. 73ff.
[124] Vgl. Kidd, S. (1998), S. 86.

tische Optimierung einer Problemstellung. Vielmehr werden Impulse für die Vorgehensweise bei der systematischen Ermittlung von Kennzahlen aus der Investitionsrechnung speziell für modulare Produktfamilien vermittelt (z.B. relevante Parameter).

3.2.2.4 Design for Variety (MARTIN/ISHII)

Die Methode Design for Variety (DFV) wurde insbesondere in Veröffentlichungen der Autoren MARTIN und ISHII im Detail beschrieben.[125] Generell setzen die methodischen Ansätze auf Vorarbeiten von ULRICH und EPPINGER auf. Danach entstehen modulare Architekturen durch eine Zuordnung der Funktionsstruktur zur physischen Baustruktur des Produktes, indem jede Funktion von genau einem Element der Baustruktur ausgeführt wird.[126] Eine umfangreiche Gesamtdarstellung der Methode DFV stellt MARTIN dar.[127] Zusätzlich zu dieser Publikation wurden weitere Kennzahlen zur Methodik DFV veröffentlicht, die für die Untersuchungen im Rahmen dieser Arbeit geeignet sind. Dazu gehören die Kennzahlen „Commonality-Index", „Differentiation-Point-Index" und „Setup-Cost-Index", die auf die Abschätzung der Gemeinkostenentwicklung durch zusätzliche Variantenvielfalt in der Produktion abzielen.

Der „Commonality-Index" ergibt sich aus der Relation der Alleinteileanzahl – das sind die Teile, die nur in einer Variante vorkommen – zur gesamten Teileanzahl je Modul- bzw. Produktvariante. Im Gegensatz zum in der Praxis häufig verwendeten Gleichteilegrad, ist der höchste Standardisierungsgrad bei Null erreicht.[128]

---

[125] Siehe Martin, M.V. / Ishii, K. (1996); Martin, M.V. / Ishii, K. (1997); Martin, M.V. / Ishii, K. (2000); Ishii, K. (1998); Martin, M. V. (1999).
[126] Vgl. Schröder, H.-H. (2002), S. 91; Ulrich, K.T. / Eppinger, S. D. (1995), S. 422.
[127] MARTIN analysiert die Abhängigkeiten zwischen den Komponenten und leitet daraus verschiedene Kennzahlen ab. Der sog. Generational-Variety-Index gibt an, wie groß der Aufwand für Änderungskonstruktionen durch neue Anforderungen in der Zukunft sein wird. Der Coupling-Index verdeutlicht, wie stark sich einerseits eine Änderung einer Komponente auf andere Komponenten auswirkt und wie stark es andererseits selbst von Änderungen anderer Komponenten betroffen ist (vgl. Martin, M. V. (1999), S. 15ff).
[128] Ergänzt wird die Kennzahl Commonality-Index durch drei grafische Veranschaulichungen, bei denen die Kennzahl über der Montagereihenfolge, der Lieferzeit und der vom Markt geforderten Varianz abgetragen wird. Dadurch lassen sich Module identifizieren, die hinsichtlich dieser drei Kriterien Verbesserungspotential aufweisen (vgl. Martin, M.V. / Ishii, K. (1997), S. 6ff).

Commonality - Index (CI) = $\dfrac{u}{\sum_{j=1}^{v_n} p_j}$, $0 < CI \le 1$

mit: u   =   Anzahl der Alleinteile;
      p_j =   Anzahl der Teile in der Modul- oder Produktvariante j;
      v_n =   gesamte Anzahl der angebotenen Modul- oder Produktvarianten.

Der „Differentiation-Point-Index" gibt an, wann tendenziell die Differenzierung im Produktionsprozess erfolgt.[129]

Differentiation - Point - Index (DI) = $\dfrac{\sum_{i=1}^{n} v_i}{n \cdot v_n}$, $0 < DI \le 1$

mit: v_i =   Anzahl der Produktvarianten, die Prozessschritt i verlassen;
      n   =   Anzahl der Prozesse;
      v_n =   gesamte Anzahl der angebotenen Produktvarianten.

Je später die Differenzierung erfolgt, desto geringer gestaltet sich die Komplexität in der Produktion, da weniger Lagerhaltungs- und Logistikaufwendungen entstehen. Zudem nimmt die Komplexität des Prozessablaufs ab, wodurch nicht nur der Werkzeugbedarf und die Fehlerquote sinkt, sondern auch Lernkurveneffekte ausgenutzt werden können und sich letztendlich die Produktqualität steigern lässt. Die Ermittlung der Kennzahl kann durch den sog. Process-Sequence-Graph unterstützt werden, der die Variantenentwicklung im Produktionsprozess verdeutlicht (vgl. Abbildung 28).

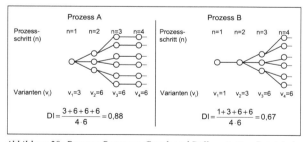

Abbildung 28: Process-Sequence-Graph und Differentiation-Point-Index

---

[129] Durch eine Gewichtung der Produktvariantenanzahl je Prozessschritt (v_i) mit der restlichen Durchlaufzeit bis zum Verkauf sowie mit der Wertschöpfung kann die Kennzahl an zusätzlicher Aussagekraft gewinnen. Ziel sollte es sein, zeitintensive Prozessschritte in der Varianz niedrig zu halten und an den Anfang der Prozesskette zu verlagern. Prozessschritte, in denen eine hohe Wertschöpfung erfolgt, sollten tendenziell an das Ende der Prozesskette verlagert werden, damit die Kapitalbindung möglichst gering gehalten werden kann (vgl. Martin, M.V. / Ishii, K. (1996), S. 6).

Aufbauend auf der dargestellten Kennzahl verdeutlicht der „Setup-Cost-Index", welche Auswirkungen sich durch die Prozessstruktur in Verbindung mit den Rüstkosten ergeben.[130] Ziel sollte es sein, aufwendige Rüstvorgänge auf Prozessschritte mit möglichst geringer Variantenvielfalt, d.h. tendenziell an den Anfang der Prozesskette, zu verlagern.

$$\text{Setup - Cost - Index (SI)} = \frac{\sum_{i=1}^{n} v_i \cdot c_i}{\sum_{j=1}^{v_n} C_j}, \quad 0 \leq SI < 1$$

mit: v_i = Anzahl der Produktvarianten, die Prozessschritt i verlassen;
c_i = Rüstkosten für Prozess i;
C_j = Herstellkosten der Produktvariante j.

MARTIN und ISHII aggregieren die Kennzahlen Commonality-Index (CI), Differentiation-Point-Index (DI) und Setup-Cost-Index (SI) zu einem Variety-Cost-Index, um mit dessen Hilfe die Höhe der Gemeinkosten für ein geplantes Produkt abzuschätzen. Die Gewichtungsfaktoren der einzelnen Kennzahlen machen die Autoren abhängig von dem Industriezweig, der Kapazität sowie der Werksauslastung. Eine Detaillierung und Validierung dieser Zusammenhänge steht jedoch noch aus.[131]

---

[130] Vgl. Martin, M.V. / Ishii, K. (1996), S. 6.
[131] Vgl. ebenda, S. 6f.

3.2.2.5 The Power of Product Platforms (MEYER/LEHNERD)

MEYER und LEHNERD stellen in „The Power of Product Platforms" einen Ansatz dar, mit dem Produktfamilien systematisch entwickelt werden können.[132] Dieser ist in fünf Abschnitte untergliedert. Bevor mit dem ersten Schritt begonnen werden kann, ist ein interdisziplinäres Team aus den Bereichen Entwicklung, Marketing und Produktion zu bestimmen. Diese Gruppe hat die Aufgabe, zunächst ein Bild über die bisherige Produktpolitik zu erstellen, aus dem die bisherigen Plattformlösungen und die darauf basierenden Varianten hervorgehen.

Ausgehend von dieser Analyse der eigenen Produktstruktur soll das Projektteam im Anschluss fünf Schritte durchlaufen, um das zukünftige Produktportfolio zu bestimmen.[133] Dabei wird sich gedanklich am sog. „Power Tower" orientiert, der die Produktentwicklung auf Basis von Kernbausteinen bis zur Vertriebsstrategie verdeutlicht (vgl. Abbildung 29).

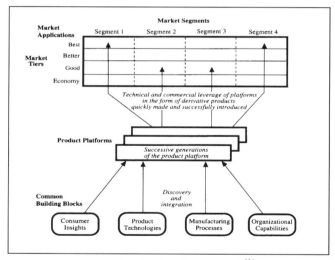

Abbildung 29: Der „Power Tower" [134]

---

[132] Siehe Meyer, M. / Lehnerd, A. (1997).
[133] Vgl. ebenda, S. 234ff.
[134] Ebenda, S. 235.

Im ersten Schritt wird die Plattformstrategie ausgearbeitet. Durch eine detaillierte Marktuntersuchung anhand eines „Platform Market Grid" analysiert das Projektteam die Marktsegmente, in denen zukünftige Produkte positioniert werden sollen. Darüber hinaus werden Vorschläge hinsichtlich der „Initial-Platform", der „Platform-Extension" und der Preisstrategie je Segment formuliert, d.h. es wird ein Abgleich verschiedener Plattformen mit den anvisierten Marktsegmenten durchgeführt.

Darauf aufbauend wird im zweiten Schritt identifiziert, welche Kernkompetenzen[135] (sog. Core Platform Building-Blocks) zur Plattformentwicklung vorzuhalten sind. Dabei muss das Projektteam Fähigkeiten aufzeigen, die nötig sind, um die neue Plattform zu entwickeln. MEYER und LEHNERD gliedern diese Kernkompetenzen in vier Kategorien: Marktkenntnisse, Produkttechnologie, Produktionsprozesse und -technologien sowie organisationsseitige Fähigkeiten (besonders Vertrieb und IuK). Bei der Festlegung der Kernkompetenzen ist zwischen internen und externen Fähigkeiten zu unterscheiden. Interne Fähigkeiten, die einzig dem Unternehmen zur Verfügung stehen, stellen Kernkompetenzen dar und sollten genutzt werden, während nicht ausreichend vorhandene Fähigkeiten durch Kooperation mit externen Partner abzudecken sind.

Im dritten Schritt erfolgt die Entwicklung der Produktplattformkonfiguration (sog. Composite Design) unter Rückgriff auf die zur Plattformentwicklung identifizierten Kernkompetenzen. Dabei sollte sich das Projektteam genaue Ziele bezüglich Preis und Leistungsfähigkeit der Plattform festsetzen. Diese ergeben sich aus Marktanalysen, technischen Möglichkeiten sowie internem und externem Benchmarking.

Im vierten Schritt wird der zukünftige Varianten- und Plattformplan basierend auf der Plattformstrategie und der Plattformkonfiguration entwickelt. Bereits zu diesem Zeitpunkt wird festgelegt, wann welche Produktvarianten auf den Markt kommen sollen. Ebenso werden Termine bestimmt, zu denen Plattformweiterentwicklungen zu neuen Varianten in weiteren Segmenten führen.

Im letzten und fünften Schritt wird die Organisationsstruktur eines interdisziplinären Einführungsteams definiert, welches die Umsetzung der Plattformstrategie zu verantworten hat.

---

[135] Siehe Prahalad, C. / Hamel, G. (1990). Auf diesen Sachverhalt wird in Kapitel 4.2 detaillierter eingegangen.

Die von MEYER und LEHNERD konzipierte Bewertungsmethodik unterstützt vorwiegend das interne bzw. externe Benchmarking im Pattformentwicklungsprozess (Schritt drei der Methode). Die Begründung für die Definition spezieller Kennzahlen beruht auf der Tatsache, dass traditionelle Messgrößen selten für die Bewertung von Plattformen und Produktfamilien geeignet sind, da sie auf die Bewertung einzelner Produkte und Projekte abzielen.[136] Aus diesem Grund haben die Autoren für Produktfamilien geeignete Kennzahlen entwickelt und diese in zahlreichen Unternehmen angewendet. Keine dieser Kennzahlen erhebt den Anspruch, isoliert von anderen Messgrößen Zusammenhänge eindeutig zu beschreiben. Sie sind immer im Zusammenhang mit anderen Kennzahlen zu interpretieren. Darüber hinaus sind die Benchmarks für die Kennzahlen sehr stark vom jeweiligen Industriezweig abhängig. Deshalb sollte für den konkreten Anwendungsfall in einem Unternehmen eine erfolgreich erscheinende Produktfamilie als Ausgangspunkt herangezogen werden.[137]

Die Kennzahlen zielen insbesondere darauf ab, Benchmarking-Analysen im Sinne von „Lessons-Learned" zu unterstützen. Erfolgsstorys aus der Vergangenheit führen zwar nicht automatisch in der Zukunft zu Erfolgen, eine Neuentwicklung einer Produktfamilie ohne die Erfolge und Fehler der Vergangenheit zu verstehen, kann jedoch auch nicht zielführend sein. Deshalb sind die Kennzahlen nach Meinung der Autoren für zukünftige Entwicklungsprojekte als Zielvorgaben bei entsprechender Vorsicht durchaus geeignet.[138]

Im ersten Bewertungsschritt werden die benötigten Daten systematisch in einer „Product-Family-Map" gesammelt, d.h. es wird die bestehende bzw. die geplante Produktfamilie im Detail untersucht (vgl. Abbildung 30). Dabei ist es notwendig, zunächst die ursprüngliche Version der Produktplattform zu erfassen. Zusätzlich müssen sowohl Erweiterungen der Plattform als auch gänzlich neue Plattformen, die bestehende ersetzen sollen, registriert werden. Weiterhin sind die Produktvarianten zu erfassen, die auf den einzelnen Plattformen basieren. Für jede dieser Kategorien erfolgt eine Zuordnung von folgenden Daten: Entwicklungskosten, Entwicklungszeit, Fertigungskosten, Vertriebskosten, (Netto-)Umsatz und Gewinn. Anpassungen der Werte sind bei signifikanten Inflationseinflüssen vorzunehmen. Abbildung 30 verdeutlicht einen Auszug einer „Product-Family-Map" am Beispiel der Fahrzeugindustrie.

---

[136] Vgl. Meyer, M. / Lehnerd, A. (1997), S. 146.
[137] Vgl. ebenda, S. 170f.
[138] Vgl. ebenda, S. 170.

3.2 Bewertungsvorgehen ausgewählter Methoden

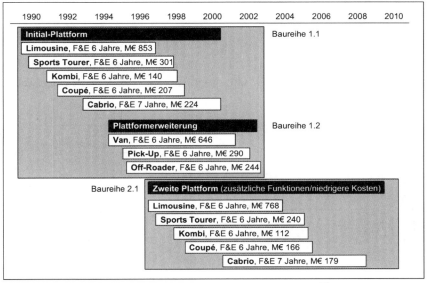

Abbildung 30: Auszug einer "Product-Family-Map" [139]

Anhand der Daten aus der „Product-Family-Map" lässt sich im zweiten Bewertungsschritt die Kennzahl „Platform-Efficiency" ermitteln:

$$\text{Platform-Efficiency} = \frac{\text{F\&E - Kosten der Produktvariante}}{\text{F\&E - Kosten der Plattform}}$$

Diese Kennzahl spiegelt wider, wie (kosten-)effizient eine Fahrzeugvariante von einer bestehenden Plattform entwicklungsseitig abgeleitet werden kann. Je kleiner der Quotient, desto kosteneffizienter wird die Plattform als produktive Basis zur Generierung von Fahrzeugvarianten verwendet.[140] Sofern die Produktvarianten effizient abgeleitet werden, lässt sich zudem das Risiko von Fehlinvestitionen, insbesondere bei der Entwicklung von Nischenvarianten mit geringer Stückzahl, reduzieren.

---

[139] Vgl. Meyer, M. / Lehnerd, A. (1997), S. 154.
[140] MEYER und LEHNERD verdeutlichen das Prinzip am Beispiel der Elektronikindustrie und stellen dar, dass in dieser Branche Kennzahlenwerte kleiner 0,10 effiziente Plattformen identifizieren. Außerdem schlagen die Autoren vor, neben den Entwicklungskosten auch die Investitionen in der Produktion zu berücksichtigen. Dadurch soll verdeutlicht werden, ob eine effiziente Entwicklung durch uneffiziente Produktionsprozesse behindert wird oder umgekehrt (vgl. ebenda, S. 154ff; siehe auch Kapitel 5.3.3). Eine detaillierte Darstellung dieser Kennzahl ist zu finden bei: Meyer, M.H. / Tertzakian, P. / Utterback, J.M. (1997), S. 92ff.

Die Kennzahl kann für die Bewertung einer Produktfamilie eingesetzt werden, indem die durchschnittlichen Entwicklungskosten aller Varianten in Relation zu den Entwicklungskosten der Plattform gesetzt werden.

Bei der Anwendung der Kennzahl auf das o.g. Beispiel ergibt sich das in Abbildung 31 dargestellte Ergebnis, das auf eine Effizienzverbesserung von der ersten zur zweiten Plattformgeneration hinweist.

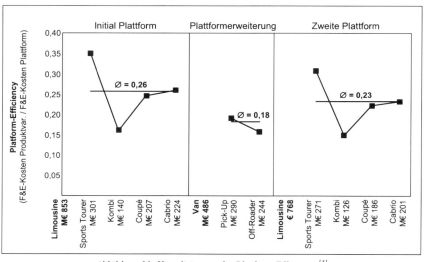

Abbildung 31: Visualisierung der Platform-Efficiency [141]

Im dritten Bewertungsschritt werden die „Time-to-Market"-Konsequenzen einer Plattformentwicklung bewertet. Dafür wird aus der „Platform-Efficiency"-Kennzahl die Kennzahl „Cycle-Time-Efficiency" abgeleitet, indem die Entwicklungskosten durch die Entwicklungszeiten ersetzt werden. Auch hier gilt, je kleiner der Quotient, desto zeiteffizienter kann die Plattform als produktive Basis zur Generierung von Fahrzeugvarianten verwendet werden:

$$\text{Cycle-Time-Efficiency} = \frac{\text{Entwicklungszeit der Produktvariante}}{\text{Entwicklungszeit der Plattform}}$$

---

[141] Vgl. Meyer, M. / Lehnerd, A. (1997), S. 158.

Die Berechnung der Kennzahl erfolgt analog zur Berechnung der „Platform-Efficiency" basierend auf der „Product-Family-Map". Auch hier kann ein Vergleich mehrerer Produktfamilien vorgenommen werden, indem die durchschnittliche Entwicklungszeit einer Produktvariante ins Verhältnis zur Entwicklungszeit der Plattform gesetzt wird.

Die technologische Reaktionsfähigkeit im Vergleich zu den Wettbewerbern wird im vierten Bewertungsschritt in einer ex post Betrachtung analysiert. Dabei wird die „Product-Family-Map" um innovative Produktfunktionen und -eigenschaften der jeweiligen Produktvarianten im Zeitverlauf ergänzt. Anschließend wird ermittelt, wann die Wettbewerber diese Produktfunktionen und -eigenschaften eingeführt haben. Durch den Vergleich dieser Daten wird das sog. „Lead-lag-Competetive Responsiveness"-Chart ermittelt (vgl. Abbildung 32).

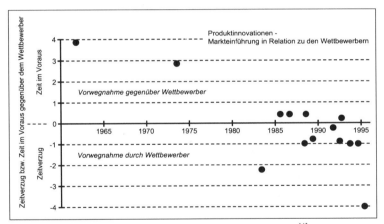

Abbildung 32: Lead-lag Competitive Responsiveness [142]

Durch diese Analyse wird aufgezeigt, wie stark das eigene Unternehmen hinsichtlich der Innovationsfähigkeit im Vergleich zum Wettbewerber im Zeitverlauf führt oder zurückliegt. Eine schlechte Innovationsfähigkeit kann auf der Inflexibilität der Plattform oder der Produktionsprozesse basieren, zu deren Bewertung wiederum die Kennzahl „Platform-Efficiency" herangezogen werden kann.

---

[142] Meyer, M. / Lehnerd, A. (1997), S. 162.

Im fünften Bewertungsschritt wird die wirtschaftliche Effektivität von Plattformen ermittelt. Die dazu eingesetzte Kennzahl „Platform-Effectiveness" setzt den mit einer Produktvariante erzielten Umsatz ins Verhältnis zu den Entwicklungskosten eben dieser Version. Die Umsätze und Kosten beziehen sich auf den gesamten Lebenszyklus der Plattform und der Varianten. Je höher der Quotient, desto höher ist der Umsatz pro eingesetzter Entwicklungsressource und desto effektiver wird ein Beitrag zur Wirtschaftlichkeit durch die Produktvariante generiert:[143]

$$\text{Platform - Effectiveness} = \frac{\text{Umsatz der Produktvariante i}}{\text{Entwicklungskosten der Produktvariante i}}$$

Anhand dieser Kennzahl kann wiederum eine ganze Produktfamilie bewertet und mit anderen Familien verglichen werden, indem die Summe aller Umsätze der Produktvarianten ins Verhältnis zu den Entwicklungskosten der Plattform und der Summe der Entwicklungskosten der Produktvarianten gesetzt wird.

Der sechste Bewertungsschritt beinhaltet die Analyse der Gewinnpotentiale, die mit einer Produktfamilie verbunden sind. Dafür wird die Kennzahl „Cost-Price-Ratio" eingesetzt, die sich aus dem Quotienten von Herstellkosten und dem (Netto-)Umsatz einer Produktvariante bezogen auf den Lebenszyklus ergibt:

$$\text{Cost - Price - Ratio} = \frac{\text{Herstellkosten der Produktvariante i}}{\text{Umsatz der Produktvariante i}}$$

Diese Kennzahl kann durch Summation über die Produktvarianten ebenfalls zur Analyse einer gesamten Produktfamilie herangezogen werden. Je geringer der Wert der Kennzahl, desto größer ist die Profitabilität der Produktvariante bzw. der Produktfamilie.

---

[143] MEYER und LEHNERD geben an, dass in der Elektronikindustrie Kennzahlenwerte von 30 auf effektive Plattformen hinweisen, aber auch „Big-Hits" in Massenmärkten mit Werten von 500 zu finden waren (vgl. Meyer, M. / Lehnerd, A. (1997), S. 154ff). Eine detaillierte Darstellung dieser Kennzahl ist ebenfalls zu finden bei Meyer, M.H. / Tertzakian, P. / Utterback, J.M. (1997), S. 95.

3.3 Zusammenfassung und Beurteilung der Kennzahlen

Als Ziel der Darstellung der Methoden wurde eingangs formuliert, deren Vorgehensweise zu verdeutlichen und ein Verständnis für die den Kennzahlen zu Grunde liegenden Prinzipien herauszuarbeiten. Darüber hinaus dient die Methodenübersicht dazu, Kennzahlen herauszufiltern, die zur Bewertung modularer Fahrzeugkonzepte in einem ganzheitlichen Ansatz geeignet sind. Als wesentliche Kriterien hinsichtlich deren Eignung werden hier der Aufwand zur Kennzahlenermittlung, die Kennzahlentransparenz und deren Aussagekraft herangezogen. Für die Kennzahlen lassen sich dementsprechend folgende Anforderungen formulieren:

- **Aufwand:** Die Ermittlung der Kennzahlen bereitet in der Regel keine größeren Probleme, solange die Eingangsgrößen im Unternehmen strukturiert vorhanden sind. Häufig werden jedoch Daten zur Berechnung von Kennzahlen benötigt, die nicht im regulären Prozessablauf einer Produktentwicklung erhoben werden. Aus diesem Grund bestimmt insbesondere die Datenverfügbarkeit den Aufwand zur Ermittlung der Kennzahlen. Darüber hinaus sollte die Kennzahlenermittlung praktikabel umsetzbar sein, indem z.B. strukturierte Matrizen verwendet werden können. Das Anfertigen von unübersichtlichen, unstrukturierten und überdimensional großen Datenblättern sollte vermieden werden. Als Anforderung an die Kennzahlen ergibt sich somit, dass der Aufwand zur Ermittlung des Dateninputs und der Kennzahlen selbst möglichst gering gehalten wird.

- **Transparenz:** Um eine Akzeptanz der Bewertungsergebnisse zu erzielen, müssen diese auf Kennzahlen basieren, die verständlich und nachvollziehbar sind. Daraus ergibt sich die Anforderung der Transparenz.

- **Aussagekraft:** Kennzahlen zielen darauf ab, in konzentrierter Form schnell und prägnant über relevante Tatbestände zu informieren (vgl. Kapitel 4.1.2.4). Dabei hängt die Aussagekraft einer Kennzahl davon ab, in welcher Qualität die beabsichtigten Informationen dargestellt werden können. In diesem Zusammenhang ist zu untersuchen, ob die Kennzahlen prägnant zu interpretieren sind und hinsichtlich ihres Informationsgehaltes einen Mehrwert bei der Bewertung modularer Konzepte erbringen können.

Zusammenfassend ergibt sich aus den drei Bewertungskriterien für die Kennzahlen eine Gesamteignung. Sofern die Kriterien überwiegend nicht erfüllt sind, wird die Kennzahl in den weiteren Untersuchungen nicht berücksichtigt. Bei ausgeglichener Bewertung entscheidet die Einzelfallbetrachtung. Tabelle 5 gibt eine Übersicht der Beurteilungsergebnisse. Die Bewertung wurde subjektiv durchgeführt und ergab sich aus Erfahrungen bei der praktischen Umsetzung in der Automobilindustrie.

Seite	Autor	Kennzahl	Aufwand	Aussagekraft	Transparenz	Gesamteignung
33	KOTA/SETHURAMAN	Product-Line-Commonality-Index	○	●	○	–
37	MAIER	Objektiver Ähnlichkeitsgrad	○	●	◐	(✓)
42	NEUMANN	Varianz	○	◐	○	–
47	CAESAR	VMEA-Gestaltskennzahl	○	◐	○	–
53	ERIXON	Interface-Complexity	○	●	◐	(✓)
53	ERIXON	Anzahl „Carry-Over Module"	●	◐	●	✓
53	ERIXON	Anzahl zugekaufter Module	●	◐	●	✓
54	ERIXON	Assortment-Complexity	◐	◐	●	✓
55	ERIXON	Lead-Time	◐	●	●	✓
56	ERIXON	Wkt. einer fehlerfreien Produktion	◐	●	◐	✓
60	ERIXON	Variant-Flexibility	○	●	●	✓
63,43	KIDD, WILHELM	Net-Present-Value / Kapitalwert	◐	●	●	✓
63	KIDD	Return-on-Sales	◐	●	●	✓
66	MARTIN/ISHII	Commonality-Index	●	◐	●	✓
66	MARTIN/ISHII	Differentiation-Point-Index	○	●	◐	(✓)
67	MARTIN/ISHII	Setup-Cost-Index	○	●	◐	(✓)
71	MEYER/ LEHNERD	Platform-Efficiency	◐	●	●	✓
72	MEYER/ LEHNERD	Cycle-Time-Efficiency	◐	●	●	✓
74	MEYER/ LEHNERD	Platform-Effectiveness	◐	◐	●	✓
74	MEYER/ LEHNERD	Cost-Price-Ratio	◐	◐	●	✓

Die Kennzahl...
● : ...erfüllt das Kriterium voll
◐ : ...erfüllt das Kriterium zum Teil
○ : ...erfüllt das Kriterium nicht
✓ : ...ist für das Bewertungskonzept geeignet
(✓) : ...ist für das Bewertungsergebnis unter Umständen geeignet
– : ...ist für das Bewertungskonzept nicht geeignet

Tabelle 5: Zusammenfassende Bewertung der Kennzahlen

3.3 Zusammenfassung und Beurteilung der Kennzahlen

Für die Kennzahl „Product-Line-Commonality-Index" ergibt sich hinsichtlich der Beurteilungsergebnisse insbesondere aus zwei Gründen eine negative Gesamteignung. Zum Einen ist der Aufwand zur Ermittlung der Kennzahl sehr hoch, da die zu ermittelnden Eingangsgrößen einer sehr differenzierten Betrachtung bedürfen. Die Bestimmung der Grund- und Zusatzfunktionen der Fahrzeuge sowie die Quantifizierung der Faktoren zur Bewertung nicht identischer, sondern ähnlicher Teile tragen zu diesem hohen Aufwand bei. Zum Anderen wird die Verständlichkeit und Nachvollziehbarkeit der Kennzahl nach der Aggregation der Einzelwerte zu einem Gesamtwert durch diese Faktoren beeinträchtigt. Zusätzlich wird die Transparenz durch die Adaption zum „Normalized-Product-Line-Commonality-Index" reduziert, bei dem die Anzahl der Komponenten beim Vergleich zweier Produktfamilien Berücksichtigung finden. Aus diesen Gründen wird auf die Integration der Kennzahl in einen ganzheitlichen Bewertungsansatz verzichtet und auf den weniger aufwendig zu ermittelnden und transparenteren „Commonality-Index" zurückgegriffen. Dieser ist aufgrund der ausschließlichen Berücksichtigung identischer (sachnummerngleicher) Teile weniger aussagekräftig. Da allerdings „ähnliche Teile nicht gleich sind" und die positiven Effekte aus der Gleichteileverwendung in erster Linie durch identische, d.h. sachnummerngleiche Teile erzielt werden, ist die Verwendung der Kennzahl Commonality-Index sogar unter Umständen zielführender.

Die Kennzahl „Varianz" wird von NEUMANN herangezogen, um die Variantenvielfalt auf den unterschiedlichen Produktebenen transparent darzustellen. Dafür wird eine sog. Wiederverwendungsmatrix verwendet, die die Variantenvielfalt für die Produktfamilie auf den hierarchisch gegliederten Produktebenen verdeutlicht. Der Aufwand zur Erstellung dieser Wiederverwendungsmatrizen ist auf der ersten Subsystemebene noch relativ gering und auch die Transparenz in der Darstellung ist gegeben. Sofern jedoch eine derartige Matrix auf der Komponentenebene unter Einbeziehung diverser Produktvarianten im Produktentstehungsprozess regelmäßig zu erstellen ist, wird der Erstellungsaufwand relativ hoch sein. Zudem nimmt die Möglichkeit zur transparenten Darstellung mit einer zunehmenden Variantenanzahl und einer stärkeren Dekomposition der Produktebenen ab. Letztlich ist die Aussagekraft der Kennzahl zu hinterfragen, da das Ableiten von Handlungsempfehlungen, aufgrund nicht erfasster Kosten-Nutzenrelationen der Variantenvielfalt, nur begrenzt ermöglicht wird.

Wie Recherchen in der Praxis der Automobilentwicklung gezeigt haben, wird die Methode VMEA in der Fahrzeugindustrie angewendet, jedoch wird in der Regel auf die Berechnung der „VMEA-Gestaltskennzahl" aufgrund des hohen Ermittlungsaufwandes und der eher geringen Transparenz verzichtet. Insbesondere die Untergliederung in die zwei Teilkennzahlen Variantenentwicklungskennzahl und Verwendungskennzahl für ein Variantenspektrum, die sich wiederum aus gewichteten Subkennzahlen ergeben, erschweren eine Nachvollziehbarkeit und die damit einhergehende Akzeptanz der Kennzahl. In der Regel erfolgt eine Beschränkung auf die Visualisierung des Variantenbaums, um mit dessen Hilfe die Variantenvielfalt transparent darzustellen (wie auch beim VMEA-Software-Tool „Complexity Manager").

Neben den Kennzahlen, die aufgrund einer negativen Gesamteignung im Bewertungskonzept keine weitere Berücksichtigung finden, sind Kennzahlen mit neutralem Beurteilungsergebnis einer Einzelfallbetrachtung zu unterziehen. Eine dieser Kennzahlen ist die „Interface-Complexity", die durch die Betrachtung der Modulschnittstellen und deren Montagezeiten zu aufwendigen Datenerhebungen führen. Darüber hinaus ist die fehlerminimierende Montagezeit je Schnittstelle zu ermitteln. Sofern diese aufgrund von Voruntersuchungen z.B. durch REFA-, MTM- oder DFA-Analysen vorliegen, kann der Aufwand reduziert werden, jedoch bleibt insgesamt ein großer Aufwand bestehen. Ausschlaggebend für eine Verwendung der Kennzahl im Gesamtbewertungskonzept ist die Möglichkeit, über die Kennzahlen Aussagen über die Schnittstellenkomplexität und die damit verbundenen Auswirkungen machen zu können. Beispielsweise können dies Potentialaussagen zur Entwicklungszeitverkürzung bei geringer Schnittstellenkomplexität durch die zunehmende Möglichkeit zur Parallelarbeit (sog. Simultaneous- bzw. Concurrent-Engineering) sein.[144]

Zwei weitere Kennzahlen mit neutralen Beurteilungsergebnissen sind der „Differentiation-Point-Index" und der „Setup-Cost-Index". Der Nachteil dieser Kennzahlen ist insbesondere der hohe Ermittlungsaufwand, da der komplexe Produktionsprozess mit den einzelnen Prozessschritten abzubilden ist. Für die heutigen traditionellen Produktionsprozesse wird sich die Anwendung dieser Kennzahlen aufgrund der hohen Komplexität als schwierig erweisen. Jedoch tragen zukünftige Veränderungen in Richtung modulare Fertigung zu einer Reduktion der Produktionskomplexität bei, wie z.B. bei

---

[144] Während sich das Simultaneous-Engineering auf den Faktor Zeit fokussiert, werden beim Concurrent-Engineering die Erfolgsfaktoren Qualität, Kosten und Funktionalität im Entwicklungsprozess explizit berücksichtigt (vgl. Bellmann, K. / Friederich, D. (1994), S. 198).

3.3 Zusammenfassung und Beurteilung der Kennzahlen

der smart Produktion im französischen Hambach. Dabei sind die einzelnen Prozessschritte durch die Montage vormontierter Module klar definiert und für eine Abbildung in einer Kennzahl handhabbar. Die Aussagekraft der Kennzahlen hinsichtlich der Produktivität der Prozesse durch die Nutzung standardisierter Produktionsabläufe und die intelligente Gestaltung der Rüstvorgänge sind der Grund, diese trotz der aufwendigen Ermittlung zu verwenden.

Als letzte Kennzahl mit neutralem Bewertungsergebnis ist der „objektive Ähnlichkeitsgrad" anzuführen. Zwar ist der Aufwand zur Ermittlung der Kennzahl erheblich, eine Ermittlung des Ähnlichkeitsgrades zwischen den Fahrzeugvarianten ist jedoch zur zielgerichteten Planung und Steuerung der Differenzierung sehr bedeutend. Wie die Untersuchungen von MAIER gezeigt haben, wachsen die zu erhebenden Daten bei zunehmender Anzahl von Fahrzeugvarianten enorm an. Sofern dieser Aufwand im praktischen Einsatz unverhältnismäßig groß sein sollte, bietet sich eine Abschätzung der Ähnlichkeit durch den Flächenanteil der Gleichteile zur Gesamtfläche des Produktes an (vgl. Kapitel 3.2.1.2).

Für die nicht näher erläuterten Kennzahlen ergeben sich sehr eindeutige Beurteilungsergebnisse, so dass diese in das ganzheitliche Bewertungskonzept integriert werden. Auf eine detaillierte Aufführung der Beurteilungsergebnisse wird an dieser Stelle verzichtet, da die Kennzahlen in den Kapiteln 4.2.5 ausführlich dargestellt sind und Aufwand, Aussagekraft sowie Transparenz im Anwendungsbeispiel verdeutlicht werden (vgl. Kapitel 5).

4 Konzeption eines Performance-Measurement-Ansatzes für modulare Produktfamilien

4.1 Grundlagen der Balanced-Scorecard

4.1.1 Grundprinzip und wissenschaftliche Einordnung

Besonders die Kritik am historischen Bezug, der Dominanz finanzieller Kennzahlen und der fehlenden Strategieorientierung haben dazu geführt, dass in den letzten Jahren mit dem Performance-Measurement ein Managementansatz entstand, der die Defizite der bisherigen Controllingansätze beheben sollte.[145] Die Balanced-Scorecard (BSC) ist eines der bekanntesten Konzepte des Performance-Measurement.[146] Erstmals wurde das Konzept Anfang der neunziger Jahre von KAPLAN und NORTON vorgestellt.[147] Die Autoren verfolgen mit der BSC die Kernidee, bei der Leistungsbeurteilung eines Unternehmens oder eines Geschäftsbereiches unterschiedliche Perspektiven als Grundlage von Planung und Steuerung zu berücksichtigen. Dadurch sollen Unzulänglichkeiten rein finanzieller Controllingansätze überwunden werden und auch Aspekte nichtfinanzieller Dimensionen (z.B. Zeit, Qualität, Innovationsfähigkeit) Berücksichtigung finden.[148] Durch dieses Prinzip wird der Erfolg im Gleichgewicht der finanziellen Perspektive mit weiteren Perspektiven dargestellt („Balanced") und anhand von Kennzahlen in einer Übersicht („Scorecard") überprüfbar abgebildet.[149]

Die BSC ist als Methode aufzufassen, die zur Erarbeitung und zur unternehmensweiten Kommunikation der Mission, der Vision und der daraus abgeleiteten Strategie des Unternehmens dient. Häufig besteht in Unternehmen noch keine klare Strategie vor der Implementierung einer BSC, so dass dieser Prozess einen Katalysator zur Formulierung einer Unternehmensstrategie darstellt.[150] Primäres Ziel ist es, Strategien in operative Maßnahmen über Steuerungsgrößen umzusetzen. Damit geht die BSC über ein reines Kennzahlen-Tableau hinaus, da mit ihr ein Management-System zur strategischen Führung eines Unternehmens mittels Kennzahlen zur Verfügung steht.[151]

---

[145] Vgl. Kaufmann, L. (1997), S. 1; Horváth, P. / Gleich, R. (1998), S. 563; Coenenberg, A.G. (1995), S. 2083.
[146] Vgl. Horváth, P. (1997), S. 566; siehe auch Kapitel 2.3.
[147] Siehe Kaplan, R.S. / Norton, D.P. (1992).
[148] Vgl. ebenda, S. 71; Horváth, P. / Gleich, R. (1998), S. 563.
[149] Vgl. Kaplan, R.S. / Norton, D.P. (1997), S. 7.
[150] Vgl. ebenda, S. 36.
[151] Vgl. Friedag, H.R. / Schmidt, W. (1999), S. 13.

Im BSC-Erstellungsprozess werden, ausgehend von einer Vision bzw. Mission, für jede Perspektive Ziele abgeleitet, deren Zielerreichungsgrad jeweils durch eine oder mehrere Kennzahlen messbar dargestellt wird (vgl. Abbildung 33). Ergeben sich Abweichungen zwischen Ist- und Sollwerten, sind konkrete Maßnahmen zu formulieren, die dem Erreichen der Zielwerte dienen.

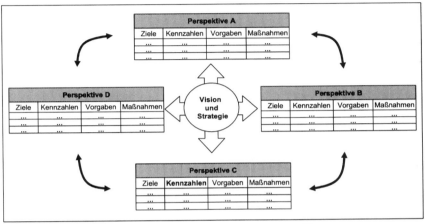

Abbildung 33: Prinzipdarstellung einer BSC [152]

Bei der Konzeption einer BSC werden verschiedene Konzeptionsphasen durchlaufen, die im Kapitel 4.1.2 näher erläutert werden. Dazu gehören im Wesentlichen folgende Phasen:[153]

1. Festlegung der Perspektiven,
2. Bestimmung von Zielen,
3. Bildung von Ursache-Wirkungsbeziehungen,
4. Bestimmung der Kennzahlenstruktur und
5. BSC Umsetzung und Anwendung.

---

[152] Vgl. Kaplan, R.S. / Norton, D.P. (1997), S. 9.
[153] Vgl. ebenda, S. 10. Bevor mit der ersten Phase begonnen werden kann, sind die Rahmenbedingungen im Unternehmen festzulegen. Dazu gehören Aspekte wie Sicherstellung der Informationsgewinnung, Abgrenzung relevanter Märkte, Berücksichtigung des Wertewandels, etc. (vgl. Mayer, E. / Liessmann, K. / Freidank, C. (1999), S. 6). Im Gegensatz zur Vorgehensweise von KAPLAN und NORTON werden in dieser Arbeit die zwei Phasen „Zielwerte festlegen" und „Strategieaktionen bestimmen" in einer Phase „BSC Umsetzung und Anwendung" zusammengefasst.

4.1.2 Konzeptionsphasen einer BSC

4.1.2.1 Festlegung der Perspektiven

Im Rahmen einer Strategieentwicklung und -umsetzung sind sämtliche relevanten Betrachtungsebenen eines Unternehmens zu berücksichtigen. Aus diesem Grund ist es Aufgabe der Perspektiven einer BSC vor dem Strategiefindungsprozess ein Denkmodell vorzugeben, mit dem gewährleistet wird, dass die wesentlichen Aspekte der geschäftlichen Aktivitäten berücksichtigt werden.[154] KAPLAN und NORTON konnten auf Grundlage ihrer empirischen Arbeiten nachweisen, dass erfolgreiche Unternehmen vier Betrachtungsebenen in einem ausgewogenen Verhältnis zueinander berücksichtigen. Dazu gehören die Perspektiven Finanzen, Kunden, Prozesse und Potentiale.[155] Diese werden in der Regel in einer „klassischen" BSC verwendet.

Die Finanzperspektive beinhaltet Zielsetzungen und Messgrößen, die sich aus den finanziellen Erwartungen der Kapitalgeber ableiten lassen, und spiegelt somit den Erfolg der Strategie im Bezug auf das finanzielle Ergebnis wider.[156] Der Finanzperspektive kommt im Konzept der BSC nur indirekt eine Bedeutung zu, da sie eine reaktive Perspektive darstellt. Treiber der zukünftigen Leistungsentwicklung sind die übrigen Perspektiven, die den Erfolg in der Finanzperspektive aktiv beeinflussen.[157]

Die Kundenperspektive baut auf der Finanzperspektive auf und stellt dar, welche Ziele und Messgrößen hinsichtlich der gegenüber den Kunden angebotenen Leistungen zu setzen sind, um die finanziellen Ziele zu erreichen (vgl. Abbildung 34). In dieser Perspektive werden Ziele aufgeführt, die den Marktauftritt und die Marktpositionierung betreffen.[158]

Die Prozessperspektive beinhaltet Ziele und Messgrößen, die verdeutlichen, welchen Output und welche Leistungsergebnisse die Prozesse des Unternehmens erbringen müssen, um speziell die Ziele in der Kundenperspektive zu erreichen (z.B. Durchlaufzeiten).[159]

---

[154] Vgl. Horváth & Partner (2001), S. 25.
[155] Siehe dazu Kaplan, R.S. / Norton, D.P. (1999).
[156] Vgl. Horváth & Partner (2001), S. 27.
[157] Vgl. Kaplan, R.S. / Norton, D.P. (1992), S. 71.
[158] Vgl. Horváth & Partner (2001), S. 27.
[159] Vgl. ebenda, S. 27.

4.1 Grundlagen der Balanced-Scorecard 83

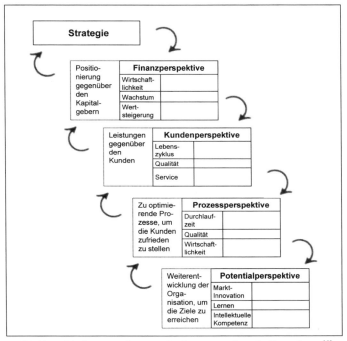

Abbildung 34: Operationalisierung der Strategie entlang der Perspektiven[160]

In der Perspektive „Potentiale" werden Ziele und Messgrößen definiert, die die Anforderungen an die strategisch benötigte Infrastruktur sicherstellen, um den aktuellen und zukünftigen Herausforderungen, die sich aus den übergeordneten Perspektiven ergeben, gewachsen zu sein. Die dazugehörigen Ressourcen sind Mitarbeiter, Wissen, Innovationen, Innovationskraft und Kreativität, Technologie, Informationen sowie Informationssysteme.[161]

Die Perspektiven der BSC werden nicht willkürlich gewählt, sondern hängen systematisch voneinander ab. Neben der Tatsache, dass die Perspektiven die unterschiedlichen Blickwinkel widerspiegeln, aus denen ein Unternehmen betrachtet werden kann, ver-

---

[160] Vgl. Maisel, L.S. (1992), S. 50 und Kaplan, R.S. / Norton, D.P. (2001), S. 77.
[161] Häufig wird diese Perspektive als Mitarbeiter-, Wissens-, Innovations- oder Zukunftsperspektive bezeichnet, während KAPLAN und NORTON sie als „Learning and Growth" darstellen (vgl. Horváth & Partner (2001), S. 27).

deutlichen sie die grundsätzliche Geschäftslogik des Unternehmens.[162] Ausgehend von der Unternehmensstrategie werden die Ziele für jede Perspektive heruntergebrochen. Eine derartige Strategie kann beispielsweise lauten: „Wir wollen in den Augen unserer Kunden die Nummer Eins hinsichtlich der kompletten Problemlösung sein." Die Umsetzung einer derartigen Strategie wird durch die vorgegebenen Perspektiven unterstützt, indem die Strategie mit dem Kerngedanken der jeweiligen Perspektive konfrontiert wird und daraus die Ziele für jede Perspektive abgeleitet werden.

Die vier Perspektiven der „klassischen BSC" sind im konkreten Anwendungsfall nicht zwingend zu übernehmen. Sie können nicht nur ausgetauscht, sondern auch in der Anzahl variiert werden. Die individuelle Anpassung an das Unternehmen oder den bestimmten Zweck ist sogar zur Gewährleistung des erfolgreichen Einsatzes der BSC zwingende Voraussetzung.[163]

4.1.2.2 Bestimmung von Zielen

Zum zielorientierten Gestalten werden zuallererst Ziele benötigt.[164] Dabei stellen Ziele im Rahmen der Unternehmensplanung eine Art Absichtserklärung dar. Genauer werden unter einem Ziel Aussagen mit normativem Charakter verstanden, die einen gewünschten, anzustrebenden oder eventuell auch zu vermeidenden zukünftigen Zustand der Realität beschreiben, dessen Verwirklichung durch Veränderungen im System angestrebt wird.[165]

Eine eindeutige Zielformulierung ist zwingende Voraussetzung der Planung und Steuerung.[166] Erste Zielvorstellungen ergeben sich häufig bereits im Zusammenhang mit dem Anstoß zur Problemlösung. Darüber hinaus bietet es sich an, präzise Vorstellungen über mögliche und gewünschte Veränderungen über eine Situationsanalyse oder eine Stärken-Schwächenanalyse herauszuarbeiten.[167] Bei der Bestimmung von Zielen sind Anforderungen zu berücksichtigen, die die Ziele erfüllen sollten (vgl. Tabelle 6).

---

[162] Vgl. Horváth & Partner (2001), S. 27.
[163] Vgl. Hauser, M. (2001), S. 224.
[164] Vgl. Horváth & Partner (2001), S. 29.
[165] Vgl. Daenzer, W.F. / Huber, F. (1999), S. 135; VDI-Richtlinie 3780 (2000), S. 4.
[166] Vgl. Ehrmann, H. (1995), S. 102.
[167] Siehe zu detaillierten Darstellungen der Situationsanalyse Zerres, M. (1999); Züst, R. (1997).

4.1 Grundlagen der Balanced-Scorecard

Anforderung	Erklärung
Lösungsneutralität	Ein Ziel soll weder Lösungen noch Wege zu den Lösungen, sondern nur Wirkungen beschreiben und dadurch eine unerwünschte Einschränkung des kreativen Freiraumes vermeiden.
Anspruchsvolle Ziele	Ziele sollen zu kreativen und intensiven Lösungsanstrengungen anspornen.
Operationalität	Operationalität bedeutet, dass die Betroffenen beziehungsweise die Ausführenden die Zielerreichung eindeutig feststellen und messen können.
Machbarkeit	Nicht realisierbare Ziele werden auf Dauer nicht akzeptiert, die Zielbildung geht verloren.
Prioritätensetzung	Die Priorität des Zieles sollte aus der Zielformulierung ersichtlich sein.
Wertorientierung	Ziele bestehen aus einer Kombination von Fakten (objektiv) und Werten (subjektiv). Die Wertorientierung soll sicherstellen, dass auch subjektive Ansprüche berücksichtigt werden.
Rechtzeitigkeit	Die durch eine zu späte Zielfestlegung verlorene Zeit lässt sich nicht oder allenfalls mit überproportionalem finanziellen und kapazitiven Aufwand einholen. Bei einer zu frühen Zielformulierung hingegen leidet die Zielgenauigkeit und es besteht die Gefahr notwendiger Zieländerungen aufgrund zwischenzeitlich geänderter Rahmenbedingungen.
Relevanz	Das formulierte Ziel muss innerhalb des Zielrahmens beziehungsweise des Auftrages liegen. Nicht auftragsspezifische Ziele sind abzulehnen.
Nachvollziehbarkeit	Es muss rückverfolgbar sein, wer das Ziel formuliert hat und wie diese zustande kamen.
Vollständigkeit	Als Grundlage jeglicher Entscheidung und zur frühen Abschätzung der benötigten Ressourcen und Mittel soll das Zielsystem alle Zielelemente und Querbezüge enthalten.
Widerspruchsfreiheit	Die Zielformulierung soll in sich und zu anderen Zielen kompatibel sein.
Redundanzfreiheit	Überschneidungen und Mehrfachnennungen sollen sichtbar gemacht oder, wenn möglich, vermieden werden.
Überblickbarkeit und Bewältigbarkeit	Ein Zielkatalog sollte in seinen Inhalten überblickbar bleiben und im Zuge des angesetzten Projektzeitraumes auch bewältigt werden können.

Tabelle 6 : Anforderungen an die Zielformulierung [168]

Diese Anforderungen sind als Qualitätsindikatoren für eine gute Zielformulierung zu verstehen. Eine besonders wichtige Anforderung stellt die Machbarkeit dar. Die Zielwerte sollten realistisch sein und die Zielerreichung durch den jeweiligen Verantwortlichen beeinflusst werden können. Ziele, deren Erfüllungsgrad durch die Entscheidungsträger nicht beeinflusst oder von vornherein nicht erreicht werden können, wirken auf Dauer demotivierend.

Die Anforderungen an eine Zielformulierung sind teilweise konkurrierend. Beispielsweise widerspricht sich die Anforderung „Machbarkeit" und die Anforderung „An-

---

[168] Vgl. Eiletz, R. (1999), S. 24.

spruchsvolle Ziele", da die Ziele einerseits möglichst einfach realisierbar sein sollen und andererseits einen bestimmten Anspruch zu erfüllen haben. Ebenso stehen z.B. die Anforderung „Vollständigkeit" und die Forderung nach „Rechtzeitigkeit" diametral zueinander, da die Aufstellung eines vollständigen Zielsystems einer gewissen Zeit bedarf, die rechtzeitige Fertigstellung dadurch allerdings gefährdet werden kann. Die Beispiele verdeutlichen, dass nicht immer eine vollständige Zielerfüllung erreicht wird und das Zielsystem im praktischen Einsatz durch einen gewissen Grad an Ambiguität und Inkonsistenz gekennzeichnet ist.[169] Durch die systematische Ordnung der Ziele und die Berücksichtigung von Zielbeziehungen können diese Probleme allerdings minimiert werden.

Zielbeziehungen werden im Konzept der BSC durch die Bildung von Ursache-Wirkungsbeziehungen analysiert (vgl. Kapitel 4.1.2.3). Zuvor sind die Ziele jedoch in eine systematische Ordnung zu bringen. Die systematische Ordnung der Ziele erfolgt in einem ersten Schritt durch die Bildung einer Ordnungsstruktur, in der die Einzelziele aufgrund ihrer Beziehung zueinander in ein Rangverhältnis gebracht werden. Dabei kann unterschieden werden in Ober-, Zwischen- und Unterziele (vgl. Abbildung 35).

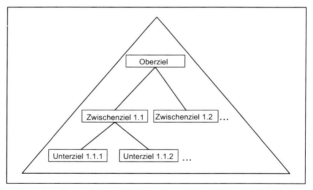

Abbildung 35: Hierarchische Gliederung in einem multikriteriellen Zielsystem

Das Oberziel wird auch als Leitmaxime des gesamten Unternehmens bezeichnet und enthält die oberste Zielsetzung. Aus diesem Oberziel sind bestimmte Unter- bzw. Zwischenziele abzuleiten und zu verfolgen. Dabei bildet das Zwischenziel die Verbindung zwischen Ober- und Unterziel.

---

[169] Vgl. Hopfenbeck, W. (2000), S. 522; Staehle, W. (1994), S. 415ff.

Als Grundlage dieser hierarchischen Gliederung dienen entweder empirisch begründete Mittel-Zweck-Beziehungen oder definitionslogisch begründete Beziehungen. Darüber hinaus kann eine Ordnungsstruktur aus der Unternehmensstruktur abgeleitet werden, wofür die organisatorische Gliederung des Unternehmens herangezogen werden kann (z.b. Entwicklung, Produktion, Marketing, etc.). Der Vorteil dieser Art der Strukturierung ist, dass die Einteilung des Zielsystems bereits Aufschluss über die für die Zielerfüllung verantwortlichen Stellen gibt. Eine weitere Möglichkeit, die Ziele in ein Ordnungssystem zu bringen, ergibt sich aus der Bedeutung der Zielerreichung für den Unternehmenserfolg. Dabei kann zwischen strategischen, operativen und Detailzielen unterschieden werden.[170]

Die verschiedenen Vorgehensweisen bei der Bildung von Ordnungsstrukturen können parallel nebeneinander stehen und ermöglichen dadurch eine multidimensionale Ordnung der Zielstruktur. Im Konzept der BSC wird eine Ordnungsdimension bereits über die logisch zusammenhängenden Perspektiven vorgegeben (vgl. Kapitel 4.1.2.1). Zusätzlich sollten weitere Ordnungsdimensionen dazu beitragen, die Komplexität bei der Bestimmung des Zielsystems zu beherrschen.

Die Anzahl der Ziele, die in das Zielsystem der BSC aufzunehmen sind, sollte sich auf die wichtigsten strategischen Ziele beschränken. Erfahrungen in der Praxis zeigten, dass zu viele Ziele zu Verwirrung und zu wenige zu einer gewissen Pauschalität und Finanzlastigkeit führen.[171] Eine Größenordnung von 20 bis maximal 25 Zielen mit durchschnittlich fünf Zielen pro Perspektive wird von einigen Autoren als sinnvolle Richtgröße angesehen.[172] Andere Autoren schlagen jedoch deutlich weniger Ziele vor, weshalb eine zwingende Vorgabe zur Anzahl der Ziele nicht erfolgen sollte.[173]

---

[170] Vgl. Eiletz, R. (1999), S. 61.
[171] Vgl. Horváth & Partner (2001), S. 35.
[172] Vgl. z.B. ebenda, S. 34f.
[173] Siehe z.B. George, G. (1999).

4.1.2.3 Bildung von Ursache-Wirkungsbeziehungen

Die Detaillierung der Strategie erfordert, dass die definierten Ziele über logische Verknüpfungen in einen Gesamtzusammenhang gebracht werden Die Verknüpfung erfolgt im Konzept der BSC über die Bildung von Ursache-Wirkungsbeziehungen, die auch als „Strategy-Maps" oder „strategische Landkarten" bezeichnet werden.[174]

Diese Phase ist eine der wichtigsten und gleichzeitig schwierigsten im Erstellungsprozess der BSC. Häufig stellen die Ergebnisse dieser Phase den Schwachpunkt der gesamten BSC dar. Fehler in den Kausalitäten haben zur Folge, dass die Strategie des Unternehmens nicht konsistent widergespiegelt und somit der gesamte Ansatz in Frage gestellt wird.[175] Aus diesem Grund ist eine intuitive Bestimmung durch die obere Managementebene aus Zeit- und Kostengründen zu vermeiden. Vielmehr sollte eine intensive Diskussion aller Betroffenen zu einem für alle vertretbaren Ergebnis führen, bei denen alle Interessen in einem ausgewogenen Verhältnis berücksichtigt werden.

Durch die Bildung der Ursache-Wirkungsbeziehungen werden Ziele und Strategien auf ihre Kausalität hin überprüft und anhand der logisch aufeinander aufbauenden Perspektiven in einen Zusammenhang gebracht. Auf Basis dieser Vorgehensweise gilt es herauszufinden, welche Faktoren entscheidenden Einfluss auf die gesetzten Ziele haben (vgl. Abbildung 36).[176] Das Aufzeigen von Beziehungen zwischen den Zielen mit den entsprechenden Kennzahlen hat zur Folge, dass bei der Steuerung mittels der BSC jeweils am Auslöser einer Beziehungskette angesetzt werden kann.[177]

Die Gesamtheit der kausalen Zusammenhänge zwischen den Zielen ist als eine Strategiehypothese aufzufassen. In dieser wird unterstellt, dass das Erreichen aller untergeordneten Ziele zum Erreichen des Oberziels führt. D.h. das Oberziel steht mit den untergeordneten Zielen in Zweck-Mittel-Relationen zueinander und lässt sich über diese operationalisieren. Dies setzt voraus, dass klare Wirkungszusammenhänge bestehen und dass aus den untergeordneten Zielen die übergeordneten Ziele eindeutig erklärt werden können. Die Zusammenhänge bauen dabei in der Regel nicht auf algorithmischen Beziehungen auf, weshalb die Wirkungen der Zielerreichungen untereinander nicht immer exakt bestimmt werden können. Außerdem fließen nicht alle erklärenden

---

[174] Vgl. Horváth & Partner (2001), S. 39 und S. 186.
[175] Vgl. Georg, S. (1999), S. 121.
[176] Vgl. Bodmer, C. / Völker, R. (2000), S. 480.
[177] Vgl. Kaplan, R.S. / Norton, D.P. (1997), S. 28.

4.1 Grundlagen der Balanced-Scorecard

Parameter eines Ziels in die BSC ein, wodurch kein Anspruch auf Vollständigkeit hinsichtlich sämtlicher Einflussgrößen erhoben werden kann. Ziel sollte es jedoch sein, die Einflussgrößen innerhalb der betrachteten Problemstellung (hier: Modularisierung) zu erfassen. Dabei liegt den Ursache-Wirkungsbeziehungen die Logik zu Grunde, dass eine Verbesserung der untergeordneten Zielerreichung zu einer Verbesserung der übergeordneten Zielerreichung beiträgt.

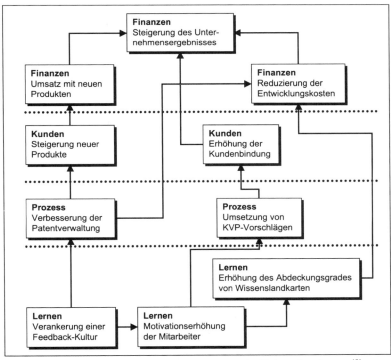

Abbildung 36: Beispielhafte Darstellung von Ursache-Wirkungsbeziehungen [178]

Die Komplexität der Ursache-Wirkungsbeziehungen stellt häufig ein großes Problem dar, wenn alle Beziehungen aufgezeigt werden sollen. Daher ist zu empfehlen, nur auf die strategisch bedeutsamen Beziehungen einzugehen, wodurch die Komplexität reduziert wird und die Aufmerksamkeit im Unternehmen aufgrund der vereinfachten Möglichkeit zur Strategiekommunikation erhöht werden kann.[179]

---

[178] Vgl. Kaps, G. (2001), S. 29.
[179] Vgl. Horváth & Partner (2001), S. 185.

4.1.2.4 Bestimmung der Kennzahlenstruktur

Kennzahlen sind Größen, die in konzentrierter Form über zahlenmäßig erfassbare, relevante Tatbestände informieren.[180] Aufgrund des quantitativen Charakters von Kennzahlen ermöglichen diese, schnell und prägnant über bestimmte Sachverhalte Aufschluss zu geben. Häufig stehen für ein Bewertungsobjekt zu viele Einzelinformationen zur Verfügung, deren Auswertung zu zeitintensiv wäre.[181] Aus diesem Grund werden Kennzahlen dazu genutzt, große Datenmengen in verdichteter Form wiederzugeben.

Kennzahlen können jedoch nur dann sinnvoll für eine Bewertung herangezogen werden, wenn eine entsprechende Interpretation der Bewertungsergebnisse möglich ist. Bei Kennzahlen mit einem absoluten Bewertungsergebnis weisen Werte ab einem bestimmten Schwellenwert auf ein positives Bewertungsergebnis hin. Dagegen ist bei einer relativen Bewertung eine Gegenüberstellung mit Bewertungsergebnissen für vergleichbare Bewertungsobjekte erforderlich, um die Kennzahlenwerte sinnvoll interpretieren zu können. Sofern die Interpretationsmöglichkeit auf Basis einer absoluten bzw. relativen Bewertung sichergestellt ist, ermöglichen Kennzahlen die interne sowie externe Vergleichbarkeit und eine zielorientierte Unternehmensführung.[182]

Kennzahlen bieten Unterstützung bei der Planung, Steuerung und Kontrolle unternehmerischer Abläufe. Während zukunftsorientierte Kennzahlen die Zielsetzungen eines Unternehmens widerspiegeln, werden vergangenheitsorientierte Kennzahlen zur Unternehmenssteuerung verwendet.[183] Nach WEBER können Kennzahlen fünf Funktionen erfüllen.[184] Kennzahlen ermöglichen die Operationalisierung von Zielen bzw. deren Erreichung (Operationalisierungsfunktion). Außerdem können durch deren laufende Erfassung Auffälligkeiten und Veränderungen in verschiedenen Unternehmensbereichen erkannt werden (Anregungsfunktion). Werden Kennzahlen zur Ermittlung kritischer Werte eingesetzt und daraus Zielgrößen für bestimmte Teilbereiche des Unternehmens abgeleitet, wird von einer Vorgabefunktion gesprochen. Darüber hinaus können Kennzahlen verwendet werden, um Steuerungsprozesse zu vereinfachen (Steue-

---

[180] Vgl. George, G. (1999), S. 29.
[181] Vgl. Weber, J. (1993), S. 227.
[182] Vgl. Bussiek, J. / Fraling, R. / Hesse, K. (1993), S. 31; Baetge, J. (1998), S. 41.
[183] Vgl. Franke, R. (1999), S. 35.
[184] WEBER untergliedert darüber hinaus Kennzahlen weiter nach deren Art in die Klassen Verdichtungsgrad (absolut und relativ), Bezugsrahmen (lokal und global), Zweck (deskriptiv und normativ) und Bildungsrichtung (Top-down und Bottom-up). Vgl. Weber, J. (1993), S. 218 und S. 229f.

rungsfunktion). Schließlich beinhalten Kennzahlen durch die Möglichkeit eines Vergleiches von Soll- und Ist-Werten eine Kontrollfunktion. Im Konzept der BSC kommen alle fünf Funktionen von Kennzahlen zum Tragen.

Idealerweise sollte für jedes Ziel genau eine Kennzahl bestimmt werden. Da diese Zuordnung nicht immer möglich ist, können auch mehrere Kennzahlen für ein Ziel herangezogen werden. Die Anzahl von drei Kennzahlen pro Ziel sollte nicht überschritten werden, wobei das Ziel gegebenenfalls aufzuspalten ist.[185] Sollte bei der Einführung einer BSC für ein Ziel noch keine Kennzahl vorliegen, sind die Ergebnisse zu diesem zunächst verbal zu erfassen und im Laufe der Zeit durch eine geeignete Kennzahl zu ergänzen.[186] Solange die verbal überprüften Ziele zur Gesamtzahl der Ziele in einem geringen Verhältnis stehen, ist die BSC trotzdem arbeitsfähig.[187]

Bei der Verwendung mehrerer Kennzahlen zur Beschreibung eines Ziels werden diese häufig über spezifische Aggregationsregeln zu einer Größe zusammengefasst, um auf der obersten Ebene der BSC einen gesamtheitlichen Überblick geben zu können. Bei dieser Vorgehensweise ist allerdings vorsichtig zu agieren. Die Aggregation mehrerer Kennzahlen, die ein und dasselbe Ziel beschreiben, ist nur sinnvoll, solange die zusammengefassten Parameter in sich zusammenhängen.[188] Während für eine erste Trendaussage der Durchschnitt mehrerer Kennzahlen herangezogen werden kann, sollten die Kennzahlen für detaillierte Auswertungen allerdings einzeln betrachtet werden.

4.1.2.5 BSC Umsetzung und Anwendung

Die letzte Konzeptionsphase einer BSC ist die der Umsetzung und Anwendung. Dabei ist sicherzustellen, dass die formulierten Strategien über Steuerungsgrößen in operative Maßnahmen umgesetzt werden können. In diesem Zusammenhang steht die Operationalisierungsfunktion von Kennzahlen im Vordergrund (vgl. Kapitel 4.1.2.4), wobei der Zielerreichungsgrad indirekt über die Wirkungen initiierter operativer Maßnahmen beeinflusst werden kann.

---

[185] Vgl. Horváth & Partner (2001), S. 200.
[186] Vgl. Kaplan, R.S. / Norton, D.P. (1997), S. 223.
[187] Vgl. Horváth & Partner (2001), S. 204.
[188] Vgl. ebenda, S. 204.

Studien zufolge bestehen in den Unternehmen häufig Defizite bei der Strategiekommunikation. So wurde bei 72 Prozent der untersuchten Unternehmen festgestellt, dass die Kommunikation der strategischen Ausrichtung innerhalb der Unternehmensorganisation nur vage und sehr generell erfolgt. Lediglich 28 Prozent der Unternehmen kommunizierten die Strategie detailliert und eindeutig.[189] Allerdings können Mitarbeiter, die die Unternehmensstrategie nicht kennen, auch nicht danach handeln.[190] NORTON und KAPPLER ziehen aus diesen Zusammenhängen folgendes Fazit: „The lack of knowledge is a strong barrier to success in building a strategy focused organisation".[191] Daraus folgt, dass die betroffenen Mitarbeiter entlang aller Hierarchiestufen an der BSC partizipieren und ihr Handeln daran ausrichten sollten.

Die Implementierung der BSC erfolgt über die Vorgabe von Zielwerten für die einzelnen Messgrößen, die aus den vorgelagerten Konzeptionsphasen stammen. Die Zielwerte haben gewisse Anforderungen zu erfüllen, die auch bei der Zielformulierung selbst zu berücksichtigen sind, um als praxisorientierte und realistische Sollwerte wahrgenommen zu werden (vgl. Kapitel 4.1.2.2).

Nach der Festlegung der operativen Zielvorgaben sind Maßnahmen zu formulieren, die das Erreichen dieser Vorgaben sicherstellen. Diese, auch als strategische Aktionen bezeichneten Maßnahmen, sind mit personellen Verantwortlichkeiten zu verknüpfen und im Rahmen eines klassischen Projektmanagements zu steuern, um die konsequente Umsetzung sicherzustellen.[192]

Damit die mit der BSC verbundene Strategie den relevanten Hierarchieebenen des Unternehmens vermittelt werden kann, ist es notwendig, die Zielwerte und Maßnahmen entsprechend der Organisationsform zu kommunizieren. Eine Aufspaltung der Ziele und Maßnahmen bringt den Vorteil mit sich, dass für jede Unternehmenseinheit detaillierte Teilaufgaben und Teilziele erkennbar werden, anhand derer sie ihr Handeln auszurichten haben. Allerdings kann die Frage, bis auf welche Ebene die Dekomposition zu erfolgen hat, nur unternehmensspezifisch beantwortet werden.[193]

---

[189] Vgl. Renaissance Solutions (1997), S. 7.
[190] Vgl. Norton, D.P. / Kappler, F. (2000), S. 17.
[191] Ebenda, S. 17.
[192] Vgl. Horváth & Partner (2001), S. 231.
[193] Vgl. ebenda, S. 246.

4.2 Konzeption der Modularisierungs-Balanced-Scorecard

4.2.1 Methodische Vorgehensweise

Durch Übertragung der Konzeptionsphasen eines traditionellen BSC-Ansatzes auf die Besonderheiten modularer Produktfamilien entsteht ein Performance-Measurement-Ansatz, mit dem in den frühen Phasen der Produktentwicklung vielseitige Zielsetzungen verfolgt werden. Dazu gehört insbesondere das Unterstützen der strategischen Planung und des Controllings bei der operativen Umsetzung der Modularisierungsstrategie, die Berücksichtigung der Ganzheitlichkeit bei der Planung und Steuerung sowie das Bereitstellen einer methodischen Grundlage für Benchmarking-Analysen. Damit der zu entwickelnde Performance-Measurement-Ansatz diesen Zielsetzungen gerecht wird, sind die Konzeptionsphasen der BSC detailliert zu durchlaufen und für das Planungs- und Steuerungsobjekt „modulare Produktfamilien" zu konkretisieren. Das an die Konzeptionsphasen der BSC angelehnte Grundprinzip der Modularisierungs-Balanced-Scorecard (M-BSC) ist in Abbildung 37 visualisiert.

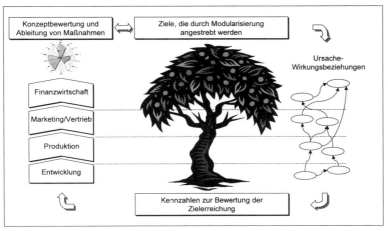

Abbildung 37: Prinzip der M-BSC

Die Baumstruktur spiegelt dabei ein Denkmodell wider, dass im Strategieentwicklungsprozess die durchgängige Logik der Modularisierungsstrategie gewährleistet. Zu klären sind in diesem Prozess die Abhängigkeiten zwischen den „Wurzeln" der Modularisierung, die in den Entwicklungsbereichen angesiedelt sind, und den „Früchten" der Modularisierung, die das finanzwirtschaftliche Ergebnis der Modularisierungsstrategie repräsentieren. Im Rahmen der Ermittlung dieser Ursache-Wirkungsbeziehungen gilt es, die Modularisierungsstrategie zu entwickeln und sie transparent in Form einer „strategischen Landkarte" darzustellen und zu erläutern. Grundlage dieser Darstellung sind die mit der Modularisierung verfolgten Ziele, die für die Perspektiven Entwicklung, Produktion, Marketing/Vertrieb und Finanzwirtschaft zu ermitteln sind (vgl. Kapitel 4.2.2). Diese Ziele werden hinsichtlich ihrer Zielbeziehungen untersucht und entlang der vier Perspektiven dargestellt. Die Erläuterung der Abhängigkeiten zwischen den Zielen verdeutlicht die ganzheitliche und funktionsbereichsübergreifende Modularisierungsstrategie.

Die Sicherstellung der operativen Umsetzung einer Modularisierungsstrategie ist Aufgabe des Leiters eines Produktentwicklungsprojektes und der entsprechenden Controllingbereiche. Um diese Aufgabe bewältigen zu können, sind Kennzahlen zu erarbeiten, die die Planung und Steuerung der Strategieumsetzung ermöglichen. Diese Kennzahlen sind als Zielvorgaben im Produktentstehungsprozess einzusetzen, um iterative Konzeptbewertungen hinsichtlich der Übereinstimmung der Modularisierungsstrategie mit der operativen Umsetzung durchzuführen und daraus Handlungsempfehlungen abzuleiten. Insbesondere wenn in den frühen Phasen des Produktentstehungsprozesses vielseitige Freiheitsgrade im Produktkonzept bestehen, sind bei Soll-Ist-Abweichungen Maßnahmen zu formulieren, die eine Umsetzung der strategischen Vorgaben sicherstellen. Zudem können die Kennzahlen verwendet werden, um im Rahmen von unternehmensinternen und -externen Benchmarking-Analysen Potentiale der Modularisierung aufzuzeigen.

4.2.2 Festlegung der Perspektiven

In Anlehnung an die Balanced-Scorecard nach NORTON/KAPLAN sind auch für die M-BSC Perspektiven zu wählen, die gewährleisten, dass alle wesentlichen Aspekte im Rahmen der Modularisierung berücksichtigt werden. Darüber hinaus ist die durchgängige Logik der Perspektiven sicherzustellen, indem diese systematisch aufeinander aufbauen.

Ein Ansatz, der zur Festlegung der Perspektiven für die M-BSC herangezogen werden kann, ist der Kernkompetenz-Ansatz von PRAHALAD/HAMEL, der auf den Artikel „The Core Competence of the Corporation" zurückgeht.[194] Die Autoren vergleichen einen Konzern mit einem Baum, wobei Stamm und dicke Äste den Kernprodukten entsprechen, die dünnen Zweige die Geschäftseinheiten darstellen und die Blätter bzw. die Früchte die Endprodukte widerspiegeln. Die Kernkompetenzen sind im Wurzelgeflecht des Baumes zu finden und werden definiert als überragende Beherrschung von Schlüssel-Geschäftsprozessen bezogen auf Technologie- oder Fertigungs-Knowhow.[195] Sie ergeben sich aus der Kombination spezifischer Technologien und Fertigungsfähigkeiten, die den Produkten der Unternehmen zu Grunde liegen.[196] Erfolgreiche Produkte basieren demzufolge auf mindestens einer Kernkompetenz des Herstellers, die dem Produkt eine herausragende Eigenschaft verleiht. Anhand verschiedener Beispiele werden diese Zusammenhänge verdeutlicht. Als Kernkompetenzen werden die Fähigkeit zur Miniaturisierung bei Sony, die Beherrschung der Präzisionsmechanik, Feinoptik und Mikroelektronik bei Canon sowie das Know-how auf dem Gebiet der Verbrennungsmotoren bei Honda angeführt.[197]

Durch Übertragung dieser Zusammenhänge auf die der M-BSC zu Grunde liegenden Ziele können die Ziele als Fähigkeiten interpretiert werden, über die ein Unternehmen verfügen sollte, um erfolgreich modulare Produktfamilien zu realisieren. Die

---

[194] Siehe Prahalad, C. / Hamel, G. (1990).
[195] Vgl. ebenda, S. 83f. Spezifischer definiert z.B. WILDEMANN Kernkompetenzen als herausragende, technologische, organisatorische und methodische Fähigkeiten, die von hohem Kundennutzen sind, vom Wettbewerber nur schwer imitiert werden können, von einer bestimmten Produktkonfiguration abgekoppelt sind und die Ausgangsposition für eine Vielzahl anderer Endprodukte darstellen (vgl. Wildemann, H. (1996), S. 32).
[196] Vgl. Thomsen, E.-H. (2001), S. 22.
[197] Vgl. Prahalad, C. / Hamel, G. (1990), S. 82ff.

Aufgliederung der Ziele analog zur Baumstruktur nach PRAHALAD/HAMEL führt zu der Frage, welche Perspektive dem jeweiligen Baumbestandteil (Wurzelgeflecht, Stamm, Zweige und Früchte) zuzuordnen ist.

Einen Lösungsansatz bietet die Kernkompetenzbetrachtung von STALK/EVANS/ SHULMAN, die die Fähigkeiten eines Unternehmens funktionsbereichsübergreifend interpretieren und diese nicht als Kernkompetenzen sondern als Kernfähigkeiten („capabilities") bezeichnen.[198] Die Autoren orientieren sich bei der Betrachtung der Kernfähigkeiten an deren Anordnung in der Wertschöpfungskette eines Unternehmens. Dabei sind neben der Kernkompetenz weitere Aspekte für den Erfolg eines Produktes ausschlaggebend, die sich bei der Betrachtung der Wertschöpfungskette identifizieren lassen. Die Autoren greifen das Honda-Beispiel von PRAHALAD/HAMEL auf und verdeutlichen, dass die funktionsbereichsübergreifende Interpretation der Kernkompetenz „Motorenbau" zu den Kernfähigkeiten „Simultaneous-Engineering", „Reduktion der Entwicklungszeit", „Produktrealisierung" und „Managen des Händlernetzes" führt.[199]

Für die Strukturierung der Perspektiven innerhalb der M-BSC ergibt sich aus diesem Zusammenhang ein integrierter Ansatz, in den sowohl die Prinzipien von PRAHALAD/ HAMEL als auch die von STALK/EVANS/SHULMAN einfließen. Dabei erfolgt die Untergliederung der Perspektiven entsprechend der Reihenfolge der Baumstruktur nach PRAHALAD/HAMEL in die Ebenen Wurzeln, Stamm, Zweige und Früchte. Auf Basis dieser Reihenfolge werden den Ebenen die an der Produktentwicklung maßgeblich beteiligten Funktionsbereiche zugeordnet: Entwicklung, Produktion, Marketing/ Vertrieb und Finanzwirtschaft.

Die unterste Ebene, d.h. die der Wurzeln, wird durch die Perspektive Entwicklung repräsentiert, da in diesem Funktionsbereich der Ausgangspunkt der Modularisierung angesiedelt ist. Dabei besteht insbesondere in der Vorentwicklung und in der Strategiephase des Produktentstehungsprozesses die Möglichkeit, flexible, modulare Konzepte zu erarbeiten. Darauf aufbauend werden die Konzepte der Entwicklungsbereiche im Funktionsbereich Produktion mit dem Ziel umgesetzt, produktionsseitige Vorteile durch die Modularisierung zu realisieren. Somit bildet die Perspektive Produktion den Stamm des Beziehungsgeflechtes, bei dem die produktionsseitigen Auswirkungen der Modularisierung zum Tragen kommen. Diese Produkte werden durch den Funktions-

---

[198] Vgl. Stalk, G. / Evans, P. / Shulman, L.E. (1992), S. 57.
[199] Vgl. ebenda, S. 66.

bereich Marketing bzw. Vertrieb auf dem Markt positioniert und vertrieben, weshalb diese Perspektive entsprechend der Baumstruktur die Zweige widerspiegelt. Die Ergebnisse dieser drei Perspektiven fließen in den Zielen der Perspektive Finanzwirtschaft zusammen, die als Früchte des Baumes zu interpretieren sind. Je mehr Ziele der Modularisierung auf den unteren Ebenen erreicht werden können, desto besser wird das finanzwirtschaftliche Ergebnis als Resultat der unternehmerischen Tätigkeiten sein.

Durch eine derartige Wahl und Anordnung der Perspektiven wird gewährleistet, dass die wesentlichen Aspekte der Modularisierung unter Berücksichtigung verschiedener Blickwinkel in den Performance-Measurement-Ansatz eingehen. Zudem wird sowohl eine durchgängige Logik entlang der Perspektiven sichergestellt als auch eine Willkür bei deren Anordnung vermieden.

4.2.3 Bestimmung von Zielen der Modularisierung

4.2.3.1 Vorgehensweise der Zielbestimmung

Bevor die „strategische Landkarte der Modularisierung" erstellt werden kann, sind die mit der Modularisierung verfolgten Ziele des Unternehmens zu erfassen. Die systematische Ordnung der Ziele ist dabei grundlegende Voraussetzung für die weitere Zielsystembestimmung. Die Strukturierung der Ziele wird anhand von zwei Ordnungsstrukturen durchgeführt. Zum Einen werden die verfolgten Ziele den Perspektiven Entwicklung, Produktion, Marketing/Vertrieb und Finanzwirtschaft zugeordnet. Zum Anderen erfolgt eine hierarchische Gliederung der Ziele in Ober-, Zwischen- und Unterziele (vgl. Kapitel 4.1.2.2).

Generell stellt für ein marktwirtschaftlich orientiertes Unternehmen die langfristige Gewinnmaximierung das oberste Ziel der Geschäftstätigkeit dar, wobei sich in der Betriebswirtschaftslehre vielfältige Gewinnbegriffe entwickelt haben. Im Weiteren wird das zur Gewinnerwirtschaftung eingesetzte Kapital berücksichtigt und daher die Steigerung der Kapitalrendite als Oberziel formuliert. Dieses reaktive Oberziel der Perspektive Finanzwirtschaft wird durch eine Reihe von Zwischen- bzw. Unterzielen bestimmt. Zur weiteren Konkretisierung der Modularisierungsstrategie werden in den folgenden Ausführungen Zwischenziele mit dazugehörigen Unterzielen definiert, die im Rahmen der Modularisierung definitionslogisch Einfluss auf das Oberziel Kapitalrendite haben.

Bei dem durch die vier Perspektiven bedingten Eindruck einer stringenten Zuordnung sämtlicher Ziele ist zu berücksichtigen, dass diese nicht immer eindeutig erfolgen kann. Beispielsweise kann nicht in jedem Fall eine eindeutige inhaltliche Trennung zwischen Zielen der Perspektiven Marketing/Vertrieb und Entwicklung erfolgen. Anforderungen der Kunden bedingen in der Regel Ziele der Entwicklung. Daher wird verstärkt darauf abgezielt, Redundanzen in den Zielen zu vermeiden und unvermeidbare Abhängigkeiten durch eine Analyse der Zielbeziehungen aufzudecken. Damit geht einher, dass unter Umständen eine subjektive Zuordnung getroffen wird. Die isolierte Betrachtung der Ziele einzelner Perspektiven erfüllt somit nicht den Anspruch der Vollständigkeit. Erst das Zusammenführen der Ziele im Rahmen der Zielbeziehungsanalyse trägt zu einer ganzheitlichen Zielstruktur für modulare Produktfamilien bei. Anzumerken ist, dass diese Zielstruktur aufgrund spezifischer Projektziele nicht unverändert auf jeden praktischen Anwendungsfall übertragbar ist, jedoch wird ein generischer Rahmen vorgegeben, der als Basis für eine Strategieformulierung dient.

Die Ziele auf Zwischen- und Unterzielebene wurden über zwei Untersuchungen identifiziert. Zum Einen fand eine Befragung bei einem internationalen Automobilhersteller statt. Zum Anderen erfolgte eine Literaturanalyse, bei der die Standardliteratur sowie ca. 370 Artikel aus Fachzeitschriften zum Thema Modularisierung ausgewertet wurden. Im Rahmen der Befragung wurden 37 Fragebogen verschickt und mit 19 Rücksendungen eine Rücklaufquote von 51 Prozent erzielt. Die Befragten konnten je nach Arbeitsgebiet und Abteilung in die vier Perspektiven Entwicklung, Produktion, Marketing/Vertrieb und Finanzwirtschaft eingeordnet werden. Daraus ergab sich die in Abbildung 38 dargestellte Grundgesamtheit mit dem dazugehörigen Rücklaufanteil.

Den im Folgenden dargestellten Befragungsergebnissen liegen ordinal skalierte Merkmalsausprägungen mit Antwortmöglichkeiten von „trifft voll und ganz zu" bis „trifft gar nicht zu" zu Grunde.[200] Den Antworten wurden Punktwerte von eins bis fünf

---

[200] Der entsprechende Fragebogen ist im Anhang (Kapitel 7.1) zu finden.

4.2 Konzeption der Modularisierungs-Balanced-Scorecard

zugeordnet, um sie anhand der statistischen Kennwerte Median, erstes und drittes Quartil sowie Interquartilsweite zu analysieren.[201]

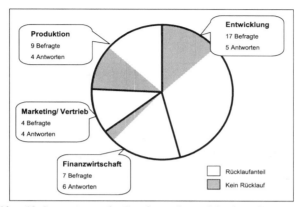

Abbildung 38: Segmentierung der Grundgesamtheit und der dazugehörige Rücklauf

Zunächst hat der allgemeine Teil der Befragung (vgl. Abbildung 39) verdeutlicht, dass die Modularisierung ein wichtiges und aktuelles Thema in der Fahrzeugindustrie ist. Die mit der Modularisierung verbundenen Vorteile werden vor allem in der Produktion, zum Teil auch in der Entwicklung, jedoch eher nicht im Bereich Marketing/Vertrieb gesehen. Kernkompetenzen zur Umsetzung der Modularisierung sind nach Ansicht der Befragungsteilnehmer eindeutig im Bereich der Entwicklung, aber auch im Bereich der Produktion vorauszusetzen, während diese im Bereich Marketing/Vertrieb von untergeordneter Bedeutung sind.

Bezüglich der Lieferantenbeziehungen ermöglicht Modularisierung eine stärkere Integration der Lieferanten bei gleichzeitiger Reduktion der Lieferantenanzahl. Nicht eindeutig ist, ob durch zunehmende Modularisierung die Abhängigkeit gegenüber den Lieferanten steigt. Tendenziell treffen jedoch die Aussagen zu, dass Modularisierung eine Änderung der Organisationsstruktur voraussetzt, weshalb zunächst eine Erhöhung des organisatorischen Aufwandes im Produktentstehungsprozess zu erwarten ist. Zudem führt Modularisierung tendenziell zu einer Reduktion der internen Komplexität sowie der Vielfaltskosten. Hinsichtlich methodischer Fragen sehen die Befragungsteilnehmer Probleme bei der Bewertung von Vor- und Nachteilen der Modularisierung in der Konzeptphase des Produktentstehungsprozesses, wodurch ein Bedarf an methodi-

---

[201] Die Grundlagen der statistischen Auswertung sind im Anhang (Kapitel 7.2) aufgeführt.

scher Unterstützung, z.B. mittels spezifischer Kennzahlen, entsteht. Darüber hinaus sollten Ursache-Wirkungs-Zusammenhänge transparenter dargestellt werden, um ein ganzheitliches Strategieverständnis zu erzeugen.

Allgemeine Fragen:	trifft voll und ganz zu 5	trifft eher zu 4	trifft teilweise zu 3	trifft eher nicht zu 2	trifft gar nicht zu 1
1 wichtiges Thema					
2 aktuelles Thema					
3 Vorteile in der Produktion					
4 Vorteile in der Entwicklung					
5 Vorteile in Marketing/Vertrieb					
6 Kernkompetenzen in Produktion					
7 Kernkompetenzen in Entwicklung					
8 Kernkompetenzen in Marketing/Vertrieb					
9 Möglichkeit, Lieferanten zu integrieren					
10 Reduktion Lieferantenzahl					
11 höhere Abhängigkeit					
12 erhöhter organisatorischer Aufwand					
13 Änderung der Organisationsstruktur					
14 Reduktion der internen Komplexität					
15 Reduktion der Vielfaltskosten					
16 Probleme in der Konzeptphase					
17 Bedarf an spez. Kennzahlen					
18 sollte methodisch unterstützt werden					
19 Ursache-Wirkungsbeziehungen sollten transparent dargestellt werden					

Abbildung 39: Befragungsergebnisse zu allgemeinen Aspekten der Modularisierung

4.2.3.2 Perspektive Entwicklung

Die mit Modularisierung verfolgten Ziele in der Entwicklung sind vielfältig. Es werden gerade in den frühen Entwicklungsphasen die Zielerreichungsmöglichkeiten anderer Perspektiven beeinflusst. Gespräche mit Entwicklungsingenieuren und das Literaturstudium zum Thema Modularisierung haben gezeigt, dass sich eine Untergliederung in die Zwischenziele Zeit, Umwelt, Flexibilität, Qualität und Standardisierung als sinnvoll erweist (vgl. Abbildung 40).

Als ein Unterziel des Zwischenziels Zeit lässt sich die Entwicklungszeitverkürzung pro Produktvariante formulieren. Ein modularer Aufbau bietet insbesondere die Möglichkeit, ein effizienteres Änderungsmanagement während der Entwicklungsphase zu betreiben, da Module über fest definierte Schnittstellen voneinander relativ unabhängig geändert werden können. Darüber hinaus besteht durch die Entkopplung der Lebenszyklen von Produkt und Modul die Möglichkeit, sowohl bestehende Module in

4.2 Konzeption der Modularisierungs-Balanced-Scorecard

neue Produkte als auch neue Module in bestehende Produkte zu integrieren, wodurch Entwicklungszeiten entfallen können.[202] General Motors zielt beispielsweise mit der Erhöhung des Modularisierungsgrades auf die Verkürzung der Entwicklungszeit auf 20 Monate, gerechnet vom Designentscheid bis zur Markteinführung, ab.[203] VW verkürzte die Entwicklungszeit des New-Beetle von der Design-Freigabe bis zum Serienanlauf insbesondere durch eine starke Gleichteileverwendung und Plattformorientierung auf 22 Monate.[204] Auch bei DaimlerChrysler wurde beim sog. MoCar-Projekt gezeigt, dass mit Modularisierung auf eine schnellere Entwicklung von Produktvarianten abgezielt wird.[205] Neben einem jeweils bei allen Fahrzeugen dieser modularen Produktfamilie identischen Vorbau- und Dachmodul wurden bei der Studie drei Zellen- und sieben Heckmodule konzipiert, um unterschiedlichste Fahrzeuge in kürzester Zeit entwickeln und produzieren zu können (vgl. Kapitel 1.1).[206]

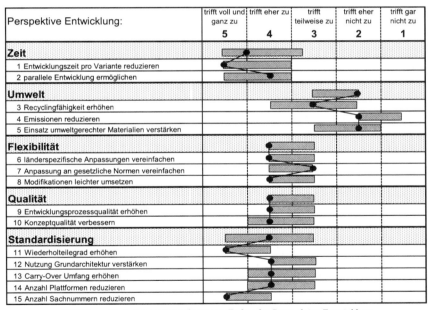

Abbildung 40: Befragungsergebnisse zu Zielen der Perspektive Entwicklung

---

[202] Vgl. Diez, W. (2001), S. 171.
[203] Vgl. o.V. (2000), S. 27.
[204] Vgl. o.V. (1998), S. 20.
[205] Vgl. Nebelung, D. (2000), S. 1.
[206] Vgl. Hauri, S. (2001), S. 21.

Als weiteres Unterziel der Kategorie Zeit kann die Möglichkeit zur parallelen Modulentwicklung aufgeführt werden. Einen Aspekt stellt in diesem Zusammenhang z.B. die Möglichkeit dar, Module in eigenständigen Prototypenphasen separat testen und damit das Simultaneous-Engineering forcieren zu können. Simultaneous Engineering führte beispielsweise bei Audi zu einer Reduktion der Kernentwicklungszeit von 41 (Audi A6) auf 24 Monate (Audi A3).[207] Modularisierung wurde auch von DaimlerChrysler im Zusammenhang mit dem MoCar-Projekt als Voraussetzung genannt, um eine voneinander unabhängige Entwicklung einzelner Module zu gewährleisten und somit Zeitvorteile zu erzielen.[208]

Wie die Befragungsergebnisse zeigen, leistet Modularisierung zum Erreichen von Umweltzielen eher keinen Beitrag. Zwar trifft es teilweise zu, dass die Recyclingfähigkeit der Produkte durch Modularisierung erhöht werden kann, jedoch wird eine Reduktion der Emissionen und eine Verstärkung des Einsatzes umweltgerechter Materialien laut Expertenmeinung in der Tendenz nicht gefördert. Auch in der Literatur sind nur selten direkte Hinweise darauf zu finden, dass Modularisierung auf die Recycelbarkeit von Produkten, z.B. durch vereinfachte Demontagemöglichkeiten, Einfluss hat. Es lässt sich jedoch generell der indirekte Zusammenhang ableiten, dass reparaturfreundliche Fahrzeuge zugleich auch demontagefreundliche und somit recyclingfähige Fahrzeuge sind.[209] Sofern Modularisierung dazu führt, dass die Fahrzeuge reparaturfreundlicher werden, könnte somit über die Recyclingfähigkeit ein indirekter Einfluss auf das Zwischenziel Umwelt identifiziert werden. Insgesamt kann aber festgehalten werden, dass Modularisierung nicht primär auf das Zwischenziel Umwelt ausgerichtet ist.

Ein weiteres Zwischenziel leitet sich aus der Möglichkeit ab, durch Modularisierung die Flexibilität eines Produktkonzeptes erhöhen zu können. Insbesondere werden länderspezifische Anpassungen erleichtert und es können Modifikationen in den Produktspezifikationen während der Entwicklung leichter umgesetzt werden. Die Anpassung an gesetzliche Normen wird zwar auch durch die Modularisierung ermöglicht, jedoch tendenziell schwächer als die beiden zuvor genannten Unterziele. Ein Beispiel für die Verfolgung des Zwischenziels Flexibilität durch Modularisierung ist bei Fiat im Bereich Rohbau zu finden. Beim Spaceframe-Fahrzeug Multipla stellt der Hersteller die Erhöhung der Flexibilität durch Modularisierung in den Vordergrund: „Ein großer

---

[207] Vgl. Hackenberg, U. (1996), S. 7.
[208] Vgl. Nebelung, D. (2000), S. 6.
[209] Vgl. Schenk, M. (1999), S. 2.

4.2 Konzeption der Modularisierungs-Balanced-Scorecard

Vorteil der neuen Modularplattform ist, dass sich nicht nur den Radstand sondern auch die Breite vergleichsweise einfach kostengünstig variieren lassen."[210] Durch dieses Maß an Flexibilität wird es dem Unternehmen auf Basis von wenigen Plattformen ermöglicht, die Varianten der Volumenmarken Fiat, Alfa Romeo und Lancia zu generieren.[211]

Da Modularisierung grundlegende Eigenschaften des Fahrzeugkonzeptes determiniert, die die Qualitätsaspekte sowohl während der Produktentwicklung als auch im Lebenszyklus beeinflussen, kann ein Zwischenziel hinsichtlich der Qualität aus Entwicklungssicht formuliert werden. Beispielsweise ermöglicht die Definition von funktional unabhängigen Modulen deren separate Testbarkeit in der Produktion und eine Verbesserung der Servicequalität durch einfachen Austausch defekter Module bei der Reparatur. Diese Aspekte werden im Unterziel Konzeptqualität zusammengefasst und können nach Expertenmeinung durch Modularisierung in der Tendenz erreicht werden.

Darüber hinaus lässt sich für das Zwischenziel Qualität das Unterziel Entwicklungsprozessqualität formulieren. Darunter ist die Qualität organisatorischer Aspekte des Entwicklungsprozesses zu verstehen. Voraussetzung einer hohen Entwicklungsprozessqualität ist beispielsweise, dass modulspezifische Prototypenphasen im Entwicklungsprozess vorgesehen sind. Zudem hat eine eindeutige Definition von Modulen und deren Inhalte mit entsprechenden Verantwortlichkeiten zu erfolgen. Abstimmungen mit internen sowie externen Entwicklungspartnern sind durch die Definition von Modulschnittstellen mit geringer Komplexität zu vereinfachen. Diese Separierung von Modulen stellt gleichzeitig die Grundlage für die Konzentration auf die Kernkompetenzen von Hersteller und Zulieferer oder innerhalb von Joint Ventures dar. So wird sich beispielsweise im Joint Venture zwischen Opel und Fiat auf die jeweiligen Stärken der Partner konzentriert. Fiat profitiert von den Kenntnissen bei Opel hinsichtlich Telematik-Systemen, Klimaanlagen, etc., während Opel auf die Space-Frame-Kernkompetenz von Fiat zurückgreifen kann.[212]

---

[210] Palladino, F. (Produktionsleiter von Fiat Auto) zitiert in o.V. (2000), S. 32.
[211] Vgl. o.V. (2000), S. 32f.
[212] Vgl. Fischer, T. (2000), S. 32f.

Auch Studien für das Jahr 2010 bestätigen zukünftig veränderte Rahmenbedingungen, die Auswirkungen auf das Zwischenziel Qualität aus Entwicklungssicht haben werden.[213] Hinsichtlich der Zusammenarbeit mit den Lieferanten wird im Zusammenhang mit deren Kernkompetenzen prognostiziert, dass sich die Fahrzeughersteller zu sog. „Vehicle Brand Ownern" wandeln werden, die sich auf Markenpflege und Kundenbindung fokussieren. Die Lieferanten werden sich laut Studie im Rahmen einer Konzentrationswelle auf 20 bis 30 „Mega-Supplier" reduzieren und die Entwicklung, Produktion und Vermarktung der Produkte sowie Dienstleistungen übernehmen. Diese Prognose unterstreicht, dass die Kernkompetenzen der Modulentwicklung und -produktion in Zukunft immer stärker bei den Lieferanten zu finden sein werden. Daraus resultiert die Notwendigkeit, die Qualität der Entwicklungsprozesse bezüglich dieser Veränderungen zu optimieren.

Modularisierung wird häufig im Zusammenhang mit der Standardisierung genannt, woraus sich ein weiteres Zwischenziel ableiten lässt. Die Befragungsergebnisse bestätigen, dass mit Modularisierung das Zwischenziel der Standardisierung verfolgt wird. Dabei zielt Modularisierung überdurchschnittlich auf die Erhöhung des Wiederholteilegrades innerhalb sowie zwischen den Baureihen ab. Vor diesem Hintergrund ist beispielsweise VW, trotz der insgesamt sehr konsequent umgesetzten Plattformstrategie mit einem im Durchschnitt sehr hohen Wiederholteilegrad, bei der Entwicklung des New-Beetle an die Grenzen der Plattformstrategie gestoßen.[214] Der Wiederholteilegrad zwischen Golf und New-Beetle von ca. einem Drittel kann im Vergleich mit anderen modularen Konzepten als sehr gering eingestuft werden. Im General Motors Konzern wird auf sehr viel höhere Wiederholteileumfänge von bis zu 75 Prozent abgezielt. Dieser Umfang soll neben der Verwendung von Wiederholteilen aus aktuellen Produkten auch durch Übernahmeteile aus Vorgängermodellen erreicht werden.[215]

Aus den Befragungsergebnissen geht zudem hervor, dass Modularisierung auch auf die verstärkte Nutzung gemeinsamer Architekturen (sog. Common-Architectures) Einfluss nehmen kann. Unter diesem Unterziel ist die übergreifende Verwendung von technischen Konzepten (z.B. Antriebs-, Rohbau- oder Elektrik-/Elektronikkonzepte) zu verstehen. Die fundamentale Auslegung muss in diesem Fall nicht für jedes Fahrzeug grundsätzlich neu erfolgen, sondern kann auf Basis bestehender Konzepte abge-

---

[213] Vgl. o.V. (2000b), S. 58.
[214] Vgl. Szidat, R. (1998), S. 22.
[215] Vgl. o.V. (2000c), S. 26.

leitet werden (z.B. variantenspezifische Adaptionen beim Spaceframe-Rohbau). Ein derartiger Einsatz gemeinsamer Architekturen hat zur Folge, dass die Möglichkeit zur Wiederverwendung der Module gefördert und dadurch das Wiederholteilepotential gesteigert wird.

Darüber hinaus trifft es laut Expertenmeinung tendenziell zu, dass durch die Standardisierungsbestrebungen im Zuge der Modularisierung die Plattformanzahl reduziert werden kann. Auch nach Aussagen der Hersteller ist ein derartiger Trend im Kontext mit zunehmenden Fusionen und strategischen Allianzen zu erkennen. Prognosen zufolge werden sich die Konzentrationsprozesse in der Fahrzeugindustrie fortsetzen und im Jahre 2010 noch fünf bis acht Hersteller unabhängig sein.[216] Im Zuge dieser Konzentration zielen die Hersteller auf höhere Stückzahlen bei Verwendung gleicher technischer Konzepte ab, was zu einer Reduktion der Plattformanzahl führt. So wird das Ziel der Reduktion der Plattformanzahl bei den Herstellern VW (von 17 auf 6), General Motors (von 21 auf 10), Toyota (von 14 auf 10) und Ford (von 32 auf 10) verfolgt, d.h. zum Teil bis zu 65 Prozent.[217]

Noch eindeutiger schätzen die Experten die Möglichkeit ein, durch Modularisierung das Unterziel der Sachnummernreduktion zu erreichen. Auch bei den Fahrzeugherstellern lässt sich diese Zielformulierung finden, wie beispielsweise im VW Konzern. Dort wird sogar die Philosophie verfolgt, nur noch 11 Hauptmodule zu definieren, die in mehreren Produktklassen Verwendung finden.[218] Bei MAN konnte durch Modularisierung die Anzahl der Teilenummern um 20 Prozent gesenkt werden.[219]

Die Darstellungen zu den Zwischen- und Unterzielen haben gezeigt, auf welche Ziele Modularisierung aus Entwicklungssicht einen signifikanten Einfluss nehmen kann. Die Durchschnittsbetrachtung auf Zwischenzielebene macht im Zusammenhang mit den Beispielen der Fahrzeughersteller deutlich, welche Zwischenziele im Bewertungskonzept für modulare Produktfamilien von Bedeutung sind. Dazu gehören die Zwischenziele Zeit, Flexibilität, Qualität und Standardisierung. Das Zwischenziel Umwelt fließt aufgrund der Befragungsergebnisse und der Literaturauswertung nicht in den Zielkatalog ein.

---

[216] Vgl. Dudenhöffer, F. (2001), S. 66.
[217] Vgl. o.V. (1999), S. 7.
[218] Vgl. Feast, R. (2001), S. 8.
[219] Vgl. Schubert, K. (2000), S. 144.

4.2.3.3 Perspektive Produktion

Aus der Perspektive der Produktion lassen sich im Zusammenhang mit der Modularisierung eine Vielzahl von Zielen bestimmen. Durch die Vorgabe der Zwischenziele Zeit, Qualität, Flexibilität und Produktivität können sämtliche hier relevanten Unterziele strukturiert erfasst werden (vgl. Abbildung 41).

Perspektive Produktion:	trifft voll und ganz zu 5	trifft eher zu 4	trifft teilweise zu 3	trifft eher nicht zu 2	trifft gar nicht zu 1
Zeit					
1 Durchlaufzeiten reduzieren					
2 Reaktionsgeschwindigkeit erhöhen					
Qualität					
3 Produktionsprozessqualität erhöhen					
4 Ausschussmenge reduzieren					
5 separate Testbarkeit ermöglichen					
6 Produktqualität erhöhen					
7 Nacharbeit reduzieren					
Flexibilität					
8 Anpassungsfähigkeit auf Nachfrageänd. erhöhen					
9 Anpassungsfähigkeit auf Umweltänd. Erhöhen					
Produktivität					
10 Rüstvorgänge optimieren					
11 Invest-Carry-Over erhöhen					
12 Differenzierungszeitpunkt verzögern					
13 Skaleneffekte erlangen					
14 Produktivität des Personals steigern					

Abbildung 41: Befragungsergebnisse zu Zielen der Perspektive Produktion

Ein vorrangiges Ziel der Produktion stellt die Reduzierung von Prozesszeiten dar.[220] Im Zuge zunehmender Produkthomogenität ist der Wettbewerb heutzutage größtenteils zu einem Zeitwettbewerb geworden, weshalb gerade an die Produktionsprozesse hohe Anforderungen gestellt werden.[221] Ein Unterziel des Zwischenziels Zeit, das dementsprechend im Zusammenhang mit der Modularisierung zu formulieren ist, ist die Reduzierung der Durchlaufzeit. Zudem kann die Erhöhung der Reaktionsgeschwindigkeit auf Änderungen im Produktionsablauf als weiteres Unterziel genannt werden. Wie die Befragungsergebnisse zeigen, können beide Unterziele durch Modularisierung grundsätzlich erreicht werden.

---

[220] Vgl. Kemminer, J. (1998), S. 4.
[221] Vgl. Hopfenbeck, W. (2000), S. 680ff.

Auch Beispiele der Fahrzeughersteller bestätigen diese Zusammenhänge. Beispielsweise erfolgt im VW-Werk in Wolfsburg eine konsequente Trennung von Linienprozessen und Modulfertigungen. Durch die Auslagerung von Türen, Cockpit, Frontend und Triebwerk in eine separate Modulfertigung wurden die Durchlaufzeiten verringert, da Module und Karosserie parallel gefertigt werden können.[222] Ebenso wird bei der Herstellung des smart City-Coupé im französischen Hambach durch die Anlieferung von wenigen Hauptmodulen und die enge Verflechtung der Lieferanten mit der Montagelinie eine Verkürzung der Produktionszeit auf weniger als viereinhalb Stunden erreicht.[223] Auch beim Hersteller BMW führten kundenorientierte Vertriebs- und Produktionsprozesse bei der Siebener-Baureihe im Werk Leipzig zu einer enormen Durchlaufzeitenverkürzung von insgesamt 28 auf 12 Tage. Die reine Endmontagezeit beträgt dabei nur noch zwei Tage. Diese Verkürzung ist unter anderem das Resultat einer Auslagerung variantenreicher Module, wie z.B. Cockpit- oder Frontendmodul, die in separaten Zellen außerhalb der kammförmigen und variantenneutralen Endmontagelinie vormontiert werden.[224]

Infolge der Modularisierung kann zudem die Reaktionsgeschwindigkeit auf Änderungen im Produktionsablauf erhöht werden, wie beispielsweise im VW-Werk in Wolfsburg. Dort laufen die wichtigsten Regelkreise innerhalb einer Modulfertigung ab, wodurch kurze und schnelle Informationswege sichergestellt werden. Zusätzlich werden Lieferanten verstärkt direkt in die Kernfertigung integriert, um mit Hilfe der lieferantenspezifischen Modulkenntnis eine schnelle Reaktion bei Veränderung oder Problemen zu ermöglichen.[225]

Ein weiteres Zwischenziel der Perspektive Produktion resultiert aus der Einflussmöglichkeit der Modularisierung auf die Qualität von Produkten und Prozessen. Neben der Prozessqualität, worunter allgemein die Fähigkeit zu verstehen ist, einen störungsfreien Produktionsablauf sicherzustellen, können weitere Unterziele formuliert werden. Dazu gehört die Reduktion der Ausschussmenge, das Ermöglichen separater Funktionstests für die Module bereits vor der Endmontage, die Erhöhung der Produktqualität (i.S.v. Auslieferungsqualität) und die Reduktion der Nacharbeit. Wie die Befragungsergebnisse zeigen, führt Modularisierung insbesondere zu der Möglichkeit,

---

[222] Vgl. o.V. (1997), S. 61.
[223] Vgl. o.V. (1997b), S. 48.
[224] Vgl. Reithofer, N. (2002), S. 26.
[225] Vgl. o.V. (1997), S. 62.

Einfluss auf die Unterziele der Produktionsprozessoptimierung und der separaten Testbarkeit zu nehmen. Die Mehrheit der Befragten ist der Meinung, dass dieser Einfluss tendenziell auch für die Unterziele der Ausschussmengenreduktion, der Produktqualität und der Nacharbeitsreduktion zutrifft.

Beispiele der Fahrzeughersteller bestätigen die Zusammenhänge zwischen der Modularisierung und der Qualitätsverbesserung. Bei MAN konnte beispielsweise die Qualität durch die separate Vorgruppierung der Module auf getrennten Montagebändern und einer Endmontage in ausgestattetem Zustand erhöht werden. Dabei wurden vier Fahrerhausmodule definiert: Grundfahrerhaus, Systemträger, Dach und Türmodul, die zum Teil vorgeprüft an die Endmontage angeliefert werden.[226] Im VW-Werk in Wolfsburg führen die nach Modulen segmentierten Fertigungslinien und die daraus resultierenden kleinen Regelkreise mit schnellem Informationsfluss zu einem gleich bleibend hohen Niveau der (Prozess-)Qualität.[227] In der Nutzfahrzeugsparte des VW Konzerns hat eine hohe Prozessqualität, die durch gezielte Motivation der Modullieferanten sichergestellt wird, gleichzeitig ein hohes Niveau in der Produktqualität zur Folge. Beispielsweise wird im Werk Resende in Brasilien ein modulares Produktionskonzept, das sog. „Consórcio Modular", umgesetzt, bei dem sieben Partner der Zulieferindustrie die Hauptmodule anliefern und montieren. Eine Zahlung an die Lieferanten erfolgt nur, wenn das komplette Fahrzeug die Montagelinie einwandfrei verlässt. Dabei erfolgt eine gemeinsame Qualitätsüberprüfung von Experten seitens VW und dem Modullieferanten vor jedem nächsten Montageabschnitt. Zudem gewinnt die separate Testbarkeit von Modulen auch in der Pkw-Sparte des VW Konzerns zunehmend an Bedeutung. Früher waren Module teilweise so klein, dass sie nicht eigenständig auf ihre Funktionsfähigkeit hin geprüft werden konnten und ein Funktionstest erst nach dem Einbau sinnvoll war. Inzwischen kommen Module zum Einsatz, die einen abgeschlossenen Prozess haben und eigenständig geprüft werden (z.B. elektrische Fensterheber im Türmodul). Dadurch können Fehler bereits im Vorfeld behoben werden.[228]

Schließlich weist DUDENHÖFFER darauf hin, dass aufgrund der höheren Stückzahlen bei Modulen, die durch wiederholte Verwendung sehr viel häufiger verbaut werden,

---

[226] Vgl. Schubert, K. (2000), S. 144.
[227] Vgl. o.V. (1997), S. 61.
[228] Vgl. Weißgerber, F. (2002), S. 13.

Qualitätsrisiken reduziert werden können.[229] Infolge dieser Stückzahleffekte können Ausschussmengen und Nacharbeiten weiter reduziert werden.

Das Zwischenziel Flexibilität untergliedert sich in zwei Unterziele. Durch Modularisierung kann zum Einen darauf abgezielt werden, die Anpassungsfähigkeit auf Nachfrageänderungen zu erhöhen. Zum Anderen kann die Erhöhung des Reaktionsvermögens auf Änderungen der Unternehmensumwelt (z.b. neue Normen oder staatliche Vorschriften) ein Unterziel sein. Wie die Befragungsergebnisse aufzeigen, können diese Ziele generell durch Modularisierung erreicht werden. Bei einer konkreten Zieldefinition muss jedoch berücksichtigt werden, dass zwischen den Zielen Flexibilität und Produktivität abzuwägen ist, da ein Trade-off besteht.[230] Allerdings unterstreichen die Beispiele der Fahrzeughersteller die Einflussmöglichkeit, Flexibilität durch Modularisierung erreichen zu können. So führt die Modularisierung im VW-Werk in Wolfsburg zu der Möglichkeit, flexibel auf schwankende Nachfragemengen zu reagieren. Aufgrund des hohen Kapazitätsbedarfes von bis zu 3.000 Einheiten pro Tag wird dabei nicht in einem unflexiblen Einliniensystem, sondern in drei Segmenten mit einer Leistung von je 1.000 Einheiten pro Tag gefertigt. Dadurch können unterschiedliche Karosserievarianten in schwankenden Bedarfszahlen marktgerecht hergestellt werden.[231] Auch bei DaimlerChrysler wurde erkannt, dass kleinere Arbeitsumfänge der Modulbauweise zu flexibleren Produktionseinheiten führen, die an den jeweils günstigsten Standorten aufgebaut werden können.[232] Das Ziel ist es „...mit dem Modulkonzept und den bestehenden Werkskapazitäten mehr Fahrzeuge und vor allem Modellvarianten zu produzieren. Dabei bleibt noch offen, wo einzelne Module produziert und miteinander verknüpft werden."[233] Neben der Flexibilität gegenüber Nachfrageänderungen wird bei den Fahrzeugherstellern auch die Flexibilität gegenüber Änderungen der Unternehmensumwelt angeführt. Bei BMW wird durch Modularisierung die Möglichkeit gesehen, der äußeren Komplexität – im Sinne der Kundenorientierung – durch interne Einfachheit zu begegnen. Nur mit diesem Prinzip wird eine Lösung gesehen, um die Schere zwischen den Polen der Individualität der Kleinserie und der Produktivität der

---

[229] Vgl. Dudenhöffer, F. (1997), S. 136.
[230] Vgl. Bellmann, K. (2001), S. 108.
[231] Vgl. o.V. (1997), S. 61f. Die Stückzahlen beziehen sich auf Fahrzeuge der A-Plattform (Golf-Klasse) im Werk Wolfsburg.
[232] Vgl. Goroncy, J. (2001), S. 43.
[233] Truckenbrodt, A. (2001), S. 43.

Großserie zu schließen.[234] Gerade landesspezifische Anforderungen treiben dabei die äußere Komplexität in die Höhe (z.B. Rechts-/Linkslenker-Fahrzeuge, Abgasvorschriften, etc.). Ebenso bestätigen LEY und HOFER die Steigerung der Flexibilität am Beispiel VW, da hier aufgrund einer Verkürzung der Entwicklungszeiten auch produktionsseitig auf geänderte Marktanforderungen in deutlich kürzerer Zeit flexibel reagiert werden kann.[235]

Das Zwischenziel Produktivität beschreibt das Verhältnis zwischen Output und Input. Modularisierung wird häufig als Strategie verstanden, die zunehmende Vielfalt der Kundenwünsche zu befriedigen („Output") und gleichzeitig die interne Komplexität möglichst gering zu halten („Input"). Die Befragungsergebnisse zeigen, dass der Einfluss der Modularisierung auf das Zwischenziel Produktivität insgesamt nicht eindeutig, aber in der Tendenz positiv ist. Als Unterziele können im Zusammenhang mit dem Zwischenziel Produktivität die Verzögerung des Differenzierungszeitpunktes bzw. die Optimierung der Rüstvorgänge aufgeführt werden. Dabei sollte die Montage variantenreicher Module nach Möglichkeit an das Ende der Prozesskette verlagert werden, wodurch Teile der Prozesskette weitgehend standardisiert ablaufen können. Zudem sind kostenintensive Rüstvorgänge an den Anfang der Prozesskette zu verlagern, da dort die Prozesse weitgehend standardisiert ablaufen und deshalb weniger Rüstvorgänge anfallen als am Ende der Prozesskette.

Die Befragungsergebnisse verdeutlichen für beide Unterziele tendenziell die Möglichkeit, diese durch Modularisierung zu erreichen. Als ein Beispiel für die Verlagerung des Differenzierungszeitpunktes an das Ende der Prozesskette kann das MoCar-Konzept von DaimlerChrysler herangezogen werden. Die vier vollständig montierten und lackierten Karosseriemodule (Vorbau, Passagierzelle, Heck und Dach) werden an die Montagelinie einbaufertig angeliefert und zu verschiedenen Gesamtfahrzeugen zusammengestellt.[236] Durch diese Vorgehensweise besteht die Endmontage zwar nur noch aus einigen wenigen Prozessschritten, jedoch existiert eine Trennung in die Produktion standardisierter Großmodule (Vorbau und Dach) und variantenbildender Module (Passagierzelle und Heck). Ein weiteres Beispiel bestätigt die Einflussmöglichkeit der Modularisierung auf die Verlagerung des Differenzierungszeitpunktes in der Produktionslinie: bei der BMW Produktion in Leipzig führt die Reduktion bei der Sie-

---

[234] Vgl. Milberg, J. (1997), S. 31.
[235] Vgl. Ley, W. / Hofer, A.P. (1999), S. 57.
[236] Vgl. Hauri, S. (2001), S. 21.

bener-Baureihe auf lediglich vier Karosserievarianten und das Bevorraten der fertig lackierten Karosserien in einer Art Hochregallager zu der Möglichkeit, die Variantenbildung zu verschieben: „Das Prinzip der Perlenketten-Fertigung besteht also nicht mehr ab dem Rohbau, sondern erst ab Start Endmontage. So verwirklichen wir den Kundenwunsch, also die Variantenbildung, extrem weit hinten in der Montage."[237] Ein weiteres Unterziel kann darin bestehen, Produktionsanlagen und Werkzeuge von Vorgängerprodukten verstärkt wiederzuverwenden (sog. Invest-Carry-Over). Zu berücksichtigen ist dabei, dass das Wiederverwendungspotential der Produktionsanlagen und Werkzeuge aus den unterschiedlichen Innovationszyklen der Produkte bzw. Module resultiert (vgl. Abbildung 42).

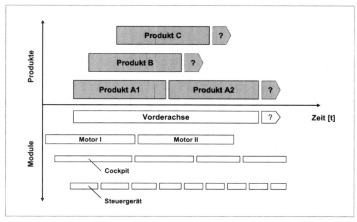

Abbildung 42: *Unterschiedliche Innovationszyklen der Module*[238]

Während langlebige Module, wie z.B. Achsen oder Motoren, in mehreren Generationen identisch verwendet oder auf Basis von Änderungsentwicklungen weiterentwickelt werden können, müssen designrelevante und technologisch kurzlebige Module, wie z.B. elektronische Steuergeräte, mit der Zeit vollständig überarbeitet oder gar neu entwickelt werden. Die Befragungsergebnisse zu diesem Unterziel sind nicht eindeutig, es lassen sich dennoch Fahrzeughersteller finden, die eine derartige Zielverfolgung explizit erwähnen. Fiat verfolgt beispielsweise die Strategie, dass eine Plattform über zwei Fahrzeuggenerationen, d.h. ca. zweimal sechs Jahre, eingesetzt wird.[239] Auch im VW

---

[237] Reithofer, N. (2002), S. 26.
[238] Vgl. Mann, M. (2001), S. 49.
[239] Vgl. o.V. (2000c), S. 34.

Konzern wird in Zukunft darauf abgezielt, die Module einer Plattform statt der bisherigen acht über 12 Jahre zu nutzen, während das Design des Fahrzeugs häufiger als bisher überarbeitet und angepasst werden soll. Durch diese Strategieänderung erwarten Experten eine Entwicklungskosteneinsparung in dreistelliger Millionenhöhe pro Plattform.[240] Ebenso wird beim MoCar-Konzept von DaimlerChrysler das Ziel verfolgt, bei der Entwicklung der jeweiligen Variante lediglich einzelne Module neuzuentwickeln. Dadurch können neue Technologien zur Verbesserung von Gewicht, Festigkeit und Qualität in den Teilmodulen sukzessive eingeführt werden, ohne das Gesamt-Layout des Fahrzeugs neu definieren zu müssen. Neue Teiltechnologien können damit wesentlich schneller in die Serie einfließen als bei traditionellen Fahrzeugkonzepten, da sie unabhängig vom Gesamtlebenszyklus einer einzelnen Baureihe integriert werden können.[241]

Die Verwendung gleicher Module in unterschiedlichen Produkten führt durch die Stückzahlerhöhung zu Skaleneffekten, die als weiteres Unterziel zu interpretieren sind. Die Befragungsteilnehmer sehen bei diesem Unterziel die größte Einflussmöglichkeit durch Modularisierung. Die Stückzahlen der drei volumenmäßig größten Plattformen machen deutlich, welches Kostendegressionspotential die modellübergreifende Modulverwendung mit sich bringt. Spitzenreiter ist die VW A4 Plattform mit über 1,7 Mio. Fahrzeugen pro Jahr (vgl. Abbildung 43).

Über alle Plattformen wird bei einer vollständigen Umsetzung der Plattformstrategie im VW Konzern mit jährlichen Einsparungen von ca. 1,5 Mrd. Euro gerechnet, was bei einem Produktionsvolumen von fünf Mio. Fahrzeugen pro Jahr ca. 300 Euro pro Fahrzeug entspricht.[242] Auch im PSA Konzern (Peugeot, Citroen) machen sich Skaleneffekte besonders bei der Reduktion der Entwicklungskosten bemerkbar, die durch die Plattformstrategie um 40 Prozent reduziert werden konnten. Ebenso resultiert aus der Großserienproduktion bzw. aus den höheren Einkaufsvolumina eine Stückkostenreduktion. Dabei zeigt die Erfahrung, dass eine Verdopplung der Stückzahl eine Kostenreduzierung um sechs bis sieben Prozent bedeutet. Diese Richtgröße wird z.B. beim PSA Konzern in Gesprächen mit den Lieferanten herangezogen, um den Einkaufspreis zu verhandeln.[243]

---

[240] Vgl. o.V. (2002), S. 12.
[241] Vgl. Nebelung, D. (2000), S. 6.
[242] Vgl. Dudenhöffer, F. (2000), S. 146.
[243] Vgl. Vardanega, R. (2000), S. 16.

4.2 Konzeption der Modularisierungs-Balanced-Scorecard

Position	Plattform	Modell	2000
1	VW A4		
		Volkswagen Bora / Jetta	325.093
		Volkswagen Golf	831.399
		Volkswagen New Beetle	145.016
		Seat Leon	75.057
		Seat Toledo	58.246
		Skoda Octavia	140.660
		Audi A3	134.957
		Audi S3	7217
		Audi TT	53.592
			1.771.237
2	Ford UPN96		
		Ford F-series	1.010.755
		Ford Excursion	53.397
			1.064.152
3	GM T800		
		Chev / GMC Silverado / Sierra	77.054
		GMC Sierra	188.915
		Chevrolet / GMC Suburban	6698
		GMC Suburban	4779
		Chev / GMC Tahoe / Yukon	7805
		GMC Yukon	56.305
		GMC Yukon XL	47.016
		Cadillac Escalade	23.970
		Chevrolet / CK pickup	642.119
			1.054.661

Abbildung 43: Die drei Spitzenreiter im Plattformvolumen [244]

Als zusätzliches Unterziel ist denkbar, dass durch Modularisierung speziell auf die Steigerung der Produktivität des Personals abgezielt wird. Die Zunahme wiederkehrender Tätigkeiten durch die erhöhte Standardisierung oder durch verbesserte Arbeitsbedingungen könnten zu einer Produktivitätserhöhung je Mitarbeiter führen. Die Befragungsergebnisse bestätigen diese Wirkungszusammenhänge nicht. Dagegen zeigen Erfahrungen im VW-Werk in Wolfsburg, dass diesem Unterziel durchaus eine Berechtigung zukommen kann. Hier wurde festgestellt, dass Modularisierung hervorragende Rahmenbedingungen für effektive Teamarbeit schafft.[245] Sofern die Ansicht vertreten wird, dass Teamarbeit die Produktivität erhöht, könnte durchaus ein entsprechender Zusammenhang hergestellt werden.

Zusammenfassend bleibt als Fazit für die Perspektive Produktion festzuhalten, dass die Befragungsergebnisse und die Aussagen der Fahrzeughersteller die Relevanz der untersuchten Modularisierungsziele Zeit, Qualität, Flexibilität und Produktivität auf Zwischenzielebene bestätigen.

---

[244] Zusammengestellt aus Rendell, J. (2001), S. 28.
[245] Vgl. o.V. (1997), S. 61.

4.2.3.4 Perspektive Marketing/Vertrieb

Die Ziele der Perspektive Marketing/Vertrieb im Zusammenhang mit der Modularisierung sind nicht so vielfältig wie die der übrigen Perspektiven. Jedoch gewinnt diese Perspektive, im Zuge immer homogener werdender Produkte und dem Wandel vom Produzenten- zum Konsumentenmarkt, stärker an Bedeutung.[246] Im Kontext der Modularisierung werden für die Perspektive Marketing/Vertrieb drei Zwischenziele formuliert: Differenzierung, Bedürfnisbefriedigung und Zeit (vgl. Abbildung 44).

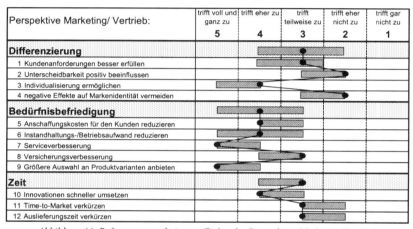

Abbildung 44: Befragungsergebnisse zu Zielen der Perspektive Marketing/Vertrieb

Dem Zwischenziel Differenzierung werden Aspekte subsumiert, die hinsichtlich der Eigenständigkeit der Produktvarianten von Bedeutung sind. Der Beitrag der Modularisierung, im Sinne einer hybriden Wettbewerbsstrategie zusätzliche Kundenanforderungen zu erfüllen (sog. „Mass Customization"), wurde von den Befragungsteilnehmern als neutral eingestuft.

Das Unterziel Unterscheidbarkeit resultiert aus der zunehmenden Homogenität der Produkte. Es berücksichtigt die Möglichkeit, die Unterscheidbarkeit von Produkten durch Modularisierung positiv zu beeinflussen. Die Befragungsergebnisse machen deutlich, dass die Unterscheidbarkeit durch Modularisierung eher nicht positiv beeinflusst werden kann. Im Umkehrschluss bedeutet dieses Ergebnis, dass Modularisierung

---

[246] Vgl. Jung, H. (2002), S. 535.

eine negative Wirkung auf die Unterscheidbarkeit haben kann. Zu beachten ist daher, dass eine Gefahr negativer Auswirkungen auf die Unterscheidbarkeit der Produkte besteht und somit im Zielkatalog beinhaltet sein sollte. Analog zu dem Unterziel Unterscheidbarkeit sind die Zusammenhänge bei dem Unterziel hinsichtlich der Markenidentität zu interpretieren. Durch Modularisierung können nach Expertenmeinung negative Effekte auf die Markenidentität nicht vermieden werden. Auch hier gilt dementsprechend im Umkehrschluss, dass insbesondere bei markenübergreifender Modularisierung die Gefahr der Markenerosion im Zielkatalog zu erfassen ist.

Dass diese latente Gefahr eines Markenidentitätsverlustes und einer fehlenden Unterscheidbarkeit der Produkte von den Fahrzeugherstellern erkannt wurde, lässt sich aus deren Vorgehensweisen bei der Synergienutzung ableiten.[247] Im DaimlerChrysler Konzern hat die Markentrennung insbesondere zwischen Mercedes-Benz und den Chrysler-Marken (Chrysler, Dodge, Jeep) Vorrang vor der Synergie. Bei Verwendung gleicher Module bzw. Technologien wird Mercedes-Benz als Technologieführer und Chrysler als „Fast-Follower" positioniert. D.h. ausgewählte Module finden bei Chrysler mit einem zeitlichen Versatz von drei bis vier Jahren Einzug.[248] Neben dieser Technologiestrategie wird die Differenzierung hinsichtlich Marke und Produkt dadurch sichergestellt, dass ein Austausch lediglich bei Komponenten erfolgt, die keine Markenrelevanz besitzen.[249] Auch im General Motors Konzern sorgt beispielsweise bei der Plattformentwicklung zwischen den Marken Fiat, Lancia und Alfa Romeo in jedem Plattformentwicklungsteam ein Marken-Verantwortlicher für die übereinstimmende Umsetzung der Marken-Leitlinien.[250] Ebenso wurde im Ford Konzern die Gefahr der Verwässerung der Marke und der Fahrzeugidentität erkannt. Die Vereinheitlichungsstrategie wird laut REITZLE nur bei den Bauteilen angewendet, „...die den emotionalen Kern der Marke nicht berühren und für den Kunden weder sichtbar noch sonstwie erlebbar sind. Dazu untersuchen wir jede einzelne Komponente im Hinblick darauf, welche Eigenschaften sie haben muss, um für mehrere Modelle einsetzbar zu sein. Bei einer Klimaanlage beispielsweise ist es der Luft völlig egal, ob sie durch ein Lüfterrad von Jaguar oder von Volvo gedreht wird. Anders liegt der Fall überall dort,

---

[247] Die beiden Unterziele „Unterscheidbarkeit" und „Markenidentität" könnten prinzipiell zu einem Unterziel zusammengefasst werden, da beide in einem Kontext zu interpretieren sind. Findet die Modularisierung nicht markenübergreifend statt, kann allerdings das Unterziel „Markenidentität" vernachlässigt werden. Darüber hinaus wurde in der Befragung darauf abgezielt, die Produkt- und Markensicht zu trennen.
[248] Vgl. Sedgwick, D. (1999), S. 28.
[249] Vgl. DaimlerChrysler Geschäftsbericht 2002, S. 43.
[250] Vgl. o.V. (1997a), S. 73.

wo der Kunde die Marke emotional erlebt, also auch in nicht-sichtbaren Bereichen wie Beschleunigung, Motorcharakteristik oder Sound."[251]

Für den Kunden besteht auch nach dem Fahrzeugkauf die Möglichkeit, die Vorteile der Modularisierung im Alltag zu nutzen. Im Rahmen der sog. „Modularity-in-Use"-Philosophie wird es dem Kunden ermöglicht, sein Fahrzeug nach seinen persönlichen Nutzenpräferenzen im täglichen Einsatz zu individualisieren, indem differenzierungsrelevante Module ausgetauscht werden. Die Befragungsergebnisse unterstreichen diese Individualisierungsmöglichkeit ebenso wie die Beispiele aus der Automobilindustrie. Zu diesen Beispielen gehören die im Kapitel 1.1 bereits aufgezeigten Fahrzeugkonzepte, wie das „Vario-Research-Car" und das „MoCar-Konzept" von Mercedes-Benz, der „Opel Maxx" oder das Konzept „Hy-wire" von General Motors.

Als weiteres Zwischenziel der Perspektive Marketing/Vertrieb ist die Bedürfnisbefriedigung der Kunden anzuführen. Letztendlich basiert der Unternehmenserfolg auf der Kaufentscheidung des Kunden, der seinen Nutzen maximieren möchte. Der Nutzen stellt ein Maß an Bedürfnisbefriedigung dar.[252] Deshalb sind unter diesem Zwischenziel sämtliche Unterziele abzubilden, die aufgrund der Modularisierung Einfluss auf das Maß der Bedürfnisbefriedigung haben können. Falls der Kunde beispielsweise für die Anschaffung, die Instandhaltung und den Betrieb des Fahrzeuges geringere Aufwendungen zu leisten hat, würde ihm dies einen Nutzen stiften, da er die Ersparnis für zusätzlichen Konsum verwenden könnte. Wie die Befragungsergebnisse zeigen, trifft es tendenziell zu, dass die Unterziele „Anschaffungskosten reduzieren" sowie „Instandhaltungs- und Betriebsaufwand reduzieren" durch Modularisierung erreicht werden können. Sofern die Modularisierung einen Beitrag zur Kostenreduktion beim Fahrzeughersteller leistet, ist ein Zusammenhang zur Anschaffungskostenreduktion herstellbar, wenn die Kostenreduktion, zumindest teilweise, an den Kunden weitergegeben wird.

Hinsichtlich der Auswirkungen der Modularisierung auf den Instandhaltungs- und Betriebsaufwand kann über das Unterziel „Serviceverbesserung" ein Wechselbeziehung aufgezeigt werden. Nach Meinung der Befragungsteilnehmer kann der Service durch Modularisierung eindeutig verbessert werden. Diese Serviceverbesserung entsteht im Kontext der Modularisierung aus der vereinfachten Austauschbarkeit von Modulen im

---

[251] Reitzle, W. (2000), S. 62.
[252] Vgl. Nieschlag, R. / Dichtl, E. / Hörschgen, H. (1997), S. 8.

Schadens- und Wartungsfall. Beispielsweise können bei den Varianten City-Coupé und Cabrio der modularen Produktfamilie smart 90 Prozent aller technischen Probleme in weniger als zwei Stunden behoben werden. Dieser Effekt resultiert aus der modularen Bauweise, denn durch den einfachen Austausch von Modulen können die Werkstattstandzeiten minimiert werden. Beispielsweise ist das gesamte Antriebsmodul mit nur vier Schrauben am Fahrzeug angeflanscht, so dass bei einer Reparatur das gesamte Modul relativ unkompliziert ein- und ausgebaut werden kann.[253] Sofern der monetäre Vorteil reduzierter Werkstattstandzeiten an den Kunden weitergegeben wird, hat dies eine Reduktion der Instandhaltungs- und Betriebsaufwendungen zur Folge, woraus sich ein Zusammenhang zwischen den beiden Unterzielen ergibt.

Eine weitere Auswirkung vereinfachter Schadensbehebungen aufgrund der modularen Produktstruktur ergibt sich für den Kunden in der Versicherungsklasseneinstufung. Zwar zeigen bei diesem Unterziel die Befragungsergebnisse lediglich ein neutrales Ergebnis, jedoch lassen sich zunehmend Beispiele bei den Herstellern finden, bei denen Modularisierung eine verbesserte Einstufung zur Folge hatte. Bei der smart Variante City-Coupé hat z.B. die Modularisierung in Verbindung mit der Definition von sog. Crash-Boxen, die im Schadensfall einfach ausgetauscht werden können, zur Definition einer neuen „Niedrigst-Kasko-Klasse" geführt.

Des Weiteren eröffnet Modularisierung die Möglichkeit ein weiteres Unterziel zu erreichen, nämlich die größere Auswahl an Produktvarianten profitabel anbieten zu können, was auch die Befragungsergebnisse voll und ganz bestätigen. In der Automobilindustrie verdeutlicht die historische Entwicklung der Variantenvielfalt eine bedeutende Zunahme der externen Varianz. Eine Studie der Unternehmensberatung Marketing Systems belegt, dass sich die Anzahl der Modelle pro Marke, ausgehend von 1981 bis zum Jahre 2000, von dreieinhalb auf über fünf erhöht hat (vgl. Abbildung 45).[254]

---

[253] Vgl. Geiger, T. (2001).
[254] Auszüge der Studie sind veröffentlicht in: o.V. (2001a), S. 48.

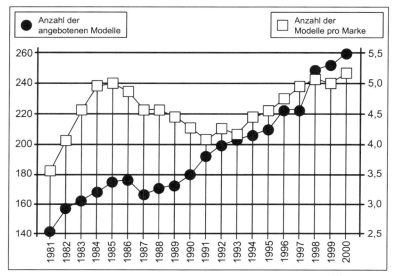

Abbildung 45: Entwicklung der Pkw-Modellvielfalt in Deutschland [255]

Die Anzahl der insgesamt angebotenen Modelle hat sich im gleichen Zeitraum von 140 auf 260 erhöht und somit nahezu verdoppelt. Während im Jahre 1981 auf dem deutschen Markt noch ca. 40 Marken angeboten wurden, sind es im Jahre 2000 rund 50. Diese Entwicklung führte zwangsläufig zum Sinken der durchschnittlichen Marktanteile pro Marke. Um dieser Entwicklung entgegenzuwirken, haben viele Hersteller die Modellvielfalt deutlich erhöht. Die Studie zeigt, dass nahezu alle Hersteller ihre Variantenanzahl gesteigert haben. Während Nissan diese als einziger Hersteller von 17 auf 15 reduzierte, steigerte Mercedes-Benz die Variantenanzahl von neun auf 18 (vgl. Abbildung 46).

Das dritte Zwischenziel der Perspektive Marketing/Vertrieb fokussiert sich auf die Auswirkungen der Modularisierung auf den Faktor Zeit. Als ein Unterziel dieses Zwischenziels lässt sich die schnellere Umsetzung von Innovationen in Produkten formulieren. Modularisierung ermöglicht die Separierung von Modulen, die durch kürzere Innovationszyklen gekennzeichnet sind, um diese auch während der Produktlebenszyklen austauschen bzw. nachträglich integrieren zu können. Wie die Befragungsergebnisse zeigen, wird diese Möglichkeit auch durch die Expertenmeinung bes-

---

[255] Marketing Systems GmbH (veröffentlicht in o.V. (2001a), S. 48).

tätigt. Auch die Aussagen der Fahrzeughersteller verdeutlichen dieses Potential.[256] So stellt z.b. die Elektronikarchitektur der C-Klasse von Mercedes-Benz eine Grundlage dar, um weitere Bausteine mit neuen Innovationen aus anderen Fahrzeugen sukzessive in das Fahrzeug zu integrieren. Dabei bringen kürzere Innovationszyklen der Elektronikindustrie im Vergleich zur Automobilindustrie Flexibilitätsanforderungen an die Elektronikarchitektur mit sich, um eventuell mehrere Elektronikgenerationen integrieren zu können.[257]

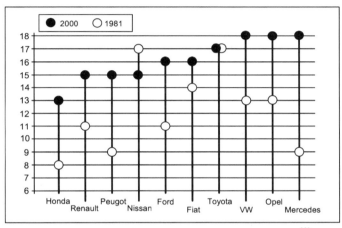

Abbildung 46: Top 10 der Marken nach angebotenen Varianten [258]

Nicht so eindeutig sind die Befragungsergebnisse für das Unterziel „Time-to-Market verkürzen", da hier die Möglichkeit durch Modularisierung Produkte schneller auf den Markt zu bringen, eher als neutral bewertet wurde. Theoretisch ist es allerdings möglich, durch die Wiederverwendung von Modulen und verstärktem Simultaneous-Engineering die Time-to-Market zu verkürzen. Auch vereinzelte Aussagen der Fahrzeughersteller verdeutlichen, dass dieses Ziel durch Modularisierung verfolgt wird. Beispielsweise konnte im Ford Konzern die Time-to-Market durch die Entwicklungszeitverkürzung um ein Jahr reduziert werden, indem der Jaguar S-Type auf Basis be-

---

[256] Auch in der Computerindustrie trug Modularisierung zu einem sprunghaften Anstieg der Innovationsrate bei. In den sechziger Jahren wurden beim Hersteller IBM alle Rechner inklusive Bausteinen und Betriebssystemen komplett neu entwickelt. Ab dem System /360 definierte IBM konkrete Konstruktionsvorgaben an die einzelnen Module, so dass diese getrennt entwickelt und weiterentwickelt werden konnten. Vgl. Baldwin, C.Y. / Clark, K.B. (1998), S. 40f.
[257] Vgl. Schöpf, H.-J. (2000), S. 40; Claar, K.-P. (2001), S. 46.
[258] Marketing Systems GmbH (veröffentlicht in: o.V. (2001b)).

stehender Ford-Plattformen entwickelt wurde.[259] Ähnliche Effekte zeigten sich bei General Motors. Bei der Entwicklung des Pontiac Aztek, der aus 32 Hauptmodulen und nur wenigen hundert Einzelteilen besteht, konnte die Serienentwicklungszeit auf 24 Monate, gerechnet vom Einfrieren des Stylings bis zum Fertigungsstart, reduziert werden. Die daraus resultierende Time-to-Market Reduktion wurde durch schnellere Anlaufkurven in der Produktion verstärkt. Es erwies sich, dass durch die Fertigung von Modulen in eigenständigen Werken die Möglichkeit besteht, kleinere, flexiblere und kostengünstigere Werke zu bauen. Bei General Motors wird die Verkürzung der Time-to-Market sogar als der eigentliche Vorteil der Modulbauweise angesehen.[260]

Ebenso neutral wie beim Unterziel „Time-to-Market" sind die Befragungsergebnisse hinsichtlich des Unterziels „Auslieferungszeitverkürzung". Zwei Zukunftstrends weisen jedoch darauf hin, dass Modularisierung einen Beitrag zur Zeitreduktion vom Auftragseingang bis zur Fahrzeugübergabe leisten kann. Zum Einen wird nach einer Studie der Boston Consulting Group die Fabrik der Zukunft eine ringförmige Struktur haben, an die sich die (internen wie externen) Zulieferer satellitenförmig angliedern und die Module anliefern, wodurch sich die Durchlaufzeiten und somit die Auslieferungszeiten tendenziell verkürzen werden (vgl. Kapitel 1.1).[261] Zum Anderen besteht ein Trend „weg von der Massenfertigung hin zur Auftragsfertigung" und somit zu kundenindividuellen Produktionssystemen. Diese Art von Produktionssystemen wird unter dem Oberbegriff „Built-to-Order" (BTO) zusammengefasst. Dabei gehen die Bestelldaten direkt in die Fabriken und an das Lieferantennetzwerk ein, das Fahrzeug bekommt einen Produktionsplatz reserviert und der Kunde erhält eine verbindliche Terminzusage beim Kauf.[262] Durch die Verknüpfung modularer Konzepte mit BTO-Systemen wird es möglich, dem Kunden in kürzester Zeit ein individuell konfiguriertes Fahrzeug liefern zu können. Die Notwendigkeit zur Verkürzung der Auslieferungszeit durch neue Produktions- und Bestellkonzepte lassen sich am Beispiel des Mercedes-Benz Werkes in Sindelfingen verdeutlichen. Statistisch gesehen sind von den 430.000 jährlich produzierten Fahrzeugen nur 2,2 Fahrzeuge komplett baugleich.[263] Das „Global Ordering"-Konzept, bei dem die Aufträge für alle Baureihen direkt in die Werke eingebucht werden können, soll in Verbindung mit der Modulbauweise zu einer Lieferzeitenverkürzung von ursprünglich 40 bis 50 Tagen auf bis zu zehn Tagen füh-

---

[259] Vgl. o.V. (1999a), S. 68.
[260] Vgl. o.V. (2000a), S. 96.
[261] Vgl. Maurer, A. / Stark, W.A. (2001), S. 28.
[262] Vgl. Dürand, D. (2001), S. 170f.
[263] Vgl. ebenda, S. 171.

ren.[264] Während bei diesem Beispiel die Variantenbildung durch die Kombination von Modulen im Produktionswerk geschieht, wurde beim originären Geschäftsmodell für die modulare Produktfamilie smart eine andere Philosophie verfolgt. Das Fahrzeug sollte erst im Verkaufsraum, ausgehend von wenigen Grundvarianten, kundenindividuell durch die Auswahl und Montage der Body-Panels komplettiert werden. Dieses Prinzip hätte zur Folge gehabt, dass ein Kunde kaum noch Auslieferungszeit einplanen müsste und sein Wunschfahrzeug direkt hätte mitnehmen können. Aufgrund der gestiegenen Variantenvielfalt bereits in den Grundvarianten konnte diese Philosophie nicht konsequent umgesetzt werden. Festzuhalten bleibt jedoch, dass die Beispiele einen potentiellen Einfluss der Modularisierung auf dieses Unterziel verdeutlichen.

Fazit der Darstellungen für die Perspektive Marketing/Vertrieb ist, dass die Befragungsergebnisse und die Beispiele der Fahrzeughersteller die Wechselbeziehung zwischen der Modularisierung und dem Zwischenziel Bedürfnisbefriedigung unterstreichen. Daher wird dieses Zwischenziel in den Zielkatalog für modulare Produktfamilien übernommen. Für die Zwischenziele Differenzierung und Zeit ist eine derartig eindeutige Interpretation nicht möglich, da sich zunächst neutrale bzw. nicht bestätigende Befragungsergebnisse ergeben haben. Die genauere Betrachtung des Zwischenziels Differenzierung hat jedoch gezeigt, dass mit der Modularisierung ein eher negativer Einfluss auf die Unterziele Unterscheidbarkeit und Markenidentität einhergeht. Daher ist im geplanten Zielsystem zu berücksichtigen, dass bei der Konzeption einer modularen Produktfamilie negative Auswirkungen auf die zwei genannten Unterziele vermieden werden. Als Folge dieser Überlegungen kommt dem Zwischenziel Differenzierung bei der Bewertung modularer Produktfamilien eine wichtige Bedeutung zu. Für das Zwischenziel Zeit sind die Befragungsergebnisse ähnlich neutral. Aufgrund der aufgezeigten Trends hinsichtlich Auslieferungszeitverkürzung durch die Kombination der Modularisierung und BTO-Konzepten sowie der Beispiele der Fahrzeughersteller zur Verkürzung der „Time-to-Market" fließt das Zwischenziel Zeit ebenfalls in den Zielkatalog ein.

---

[264] Vgl. Dürand, D. (2001), S. 171.

4.2.3.5 Perspektive Finanzwirtschaft

Während die Ziele der Perspektiven Entwicklung, Produktion und Marketing/Vertrieb zum Teil aktive Ziele beinhalten, sind in der Perspektive Finanzwirtschaft ausschließlich reaktive Ziele enthalten, d.h. sie resultieren vollständig aus den Konzepteigenschaften, die in den vorhergehenden Perspektiven festgelegt worden sind (vgl. Kapitel 4.2).

Wie im Kapitel 4.2.3 bereits erläutert wurde, stellt die Steigerung der Kapitalrendite das Oberziel des formulierten Zielsystems dar. Die Kapitalrendite spiegelt das Verhältnis von Gewinn zum Kapitaleinsatz wider und kann demzufolge durch die Stellhebel Kosten, Umsatz und Kapitaleinsatz beeinflusst werden. Wie die weiteren Ausführungen zeigen werden, lassen sich daraus drei Zwischenziele für die Perspektive Finanzwirtschaft ableiten: Kosten, Umsatz und Wertschöpfungsanteil (vgl. Abbildung 47).

Perspektive Finanzwirtschaft:	trifft voll und ganz zu 5	trifft eher zu 4	trifft teilweise zu 3	trifft eher nicht zu 2	trifft gar nicht zu 1
Kosten					
1 Materialkosten reduzieren					
2 Fertigungskosten reduzieren					
3 Entwicklungskosten pro Variante reduzieren					
4 Vertriebskosten pro Variante reduzieren					
5 Fehlinvestitionen begrenzen					
Umsatz					
6 Marktanteil ausbauen					
7 höhere Produktpreise erzielen					
Wertschöpfungsanteil					
8 Entwicklungstiefe reduzieren					
9 Fertigungstiefe reduzieren					

Abbildung 47: Befragungsergebnisse zu Zielen der Perspektive Finanzwirtschaft

Das Zwischenziel Kosten lässt sich in die durch Modularisierung potentiell beeinflussbaren Kostenarten untergliedern, die zu den entsprechenden Unterzielen des Zwischenziels führen. Wie die Befragungsergebnisse verdeutlichen, können Material- und Fertigungskosten tendenziell reduziert werden. Die Entwicklungskosten pro Produktvariante können nach Meinung der Experten überdurchschnittlich stark verringert werden. Der wesentliche Grund für diese Kostenreduktionsmöglichkeit ist im Kostendegressionseffekt zu sehen, der sich aufgrund höherer Modulstückzahlen ergibt.

4.2 Konzeption der Modularisierungs-Balanced-Scorecard

Da es sich bei den Zielen der Perspektive Finanzwirtschaft um reaktive Ziele handelt, sind die Kostendegressionen Wirkungen von Ursachen, die bereits bei der Perspektive Produktion unter dem Aspekt Skaleneffekte aufgeführt worden sind (vgl. Kapitel 4.2.3.3). Skaleneffekte führen zu einer Kostendegression pro Stück aufgrund höherer Stückzahlen.[265] Diese Skaleneffekte fließen in das Erfahrungskurvenkonzept ein, worin mathematisch beschrieben wird, dass mit jeder Verdopplung der kumulierten Produktionsmenge die auf die Wertschöpfung bezogenen, inflationsbereinigten (realen) Stückkosten potenziell um einen konstanten Prozentsatz sinken.[266] An die Grenzen ihrer Aussagekraft stößt die Formel bei der Abbildung sprungfixer Kosten. Darunter sind die Kosten zu verstehen, die zur Errichtung zusätzlicher Produktionskapazitäten bei einer Stückzahlerhöhung entstehen.[267] Aus diesem Grund ist für jedes Modul zu überprüfen, inwiefern eine Erhöhung der Stückzahl wirtschaftlich sinnvoll ist. Zu berücksichtigen ist dabei besonders, dass ein begrenztes Flächenangebot an Montage- und Fertigungsstraßen die Kapazitätsgrenze bestimmt und nur durch die Zykluszeit und die Anzahl der Schichten in begrenztem Umfang variiert werden kann.[268] Diese Begrenzung der Kostendegressionsmöglichkeit hat insbesondere Gültigkeit für die Fertigungskosten. Dies trifft aber auch für die Materialkosten zu, in denen die Kosten für zugekaufte Module enthalten sind. Dabei gelten die Prinzipien sprungfixer Kosten auch für die Lieferanten, weshalb auch hier Kapazitätsgrenzen und die entsprechenden sprungfixen Kosten zu berücksichtigen sind. Anders verhält es sich bei den Entwicklungskosten, da hier keine sprungfixen Kosten anfallen. Die Erhöhung der Jahresstückzahl und insbesondere die Lebenszyklusstückzahl führen hier zu einer uneingeschränkten Kostendegression. Da sich die Lebenszykluszeiten für komplette Fahrzeuge tendenziell verkürzen, ist eine Verlängerung der Zykluszeit einzelner Module anzu-

---

[265] Skaleneffekte können in dynamische und statische Effekte unterschieden werden. Statische Skaleneffekte resultieren aus Kostenreduktionen durch Betriebsgrößendegressionen (z.B. durch Nutzung von einer Großanlage statt zwei kleiner Anlagen). Zudem kann eine höhere Auslastung vorhandener Ressourcen zu Fixkosten- bzw. Beschäftigungsdegressionen führen (z.b. durch Nutzung einer Maschine im Dreischichtbetrieb anstatt im Einschichtbetrieb). Dynamische Skaleneffekte resultieren aus Lerneffekten (Erhöhung der Effizienz der Arbeit aufgrund wiederkehrender Tätigkeiten), technischem Fortschritt (effizientere Produktionsprozesse durch neue Technologien) und Rationalisierung (Verbesserung des Prozessablaufs durch neue Methoden). Vgl. Coenenberg, A.G. (1999), S. 199ff.
[266] Vgl. Henderson, B.D. (1984), S. 19.
[267] Vgl. Wilhelm, B. (2001), S. 44.
[268] WILHELM zeigt, dass in der Automobilindustrie, ausgehend von einem Zweischichtbetrieb und einer Zykluszeit von 58 Sekunden, eine maximale Stückzahl von ca. 200.000 Einheiten pro Jahr produziert werden kann. Bei der Umstellung auf Dreischichtbetrieb und einer Zykluszeitverkürzung auf 43 Sekunden können maximal ca. 400.000 Einheiten pro Jahr produziert werden, ohne dass weitere Produktionsanlagen bereitgestellt werden müssen. Vgl. ebenda, S. 44f.

streben oder eine produktübergreifende Modulverwendung zu forcieren, solange dies unter Berücksichtigung von Kapazitätsgrenzen in der Produktion wirtschaftlich sinnvoll ist.

Im Gegensatz zu den Material-, Fertigungs- und Entwicklungskosten werden nach Expertenmeinung bei den Vertriebskosten pro Fahrzeugvariante keine Reduktionsmöglichkeiten durch Modularisierung gesehen. Auch in der Literatur konnten keine Aussagen zu dieser Abhängigkeit gefunden werden, woraus abgeleitet werden kann, dass die Einflussmöglichkeit der Modularisierung bei dieser Kostenart zu vernachlässigen ist.

Anders sind die Befragungsergebnisse hinsichtlich des Unterziels „potentielle Fehlinvestitionen begrenzen". Die Experten bestätigen hier eine Einflussmöglichkeit durch Modularisierung. Auch Beispiele der Fahrzeughersteller weisen auf diesen Zusammenhang hin. Da das Wachstum in zunehmendem Maße in Nischenmärkten stattfindet, wächst die angebotene Produktpalette immer stärker an. Die Nutzung synergetischer Effekte durch die Modularisierung ermöglicht es den Fahrzeugherstellern, Fahrzeuge mit relativ niedrigen Stückzahlen wirtschaftlich anzubieten. Die Investitionen für ein Fahrzeug, das aus einer modularen Bauweise abgeleitet wurde, liegen im Vergleich zu einer Solitärentwicklung relativ niedrig, wodurch das Risiko für potentielle Fehlinvestitionen begrenzt werden kann. Die Entwicklung eines Komplettfahrzeuges kostet ca. zwei Mrd. Euro, von denen ca. 60 Prozent auf die Plattform entfallen und ca. 40 Prozent auf den „Hut".[269] Sofern ein Modell die Plattform als Basis nutzt, begrenzt sich das Risiko der Fehlinvestition auf die Ausgaben für die modellspezifischen Adaptionen.[270]

Neben den Kosten ist als weiterer Stellhebel zur Erreichung des Oberziels Renditesteigerung der Umsatz als Zwischenziel anzuführen, der in erster Linie den Erfolg der Produkte am Markt verdeutlicht. Ein Unterziel dieses Zwischenziels ist die Steigerung des Marktanteils zur Erhöhung der Absatzmenge. Das Ergebnis der Befragung zeigt, dass der Einfluss der Modularisierung auf dieses Zwischenziel eher neutral ist. Untersuchungen zeigen dagegen, dass Hersteller, die Plattformkonzepte verfolgten, in der

---

[269] Zu den Kosten gehören Entwicklungs- und Produktionsvorbereitungskosten (inkl. Motorenentwicklungen). Vgl. Dudenhöffer, F. (1999), S. 46; Dudenhöffer, F. (2000), S. 148.
[270] Ansonsten wäre z.B. das Nischenfahrzeug Audi TT, das auf der Plattform des Golfs (A-Plattform) aufbaut, nur schwer zu realisieren gewesen. Vgl. Baur, C. / von der Ohe, C.H. (1999), S. 58.

Vergangenheit Marktanteilssteigerungen von über fünf Prozent pro Jahr verzeichnen konnten, während Anbieter, die sich auf konventionelle Modellentwicklungen konzentrierten, über zwei Prozent verloren.[271] Zu berücksichtigen sind dabei Kannibalisierungseffekte zwischen den von einem Hersteller angebotenen Modellen. Solange Kannibalisierung von Fahrzeugen mit geringem zu Fahrzeugen mit hohem Stückgewinn stattfindet, ergeben sich Vorteile für das Unternehmen. Andersherum besteht die Gefahr von Gewinneinbußen, wenn sich die Kunden aus Sicht des Unternehmens für die „falschen" Fahrzeuge entscheiden. In diesem Zusammenhang wird häufig der Erfolg der Plattformstrategie im VW Konzern in Frage gestellt. PIECH zufolge zeigten Untersuchungen im A-Segment des Konzerns (Golf-Plattform) eine recht markante Bewegung zwischen Audi- und VW-Kunden. Da die Ströme aber in beide Richtungen fast gleich stark waren, bedeutet nur der durchschnittliche Überhang von einem Prozent dieses Volumens eine Kannibalisierung (zuletzt zugunsten VWs). Die Wanderbewegungen zwischen den restlichen Marken und Modellen lag im Promillebereich.[272]

Neben der Steigerung des Umsatzes durch Marktanteilssteigerungen besteht prinzipiell die Möglichkeit, dieses Zwischenziel durch eine Erhöhung der Produktpreise zu erreichen. Die Befragungsergebnisse machen jedoch deutlich, dass ein Einfluss der Modularisierung auf das Unterziel „Produktpreiserhöhungen" eher nicht vorhanden ist. Ebenso wenig konnten Aussagen der Fahrzeughersteller identifiziert werden.

Ein letztes Zwischenziel der Perspektive Finanzwirtschaft lässt sich hinsichtlich des Wertschöpfungsanteils formulieren, auf den Modularisierung Auswirkungen mit sich bringen kann. Der logische Verknüpfung zum Oberziel Renditesteigerung kann über den Zusammenhang zwischen dem Wertschöpfungsanteil und dem Kapitaleinsatz hergestellt werden. Je geringer der Wertschöpfungsanteil, d.h. je mehr Wertschöpfung beim Lieferanten erfolgt, desto geringer ist das anlagegebundene Kapital beim Hersteller und desto stärker wird die Kapitalbindung auf den Lieferanten übertragen.[273] Zu berücksichtigen ist an dieser Stelle, dass Modularisierung nicht gleichzusetzen ist mit Outsourcing. Modularisierung ist lediglich ein „enabler" zur Fremdvergabe von Produktionsumfängen, da durch die Aufgliederung des Fahrzeugs in abgrenzbare, voneinander unabhängige Module und durch die Definition standardisierter Schnittstellen eine Fremdvergabe vereinfacht wird. Nichtsdestotrotz bestätigen die Befragungser-

---

[271] Vgl. Robertson, D. / Ulrich, K. (1999), S. 75f.
[272] Vgl. Piech, F. (2002), S. 200f.
[273] Vgl. Bellmann, K. (2002), S. 223f.

gebnisse, dass insbesondere die Fertigungstiefe durch Modularisierung reduziert werden kann. Nach Meinung des Automobilexperten DIEZ können die Kostensenkungswirkungen der Modularisierung verstärkt werden, wenn die Fertigungstiefe reduziert wird. Der Lieferant kann neben teilespezifischen Skaleneffekten zusätzlich Faktorkostenvorteile – insbesondere im Bereich der Personalkosten – realisieren, die in der Automobilbranche 30 bis 40 Prozent erreichen können.[274]

Festzuhalten bleibt für die Perspektive Finanzwirtschaft, dass sowohl die Befragungsergebnisse als auch die Ausführungen zu den Unterzielen verdeutlichen, dass mit Modularisierung die Zwischenziele Kosten und Wertschöpfungsanteil beeinflusst werden können. Für das Zwischenziel Umsatz haben die Befragungsergebnisse eine derartige Eindeutigkeit nicht ergeben. Aufgrund der Tatsache, dass die Erfüllung der vom Markt geforderten Varianz zur Eröffnung zusätzlicher Umsatzpotentiale ein wesentlicher Grundgedanke der Modularisierung ist, fließt auch dieses Zwischenziel in den Zielkatalog für modulare Produktfamilien ein.

4.2.4 Bildung von Ursache-Wirkungsbeziehungen

4.2.4.1 Berücksichtigung der Ordnungsstrukturen des Zielsystems

Zwei Ordnungsstrukturen haben in den vorhergehenden Zielanalysen die Zielstrukturen bestimmt. Zum Einen die hierarchische Gliederung in Ober-, Zwischen- und Unterziele und zum Anderen die Einordnung in die Perspektiven Entwicklung, Produktion, Marketing/Vertrieb und Finanzwirtschaft. Auf Basis dieser Ordnungsstrukturen kann eine aggregierte und eine disaggregierte Zielebene unterschieden werden (vgl. Abbildung 48). Die disaggregierte Zielebene beinhaltet die Ziele, die im Rahmen der Bestimmung von Modularisierungszielen auf unterster Detaillierungsebene eruiert wurden (vgl. Kapitel 4.2.3). Dagegen werden die Ziele der aggregierte Zielebene durch die Ziele der disaggregierte Zielebene bestimmt.

Demzufolge kann die Analyse hinsichtlich der Ursache-Wirkungsbeziehungen prinzipiell auf zwei Zielebenen erfolgen. Einerseits besteht die Möglichkeit, eine sehr detaillierte Zielbeziehungsanalyse auf der disaggregierten Zielebene durchzuführen, bei der die Ursache-Wirkungsbeziehungen von relativ vielen detaillierten Zielen zu untersuchen sind. Die anschließende Bewertung und Steuerung würde sich in diesem Fall re-

---

[274] Vgl. Diez, W. (2001), S. 166.

lativ aufwendig gestalten. Andererseits kann eine Analyse auf aggregierten Zielebene durchgeführt werden, bei der überschaubar viele Ziele in Ursache-Wirkungsbeziehungen zueinander zu setzen sind.

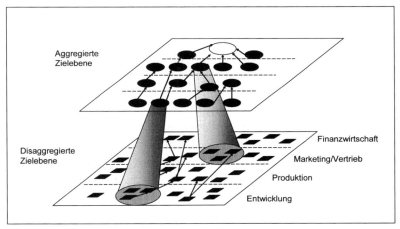

Abbildung 48: Zusammenhang der Ursache-Wirkungsbeziehungen unterschiedlicher Zielebenen

Im Konzept der M-BSC erfolgt die Analyse aus zwei Gründen auf aggregierten Zielebene. Zum Einen wird durch die reduzierte Anzahl der Ziele erreicht, dass der Analyseumfang eingeschränkt wird. Dadurch ergeben sich insbesondere Vorteile bei der nachvollziehbaren Darstellung, der Kommunikation und der Steuerung der Modularisierungsstrategie. Zum Anderen besteht bei einer Bewertung der Zielerreichungsgrade weiterhin die Möglichkeit, bei detaillierten Fragestellungen das Zielsystem von der aggregierten auf die disaggregierte Zielebene herunterzubrechen, um dort genauere Auswertungen durchzuführen.

4.2.4.2 Bestimmung der methodischen Vorgehensweise

Bei der Bestimmung der Ursache-Wirkungsbeziehungen können verschiedene methodische Ausprägungen unterschieden werden. Für die Konzeption der M-BSC ist in diesem Zusammenhang eine der folgenden fünf methodischen Vorgehensweisen zu wählen.[275]

---

[275] Vgl. Horváth & Partner (2001), S. 181ff.

Eine Möglichkeit ist die Generierung der Ursache-Wirkungsbeziehungen ausgehend von den Zielen der Perspektive Entwicklung. Diese Variante stellt einen Bottom-up-Ansatz dar, bei dem die Beziehungen von unten nach oben ermittelt werden. Dies bedeutet für die M-BSC folgende Reihenfolge: Entwicklungsziele, Produktionsziele, Ziele im Marketing/Vertrieb, Ziele der Finanzwirtschaft. Durch einen paarweisen Vergleich der Ziele, beginnend mit einem Ziel der Perspektive Entwicklung, erfolgt die Betrachtung zunächst innerhalb der gleichen Perspektive und dann auf der nächsten Ebene. Die relevante Fragestellung lautet bei jedem Paarvergleich: „Soll das betroffene Ziel erreicht werden, um das Erreichen des anderen Ziels zu unterstützen?"

Eine andere Vorgehensweise ist das deduktive Ableiten der Ursache-Wirkungsbeziehungen ausgehend von den Zielen der Perspektive Finanzwirtschaft. Dieser Ansatz stellt einen Top-down-Ansatz dar. Ausgehend vom Oberziel „Rendite" der Perspektive Finanzwirtschaft lautet dabei die Frage: „Welche untergeordneten Ziele führen zum Erreichen dieses übergeordneten Ziels?" Bei diesem Vorgehen werden die Ziele der Ausgangsperspektive, d.h. hier die der Finanzperspektive, in ihre einzelnen Komponenten zerlegt. Sofern ein untergeordnetes Ziel zu einer dieser Komponenten gehört, ist es mit dem entsprechenden übergeordneten Ziel über eine Ursache-Wirkungsbeziehung zu verbinden. Können den einzelnen Komponenten keine Ziele zugeordnet werden, deutet das auf Unvollständigkeit des Zielsystems hin.

Die dritte methodische Alternative stellt die induktive Generierung der Ursache-Wirkungsbeziehungen, beginnend mit der Perspektive Finanzwirtschaft, dar. Dabei wird nicht wie beim deduktiven Vorgehen versucht, das übergeordnete Ziel durch möglichst alle relevanten untergeordneten Ziele vollständig zu erklären. Vielmehr stehen die nachgelagerten Ziele im Vordergrund, wobei diese auf Beziehungen zu vorgelagerten Zielen untersucht werden. Dies führt bei der Bildung der Ursache-Wirkungsbeziehungen zweier Ziele zu folgender Frage: „Soll durch das Erreichen des untergeordneten Ziels das Erreichen des übergeordneten Ziels unterstützt werden?" Dadurch liegt der Schwerpunkt nicht mehr auf der deduktiven Überprüfung der Vollständigkeit des Zielsystems, sondern es sollen die Beziehungen der einzelnen Ziele untereinander hinterfragt werden. Sofern ein Ziel nicht mindestens zu einem anderen Ziel in Beziehung gesetzt werden kann, sollte dessen Zugehörigkeit zum Zielsystem kritisch überprüft werden.

4.2 Konzeption der Modularisierungs-Balanced-Scorecard

Ein viertes alternatives Vorgehen ist die Generierung der Ursache-Wirkungsbeziehungen ausgehend von den Zielen der Perspektive Marketing/Vertrieb. Zunächst wird dabei der Bezug zu Zielen der nachgelagerten Perspektiven überprüft und die Frage gestellt: „Unterstützt das Erreichen dieses Ziels der Perspektive Produktion bzw. Entwicklung das Erreichen des Ziels der Perspektive Marketing/Vertrieb?" Im Anschluss daran wird Bottom-up der Zusammenhang des Ziels der Perspektive Marketing/Vertrieb mit den Zielen der Perspektive Finanzwirtschaft überprüft. Dabei stellt sich die Frage: „Welche Wirkungen ergeben sich durch das Erreichen des Ziels in der Perspektive Marketing/Vertrieb für die Ziele der Perspektive Finanzwirtschaft?" Diese Vorgehensweise verdeutlicht den bedeutenden Charakter der Perspektive Marketing/Vertrieb, da dort letztlich der Erfolg des Unternehmens durch den Kontakt zum Kunden bestimmt wird.

Schließlich kann als fünfte Alternative die Bestimmung der Zielbeziehungen über Ursache-/Wirkungsmatrizen erfolgen. In einer derartigen Matrix werden sowohl auf der horizontalen als auch auf der vertikalen Achse alle Ziele abgetragen und die Beziehungen eines jeden Ziels mit jedem anderen Ziel analysiert (multivariate Korrelation). Für jede Kombinationsmöglichkeit werden Wirkungsrichtung und -intensität bestimmt und darüber die Ursache-Wirkungsbeziehungen ermittelt. Methodisch ist dieses Vorgehen zwar korrekt, jedoch ergibt sich der Nachteil einer hohen Komplexität.

Für die Generierung der Ursache-Wirkungsbeziehungen im Konzept der M-BSC wird die induktive Vorgehensweise, ausgehend von der Perspektive Finanzwirtschaft, aus drei Gründen bevorzugt. Erstens ist die Komplexität dieser Vorgehensweise relativ gering, da nur die für die Modularisierungsstrategie relevanten Ziele hinsichtlich ihrer Zielbeziehungen zu analysieren sind. Zweitens wird im Rahmen dieser Untersuchung nicht das Ziel verfolgt, ein vollständiges Unternehmensmodell mit sämtlichen Kausalitäten abzubilden, sondern nur die im Rahmen der Modularisierung relevanten Aspekte. Daher bietet sich eine Methode an, die sich auf die zuvor aufgeführten Modularisierungsziele fokussiert und die modularisierungsunabhängigen Ziele außen vor lässt. Drittens erweist sich der Top-down-Ansatz, ausgehend von der Perspektive Finanzwirtschaft, im Einsatz in der Praxis als sinnvoll. Durch einen Aufbau der Argumentationskette, beginnend mit dem obersten Unternehmensziel, kann die Aufmerksamkeit im Management erhöht werden.

4.2.4.3 Ableitung der Ursache-Wirkungsbeziehungen

Die Untersuchungen im Kapitel 4.2.3 haben zu einem Oberziel und insgesamt 14 Zwischenzielen geführt, die im Rahmen der Modularisierung auf aggregierter Ebene von Bedeutung sind. Diese gilt es, untereinander in Ursache-Wirkungsbeziehungen zu bringen. Sofern der induktiven Vorgehensweise, ausgehend von der Perspektive Finanzwirtschaft, gefolgt wird, ist zunächst für das Oberziel „Rendite erhöhen" zu untersuchen, welche Zwischenziele in der gleichen Perspektive einen Einfluss auf dieses Oberziel haben.[276] Zur Ableitung einer in sich konsistenten Strategie ist zu berücksichtigen, dass jede Zielerreichung des untergeordneten Ziels das Erreichen des übergeordneten Ziels unterstützt.[277] Das dem Top-down-Prinzip folgende Vorgehen führt für die hier relevanten Ziele zu den in Abbildung 49 dargestellten Ursache-Wirkungsbeziehungen. Diese werden im Kontext der BSC zusammenfassend auch als „strategische Landkarte" bezeichnet.

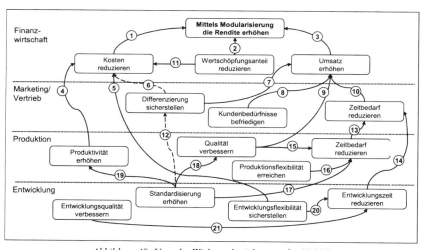

Abbildung 49: Ursache-Wirkungsbeziehungen der M-BSC

---

[276] In den vorhergehenden Aussagen wurden die Ziele nur durch einzelne Stichwörter beschrieben und die Zielrichtung implizit vorgegeben. Im Rahmen der Vervollständigung der Strategiedarstellung werden die Ziele hier ausführlicher benannt.
[277] In Ausnahmefällen kann ein Paarvergleich zu einem Trade-off zwischen zwei Zielen führen. In diesen Fällen sollte dieser kenntlich gemacht und im Rahmen der BSC-Anwendung regelmäßig auf dessen Ausgewogenheit hin überprüft werden.

4.2 Konzeption der Modularisierungs-Balanced-Scorecard

Folgende Erläuterungen zu den Nummerierungen der Zielbeziehungen verdeutlichen die Strategie. Sie stützen sich auf definitionslogische Beziehungen, auf die vereinzelt bereits im Kapitel 4.1.2.2 hingewiesen wurde.

1. Eine Reduktion der Kosten führt c.p. zu einer Erhöhung der Rendite. Mit Modularisierung wird insbesondere auf die Reduktion der Material-, Fertigungs- und Entwicklungskosten abgezielt.
2. Eine Reduktion des Wertschöpfungsanteils führt zu einer Reduktion des anlagegebundenen Kapitals beim Hersteller und verlagert die Kapitalbindung auf den Lieferanten. Der sinkende Kapitaleinsatz führt c.p. zu einer Erhöhung der Rendite (vgl. auch Nr. 12).
3. Ein höherer Umsatz steigert den Gewinn und führt somit zu einer Steigerung der Rendite, solange der Kapitaleinsatz konstant bleibt bzw. unterproportional zum Gewinn wächst.
4. Durch Produktivitätssteigerungen lassen sich infolge von Rüstoptimierungen, Skaleneffekten, etc. die Kosten senken.
5. Sofern in der Entwicklung sichergestellt ist, dass Produktvarianten auf Basis eines modularen Baukastens flexibel generiert und sonstige Änderungen kosteneffizient umgesetzt werden können, reduzieren sich die durchschnittlichen Entwicklungskosten pro Produktvariante.
6. Die Sicherstellung der Differenzierung durch die Entwicklung differenzierter Produktvarianten führt zu erhöhten Kosten, wodurch an dieser Stelle ein Trade-off entsteht. Insbesondere bei den Entwicklungskosten ist bei diesem Trade-off zu berücksichtigen, dass ein höherer Standardisierungsgrad zu einem geringeren Entwicklungsaufwand führt, da bereits existierende Module nicht erneut entwickelt werden müssen. Zwar hat die Entwicklung eines modularen Baukastens zunächst Mehraufwendungen zur Folge, da ein erhöhter Koordinationsaufwand entsteht, diese werden jedoch in der Regel durch die Einsparungen bei entfallenden Entwicklungsumfängen wieder kompensiert.
7. Die Sicherstellung der Differenzierung zwischen den Varianten einer modularen Produktfamilie vermeidet sinkende Umsätze durch „unerwünschte Kannibalisierung" und gegebenenfalls durch Erosion des Markenwertes.
8. Eine steigende Bedürfnisbefriedigung der Kunden führt zu einem steigenden Umsatzpotential. Dabei können vielfältige Kundenbedürfnisse, insbesondere durch eine steigende Variantenvielfalt, befriedigt werden, woraus tendenziell wachsende Marktanteile resultieren.

9. Eine erhöhte Produktqualität steigert die Zahlungsbereitschaft der Kunden und damit das Umsatzpotential für das Unternehmen.
10. Die Reduktion der An- bzw. Durchlaufzeit führt, aufgrund einer schnelleren Marktbedienung bei Neuprodukten und einer Reduktion des Zeitbedarfs zwischen Auftragseingang und Auslieferung, zu einer Reduktion der Wartezeit für den Kunden. Da die Wartezeit ein wesentliches Kaufentscheidungskriterium darstellt, trägt deren Reduktion tendenziell zu einer Umsatzerhöhung bei.
11. Ein geringerer Zeitbedarf hinsichtlich der „Time-to-Market" von Produktvarianten (Zeitspanne zwischen dem Designentscheid und der Markteinführung) hat einen Wettbewerbsvorteil und somit zusätzliches Umsatzpotential durch die Erweiterung des Kundenkreises zur Folge.
12. Unter der Prämisse, dass die Lieferanten modul- und teilespezifische Skaleneffekte sowie Faktorkostenvorteile realisieren können, führt die Reduktion des Wertschöpfungsanteils zu einer Kostenreduktion.
13. Die erhöhte Standardisierung innerhalb einer modularen Produktfamilie führt zu einer reduzierten Differenzierung der Produktvarianten. Somit wird an dieser Stelle der Trade-off zwischen der kostenorientierten Standardisierung und der kundenorientierten Differenzierung fortgeführt.
14. Zeitvorteile bei der Entwicklung von Produktvarianten auf Basis eines Modulbaukastens führen zu einer Verkürzung der „Time-to-Market", da der Markteinführungstermin aufgrund einer kürzeren Entwicklungszeit frühzeitiger erreicht werden kann.
15. Modularisierung führt durch die Optimierung der Produktionsprozesse und durch die Möglichkeit zur separaten Testbarkeit vormontierter Module zu Qualitätsvorteilen in der Produktion (z.B. Nacharbeitsreduktion), woraus steilere Anlaufkurven und kürzere Durchlaufzeiten resultieren.
16. Eine erhöhte Flexibilität in der Produktion führt zu der Möglichkeit, auf Nachfrageschwankungen am Absatzmarkt oder Änderungen der Unternehmensumwelt (z.B. gesetzliche Normen) schneller reagieren zu können, wodurch sich der Zeitbedarf für den Produktionsanlauf des entsprechenden Änderungsumfangs reduziert.
17. Eine zunehmende Verwendung von Carry-Over-Modulen führt tendenziell zu einer steileren Anlaufkurve, da ein Großteil der Probleme im Produktionsprozess bereits beim Vorgängerprodukt behoben wurde. Daraus ergeben sich Zeitvorteile im Anlauf des Neuproduktes. Zudem reduziert sich die Durchlaufzeit, sofern die Verwendung von Wiederholteilen zu höheren Stückzahlen und damit zum Einsatz hochautomatisierter Fertigungsanlagen führt.

18. Eine zunehmende Standardisierung hat zur Folge, dass die Produktqualität verbessert werden kann, da höhere Stückzahlen zu Lerneffekten und somit Qualitätsverbesserungen führen und darüber hinaus bereits etablierte Module vermehrt verwendet werden können.
19. Aus Skaleneffekten resultieren im Rahmen einer zunehmenden Standardisierung Vorteile in der Produktion, die zu einer steigenden Produktivität führen.
20. Die Flexibilität in der Entwicklung führt, bei der Nutzung eines Modulbaukastens, zu einer Reduktion des durchschnittlichen Entwicklungszeitbedarfes von Produktvarianten, da bereits existierende Module wiederverwendet werden können.
21. Mit steigender Entwicklungsqualität werden die Vorteile der Modularisierung in der Entwicklungsorganisation zunehmend genutzt. Durch die Definition voneinander unabhängiger Module über klar definierte Schnittstellen werden Ansätze wie Simultaneous-Engineering, modulspezifische Prototypenphasen, etc. gefördert, woraus kürzere Entwicklungszeiten resultieren.

Der Nutzen dieser transparenten Darstellung der Ursache-Wirkungsbeziehungen ist vielfältig:[278] Erstens werden implizite Annahmen über die Ursache-Wirkungsbeziehungen explizit gemacht, wodurch eine Harmonisierung unterschiedlicher Vorstellungen über die Wirkungszusammenhänge erreicht werden kann. Zweitens wird dargestellt, wie die Entscheidungen in den Unternehmensbereichen zusammenwirken und welche Effekte sich daraus auf die Strategieumsetzung ergeben. Daraus resultiert sowohl eine engere Zusammenarbeit innerhalb des Managements als auch zwischen den Bereichen. Drittens werden Stellhebel für die Umsetzung einer Modularisierungsstrategie verdeutlicht. D.h. es werden Ansatzpunkte aufgezeigt, sofern im Rahmen der operativen Umsetzung der Strategie, die entsprechenden Kennzahlen nicht im Soll liegen. Viertens wird ein Erklärungsmodell für den strategischen Erfolg generiert, mit dem die Logik der Strategie nachvollziehbar und kommunizierbar wird.

---

[278] Vgl. Horváth & Partner (2001), S. 179f.

4.2.5 Bestimmung der Kennzahlenstruktur

4.2.5.1 Rahmenbedingungen der Kennzahlenkonzeption

Nachdem im vorherigen Kapitel die durch Modularisierung verfolgten Ziele bestimmt und auf Basis von Ursache-Wirkungsbeziehungen miteinander verknüpft wurden, sind diese im Konzept der BSC durch geeignete Kennzahlen messbar abzubilden. Dafür werden die im Kapitel 3 analysierten Kennzahlen aufgegriffen und in eine ganzheitliche Kennzahlenstruktur überführt. Darüber hinaus werden ergänzende Kennzahlen und Bewertungsverfahren in das M-BSC-Konzept integriert, um nicht oder nur unzureichend erklärte Zwischenziele angemessen abbilden zu können. Eine exemplarische Darstellung und zusätzliche Interpretation der im Folgenden definierten Kennzahlen erfolgt im Anwendungsbeispiel (vgl. Kapitel 5). Die Ausführungen in den folgenden Unterkapiteln beschränken sich auf die Darstellung prinzipieller Zusammenhänge und insbesondere auf die formale Darstellung der Kennzahlenstruktur.

Bei der Konzeption eines ganzheitlichen Bewertungsansatzes bietet es sich an, auf eine gemeinsame Datenbasis mit einheitlicher Parameterdeklaration zur Berechnung der Kennzahlen zurückzugreifen. Außerdem sind die Wertebereiche und Zielrichtungen der Kennzahlen soweit wie möglich zu harmonisieren, um die Kennzahlenwerte in einem Ergebnis-Chart vergleichbar darstellen zu können. Zur Erfüllung dieser Anforderungen werden die Kennzahlen im Folgenden entsprechend angepasst. Bei der Adaption der Kennzahlen wird soweit wie möglich ein Wertebereich zwischen Null und Eins angestrebt. Zudem werden die Kennzahlen derart geändert, dass die Erhöhung eines Kennzahlenwertes einer Steigerung des Zielerreichungsgrades entspricht. Die Konzeption der Kennzahlenstruktur erfolgt in Anlehnung an die vier Perspektiven der M-BSC: Entwicklung, Produktion, Marketing/Vertrieb und Finanzwirtschaft. Zusammenfassend wird am Ende dieses Kapitels die zu Grunde liegende Datenbasis mit der entsprechenden Parameterdeklaration aufgeführt.

4.2.5.2 Perspektive Entwicklung

Interface-Simplification

Mit der Kennzahl „Interface-Complexity" bewertet ERIXON die Schnittstellenkomplexität zwischen den Modulen auf Basis der benötigten Schnittstellenmontagezeit und der Anzahl der Schnittstellen zwischen den Modulen (vgl. Kapitel 3.2.2.2). Durch die Definition eines einfachen Schnittstellenkonzeptes werden die Voraussetzungen für eine parallele Modulentwicklung geschaffen und dadurch die Entwicklungszeit tendenziell verkürzt. Je komplexer die Schnittstellen zwischen den Modulen gestaltet sind, umso größer ist der Abstimmungsbedarf zwischen den Entwicklungsteams und desto mehr Zeit nimmt die Produktentwicklung in Anspruch.

Vor dem Hintergrund dieser Zusammenhänge wird die Komplexität der Schnittstellen im Konzept der M-BSC ebenfalls aus der Montagezeit abgeleitet: je länger die reale Modulmontage im Vergleich zur optimalen Modulmontage dauert, umso komplexer sind die Schnittstellen definiert und desto mehr Zeit nimmt die Entwicklung eines Produktes tendenziell in Anspruch.[279] Im Zielsystem der M-BSC wird die Kennzahl demzufolge als Indikator für das Zwischenziel „Zeit" verwendet. Zusätzlich bietet es sich an, die Kennzahl zur Bewertung des Zwischenziels „Qualität" - im Sinne von Entwicklungsprozessqualität - heranzuziehen. Dabei geht es insbesondere um den Beitrag eines modularen Konzeptes zur Verbesserung organisatorischer Abläufe. Sofern Schnittstellen zwischen den Modulen definiert sind, die eine geringe Komplexität aufweisen, werden prozessuale Abläufe in der Regel vereinfacht. Beispielsweise können separate Prototypenphasen einzelner Module das Verhalten im Endprodukt umso exakter widerspiegeln, wenn nur wenige Schnittstellen zu anderen Modulen bestehen, die zudem eine geringe Komplexität aufweisen.

In der originären Form ist der Wertebereich der Kennzahl größer Eins, es ist eine Minimierung der Kennzahlenausprägung anzustreben und es wird von einer minimalen Schnittstellenanzahl nach dem Base-Module- bzw. Hamburger-Assembly-Prinzip ausgegangen. Damit der Kennzahlenwert auf den geforderten Wertebereich zwischen Null

---

[279] Die optimale Montagezeit wird aus Untersuchungen abgeleitet, bei denen die Fehleranzahl in Abhängigkeit von der Montagezeit betrachtet wurde. Die Montagezeit, bei der die geringste Fehleranzahl bei der Modulendmontage beobachtet wurde, wird als optimale Montagezeit definiert (vgl. Kapitel 3.2.2.2).

und Eins begrenzt wird und eine Kennzahlenwertmaximierung anzustreben ist, wird die Formel entsprechend adaptiert. Darüber hinaus ist zu beachten, dass nicht nur eine minimale Schnittstellenanzahl (M-1) sondern sämtliche real existierenden Schnittstellen zwischen den Modulen berücksichtigt werden.

Die entsprechenden Änderungen führen unter Berücksichtigung der vereinheitlichten Parameterdeklaration zur folgenden formalen Darstellung:

$$\text{Interface-Simplification (IS)} = \frac{M \cdot t^{mo,opt}}{\sum_m t_m^{mo,real}}, 0 \leq IS \leq 1$$

mit: M = Gesamte Anzahl der Module,
  $t^{mo,opt}$ = optimale Modulendmontagezeit und
  $t_m^{mo,real}$ = reale Modulendmontagezeit für das Modul m=1,...,M.

Die Adaptionen haben zur Folge, dass hohe Kennzahlenwerte als positiv zu bewerten sind. Aus diesem Grund wird die Kennzahl als „Interface-Simplification" bezeichnet, um Fehlinterpretationen zu vermeiden. Ein Kennzahlenwert nahe Eins deutet demzufolge auf eine geringe (simplifizierte) Schnittstellenkomplexität hin. In diesem Fall entspricht die Summe der realen Modulendmontagezeiten (Nenner) nahezu der Summe der optimalen Modulendmontagezeiten über alle Module (Zähler). Längere reale Modulendmontagezeiten deuten dagegen auf komplexere Schnittstellen hin und spiegeln sich in einem geringeren Kennzahlenwert wider.

Supplier-Engineering

CLARK und FUJIMOTO zeigen in einer Analyse von diversen Fahrzeugentwicklungsprojekten einen Zusammenhang zwischen der Entwicklungstiefe, d.h. dem Umfang der Entwicklungseigenleistung, und der benötigten Entwicklungszeit auf.[280] Die Entwicklung eines Kompaktklassenfahrzeuges bis zur Markteinführung dauerte bei amerikanischen Massenherstellern mit einer Entwicklungstiefe von 86 Prozent 60 Monate. Dagegen entwickelten japanische Massenhersteller ein vergleichbares Fahrzeug mit einer wesentlich geringeren Entwicklungstiefe von 48 Prozent in nur 45 Monaten. Im Ver-

---

[280] Vgl. Clark, K.B. / Fujimoto, T. (1992), S. 80ff; siehe auch Kapitel 5.3.3.

4.2 Konzeption der Modularisierungs-Balanced-Scorecard

gleich dazu benötigten europäische Massenhersteller 57 Monate bei einer Entwicklungstiefe von 64 Prozent.

Zurückzuführen ist die tendenzielle Verkürzung der Entwicklungszeit bei abnehmender Entwicklungstiefe unter anderem auf die Realisierung von Simultaneous-Engineering Potentialen, d.h. durch parallelisierte Entwicklung von Modulen. Die Aufgliederung des Fahrzeugs in abgrenzbare, voneinander unabhängige Module und die Definition standardisierter Schnittstellen stellt eine wesentliche Voraussetzung der Parallelentwicklung und damit für die Realisierung entsprechender Zeitvorteile dar.

Die Ermittlung der Entwicklungstiefe kann prinzipiell auf Basis der Dimensionen Mengen, Zeit oder Kosten erfolgen. Auf Mengenbasis würde der Anteil der Entwicklungsprozessschritte, die externe Partner bearbeiten, ins Verhältnis zu den gesamten Entwicklungsprozessschritten gesetzt werden. Analog wären bei der zeitbasierten Ermittlung die entsprechenden Anteile der Lieferanten- und Eigenentwicklungszeiten zu berücksichtigen. Bei der kostenbasierten Ermittlung der Entwicklungstiefe ist der Anteil der Lieferantenentwicklungskosten an den gesamten Entwicklungskosten zu ermitteln. Da in der Praxis die Entwicklungskosten einen besonders hohen Stellenwert einnehmen und demzufolge die Verfügbarkeit in der Regel relativ hoch ist, erfolgt die Kennzahlenermittlung im M-BSC-Konzept auf Kostenbasis. Die Kennzahl „Supplier-Engineering" gibt folglich Auskunft über den monetär bewerteten Entwicklungsumfang, der von externen Entwicklungspartnern geleistet wird:

$$\text{Supplier - Engineering (SE)} = \frac{\sum_v K_v^{FE,L}}{\sum_v K_v^{FE}}, \quad 0 \leq SE \leq 1$$

mit: $K_v^{FE,L}$ = Absolute F&E-Kosten der Lieferanten bis Markteinführung für die Produktvariante v = 1,...V und

K_v^{FE} = absolute F&E-Kosten bis Markteinführung für die Produktvariante v=1,...,V.

Je höher der Kennzahlenwert, desto größer ist der Anteil der Fremdentwicklungsleistungen. Unter der Voraussetzung, dass mit wachsendem Fremdentwicklungsumfang Module zunehmend als abgegrenzte Einheiten voneinander parallel entwickelt werden, reduziert sich der Abstimmungsaufwand zwischen den am Entwicklungsprozess beteiligten Partnern. Dadurch können entsprechende Zeitvorteile, die aus dem

Simultaneous-Engineering resultieren, realisiert werden, wodurch sich die Entwicklungszeit tendenziell verkürzt.

Carry-Over

Über den Anteil der Module, die aus dem Vorgängerprodukt stammen, bewertet ERIXON in Form einer allgemeinen Regel die Höhe der Entwicklungskosten: je höher die Anzahl der „Carry-Over-Module" ist, desto geringer sind die Entwicklungskosten für das Neuprodukt (vgl. Kapitel 3.2.2.2). Die Zielanalyse und die Bestimmung der Ursache-Wirkungsbeziehungen bei der Generierung der M-BSC verdeutlicht jedoch, dass eine Entwicklungskostenreduktion lediglich die Folge der Zielerreichung „Standardisierung" ist. Das Erreichen einer erhöhten Standardisierung, in diesem Fall durch Carry-Over-Umfänge, führt zu einer Reduktion der Entwicklungskosten. Aus diesem Grund wird die Kennzahl „Carry-Over" als Indikator für den Zielerreichungsgrad des Zwischenziels „Standardisierung" verwendet. Basierend auf der von ERIXON formulierten allgemeinen Regel lässt sich, unter Bezugnahme auf die vereinheitlichte Kennzahlenstruktur, folgende Formel definieren:

$$\text{Carry-Over (CO)} = \frac{k_{v=1}^{SK,co}}{k_{v=1}^{SK}}, \quad 0 \leq CO \leq 1$$

mit: $k_{v=1}^{SK,co}$ = Selbstkosten für Carry-Over-Umfänge der Basisvariante, die identisch zur Basisvariante des Vorgängermodells sind und

$k_{v=1}^{SK}$ = Selbstkosten für die Basisvariante $v = 1$.

Bei der Fahrzeugentwicklung wird in der Regel zunächst eine Basisvariante (z.B. Limousine) detailliert geplant und darauf aufbauend weitere Produktvarianten (z.B. Cabrio) abgeleitet. Daher bietet es sich insbesondere in der Konzeptphase an, lediglich die neu zu entwickelnde Basisvariante mit der Basisvariante der Vorgängergeneration zu vergleichen. Zudem ist die benötigte Datenqualität häufig nicht für alle Produktvarianten vorhanden. Durch die Bewertung der Carry-Over-Umfänge mit den Selbstkosten wird berücksichtigt, dass es zielführender ist, Module mit hohen Material-, Fertigungs- bzw. F&E-Kosten generationsübergreifend wiederzuverwenden. D.h. je höher der Kennzahlenwert, desto größer ist der wertmäßige Anteil der Übernahmeumfänge in den Modulen vom Vorgängermodell (bezogen auf die Basisvariante) und desto höher ist der Zielerreichungsgrad „Standardisierung".

Assortment-Simplification

ERIXON bewertet über die Kennzahl „Assortment-Complexity" die Höhe der Herstellkosten und geht von einem proportionalem Verhältnis aus: je geringer die Sortimentskomplexität ist, desto geringer sind die Herstellkosten. Die Sortimentskomplexität ist dabei von drei Variablen abhängig, aus denen sich auch die Stellhebel zur Optimierung ableiten lassen: die Modulanzahl in einer durchschnittlichen Produktvariante, die Anzahl der benötigten Modulvarianten zur Realisierung der Produktpalette und die Schnittstellenanzahl zwischen den Modulen eines Produktes (vgl. Kapitel 3.2.2.2). Im Konzept der M-BSC besteht der Zusammenhang zwischen den Herstellkosten und der Sortimentskomplexität wiederum nur indirekt über das Zwischenziel „Standardisierung", wie die Ursache-Wirkungsbeziehungen gezeigt haben (vgl. Kapitel 4.2.4). Im Zielsystem der M-BSC wird davon ausgegangen, dass das Ausmaß der Sortimentskomplexität bereits in der Konzeptionsphase in der Entwicklung festgelegt wird. Deshalb sind die Verantwortlichkeiten zur Reduktion der Sortimentskomplexität dem Zwischenziel „Standardisierung" in der Perspektive Entwicklung zuzuordnen. Die Adaptionen der ursprünglichen Kennzahl führen zu folgender Formel:

$$\text{Assortment - Simplification (AS)} = \frac{1}{\sqrt[3]{M \cdot x^s \cdot \sum_m x_m^{mv}}}, \quad 0 \leq AS \leq 1$$

mit: M = Gesamte Anzahl der Module (M>1),
x^s = Anzahl der Schnittstellen zwischen den Modulen und
x_m^{mv} = Anzahl der Modulvarianten des Moduls m=1,...,M.

Die Adaptionen erfolgen unter Berücksichtigung der vereinheitlichten Bezeichnungen der Parameter, des angestrebten Wertebereiches zwischen Null und Eins und der anzustrebenden Kennzahlenwertmaximierung. Diese Umstellungen führen, wie auch bei der Kennzahl Interface-Simplification, zu positiv zu bewertenden hohen Kennzahlenwerten. Daher wird die Kennzahl, ebenfalls zur Vermeidung von Fehlinterpretationen, als „Assortment-Simplification" bezeichnet. Ein hoher Kennzahlenwert deutet demzufolge auf eine geringe (simplifizierte) Sortimentskomplexität hin.

Commonality-Index

Eine weitere Kennzahl, die in der Perspektive Entwicklung dem Zwischenziel „Standardisierung" zuzuordnen ist, stellt der „Commonality-Index" dar. MARTIN und ISHII verwenden diese Kennzahl, um die produktübergreifende Wiederverwendung von Teilen zu bewerten (vgl. Kapitel 3.2.2.4). Die Adaption der Ausgangskennzahl an die speziellen Anforderungen der Kennzahlenstruktur führt zur folgenden formalen Darstellung:

$$\text{Commonality - Index (CI)} = \frac{\sum_{v=2}^{V} k_v^{SK,wht}}{(V-1) \cdot k_{v=1}^{SK}}, \quad 0 \leq CI \leq 1$$

mit: $k_v^{SK,wht}$ = Selbstkosten für Wiederholteile der Produktvariante v=2,...,V im Bezug zur Basisvariante v=1,

V = gesamte Anzahl der Produktvarianten und

$k_{v=1}^{SK}$ = Selbstkosten für die Basisvariante v=1.

Im Gegensatz zur Vorgehensweise von MARTIN und ISHII werden nicht die sog. Alleinteile sondern die Wiederholteile ins Verhältnis zu der Gesamtteileanzahl gesetzt, um einen Indikator für die Steigerung des Zielerreichungsgrades bei einer Erhöhung des Kennzahlenwertes zu generieren. Darüber hinaus werden die wiederverwendeten Teile bezüglich der Basisvariante jeweils mit den Selbstkosten bewertet, um zu berücksichtigen, dass die produktübergreifende Verwendung kostentreibender Komponenten bzw. ganzer Module zielführender ist.[281] Im Ergebnis ist die Kennzahl als Indikator für die Wiederholteileverwendung zwischen den Fahrzeugen einer Produktfamilie im Bezug zur Basisvariante zu interpretieren. Je höher der Kennzahlenwert, desto größer ist der mit Selbstkosten bewertete Wiederholteilegrad und umso größer ist der Zielerreichungsgrad „Standardisierung".

---

[281] Die Bezugnahme auf die Basisvariante erfolgt, ebenso wie bei der Kennzahl „Carry-Over", aufgrund der Vorgehensweise in der Entwicklungspraxis, bei der aus einer Basisvariante weitere Produktvarianten abgeleitet werden.

Engineering-Platform-Efficiency

MEYER und LEHNERD zeigen auf, dass die Plattformeffizienz in eine produktions- und entwicklungsseitige Effizienz bei der Variantengenerierung differenziert werden kann.[282] In Anlehnung an die Autoren wird die entwicklungsseitige Plattformeffizienz bei der Erzeugung von Produktvarianten im Konzept der M-BSC über die Kennzahl „Engineering-Platform-Efficiency" abgebildet. MEYER und LEHNERD setzen bei der Kennzahlenermittlung die durchschnittlichen F&E-Kosten der Produktvarianten zu denen der Plattform ins Verhältnis und leiten daraus den durchschnittlichen Aufwand zur Variantengenerierung ab (sog. „Cents on the platform-dollar"). Eine derartige Kennzahl ist im Konzept der M-BSC prinzipiell zur Bewertung von zwei Zwischenzielen unterschiedlicher Perspektiven geeignet. Zum Einen stellt die Kennzahl einen Indikator für die Kosteneffizienz bei der Generierung von Produktvarianten dar und könnte demzufolge in der Perspektive Finanzwirtschaft das Zwischenziel „Kosten" abbilden. Zum Anderen verdeutlicht die Kennzahl die Flexibilität eines modularen Konzeptes, d.h. sie zeigt an, wie viel Entwicklungsaufwand im Durchschnitt erforderlich ist, um eine Produktvariante aus einer Basisvariante abzuleiten. Je geringer dieser Aufwand ist, desto flexibler ist das modulare Konzept gestaltet. Da die M-BSC als Ergänzung zu traditionellen Kostenschätzungen und Wirtschaftlichkeitsbetrachtungen zu verstehen ist, während die reaktiven Zwischenziele der Perspektive Finanzwirtschaft weiterhin primär über traditionelle Methoden zu bewerten sind, wird die Kennzahl dem Zwischenziel „Flexibilität" zugeordnet. Die Adaptionen der originären Kennzahl an die Anforderungen der M-BSC führt zur folgenden formalen Darstellung:

$$\text{Engineering-Platform-Efficiency-(EPE)} = 1 - \frac{\sum_{v=2}^{V} K_v^{FE}}{(V-1) \cdot K_{v=1}^{FE}}, \quad EPE \leq 1$$

mit: K_v^{FE} = Absolute F&E-Kosten bis Markteinführung für die Produktvariante v=2,...,V,

V = gesamte Anzahl der Produktvarianten und

$K_{v=1}^{FE}$ = absolute F&E-Kosten bis Markteinführung für die Basisvariante v=1.

---

[282] Vgl. Meyer, M. / Lehnerd, A. (1997), S. 156f; siehe auch Kapitel 3.2.2.5.

In der Regel wird die Kennzahl einen Wert im Intervall zwischen Null und Eins annehmen, jedoch kann der Wert negativ werden, wenn die durchschnittlichen F&E-Kosten der abgeleiteten Varianten größer sind als die F&E-Kosten der Basisvariante. In der Praxis wird diese Situation ein Ausnahmefall sein, da Modularisierung nicht zuletzt zur F&E-Kostenreduktion der abgeleiteten Produktvarianten betrieben wird. Für die Interpretation der Kennzahl in dieser Form bleibt festzuhalten: je größer der Kennzahlenwert, desto geringer ist der durchschnittliche F&E-Aufwand zur Ableitung zusätzlicher Varianten aus einer Basisvariante und desto flexibler ist das modulare Konzept gestaltet.

Die Zuordnung der aufgeführten Kennzahlen zu den Zwischenzielen der Perspektive Entwicklung führt zu dem in Tabelle 7 dargestellten Zwischenergebnis für die M-BSC.

Perspektive Entwicklung		
Ziel	Kennzahl	Interpretation
Qualität	Interface-Simplification (IS) $0 \leq IS \leq 1$ (Ziel: Max.)	Die Kennzahl ist ein Indikator für den Komplexitätsgrad der Schnittstellen zwischen den Modulen. Mit zunehmender Schnittstellenkomplexität verlängert sich tendenziell die Entwicklungszeit und die Qualität der Entwicklungsprozesse sinkt aufgrund eines erhöhten Abstimmungsbedarfes. Je größer der Kennzahlenwert, desto weniger komplex sind die Schnittstellen zwischen den Modulen gestaltet, wodurch die Entwicklungszeit reduziert (Simultaneous Engineering) und die Entwicklungsprozessqualität (geringerer Abstimmungsbedarf) verbessert werden kann.
Entwicklungszeit		
	Supplier-Engineering (SE) $0 \leq SE \leq 1$ (Ziel: Max.)	Die Kennzahl gibt Auskunft über die monetär bewerteten Entwicklungsleistungen, die von externen Entwicklungspartnern erbracht werden. Unter der Prämisse, dass mit steigendem Fremdentwicklungsumfang Module zunehmend über fest definierte Schnittstellen voneinander abgegrenzt werden, verbessern sich die Voraussetzungen für eine Parallelentwicklung. D.h. der Abstimmungsaufwand zwischen den am Entwicklungsprozess beteiligten Partnern wird reduziert und Zeitvorteile des Simultaneous-Engineering werden realisiert, wodurch sich die Entwicklungszeit tendenziell verkürzt.
Standardisierung	Carry-Over (CO) $0 \leq CO \leq 1$ (Ziel: Max.)	Die Kennzahl verdeutlicht den wertmäßigen Anteil der Übernahmeumfänge vom Vorgängermodell (bezogen auf die Basisvariante). Je größer dieser Umfang, desto höher ist der Zielerreichungsgrad „Standardisierung".
	Assortment-Simplification (AS) $0 \leq AS \leq 1$ (Ziel: Max.)	Die Kennzahl bewertet die Sortimentskomplexität, die sich aus den Eingangsgrößen Modulanzahl, Anzahl der Modulvarianten und Anzahl der Schnittstellen zwischen den Modulen zusammensetzt. Je höher der Kennzahlenwert, desto geringer ist die Sortimentskomplexität und umso höher ist der Standardisierungsgrad.
	Commonality-Index (CI) $0 \leq CI \leq 1$ (Ziel: Max.)	Die Kennzahl beschreibt den monetär bewerteten Grad der Wiederholteileverwendung der Varianten einer Produktfamilie im Bezug zur Basisvariante. Je größer der Kennzahlenwert, desto stärker werden Komponenten aus der Basisvariante in den abgeleiteten Varianten wiederverwendet.
Flexibilität	Engineering-Platform-Efficiency (EPE) $EPE \leq 1$ (Ziel: Max.)	Die Kennzahl bewertet aus Entwicklungssicht die Flexibilität der modularen Produktfamilie bei der Ableitung von Varianten aus einer Basisvariante. Dabei werden die F&E-Kosten der abgeleiteten Varianten ins Verhältnis zu denen der Basisvariante gesetzt. Je größer die Kennzahl, desto flexibler ist die modulare Produktfamilie gestaltet, da Varianten mit relativ geringem zusätzlichem Entwicklungsaufwand generiert werden können.

Tabelle 7: Zuordnung von Kennzahlen zu den Zielen der Perspektive Entwicklung

4.2.5.3 Perspektive Produktion

Manufacturing-Platform-Efficiency

Analog zur Kennzahl „Engineering-Platform-Efficiency" wird in Anlehnung an MEYER und LEHNERD eine produktionsseitige Plattformeffizienz in die Kennzahlenstruktur der M-BSC integriert. Dadurch wird insbesondere aufgezeigt, ob möglicherweise eine effiziente Entwicklung durch ineffiziente Produktionsprozesse behindert wird oder umgekehrt (vgl. Kapitel 3.2.2.5). Im Gegensatz zur entwicklungsseitigen Effizienzkennzahl, die den durchschnittlichen Aufwand bei der Ableitung einer Produktvariante verdeutlicht, gibt die Kennzahl „Manufacturing-Platform-Efficiency" Auskunft über die durchschnittlichen Aufwendungen bei der produktionsseitigen Integration einer abgeleiteten Produktvariante. Folglich basiert die Kennzahlenberechnung auf dem Verhältnis der durchschnittlichen produktionsseitigen Investitionen für die abgeleiteten Produktvarianten zu den entsprechenden Investitionen der Basisvariante:

$$\text{Manufacturing - Platform - Efficiency (MPE)} = 1 - \frac{\sum_{v=2}^{V} I_v^P}{(V-1) \cdot I_{v=1}^P}, \quad \text{MPE} \leq 1$$

mit: I_v^P = Absolute Investitionen in der Produktion für die Produktvariante v=2,...,V,
  V = gesamte Anzahl der Produktvarianten und
  $I_{v=1}^P$ = absolute Investitionen in der Produktion für die Basisvariante v=1.

Beispielsweise ist der Fall denkbar, dass eine zusätzliche Produktvariante nicht auf der selben Montagelinie gefertigt werden kann, wie alle anderen Varianten der modularen Produktfamilie. Für die Integration der zusätzlichen Produktvariante wäre daher in ein separates Produktionsgebäude mit eigener Montagelinie zu investieren. Die zusätzlichen Investitionen für die Integration der Produktvarianten in die Produktion würden sich auf den Kennzahlenwert auswirken und Hinweise auf eine relativ geringe Produktionsflexibilität geben.[283]

---

[283] Die Kennzahl wird in der Regel einen Wert im Intervall zwischen Null und Eins annehmen. Sofern die durchschnittlichen Investitionen der abgeleiteten Varianten jedoch höher als die der Basisvariante sind, kann der Kennzahlenwert jedoch negativ werden.

Variant-Flexibility

ERIXON setzt zur Ermittlung der Kennzahl „Variant-Flexibility" die externe Varianz ins Verhältnis zur internen Varianz. Die externe Varianz wird durch die Anzahl konfigurierbarer Produktvarianten und die interne Varianz durch die Anzahl der zur Konfiguration benötigten Module abgebildet (vgl. Kapitel 3.2.2.2). Je größer die externe Varianz im Verhältnis zur internen Varianz ist, desto flexibler können die Module eines Modulbaukasten untereinander kombiniert und die geforderte Variantenvielfalt generiert werden. Aus diesem Grund wird die Kennzahl dem Zwischenziel „Flexibilität" in der Perspektive Produktion zugeordnet. Nach einer Modifikation der Kennzahl hinsichtlich der spezifischen Anforderungen der Kennzahlenstruktur lässt sich die Formel folgendermaßen abbilden:

$$\text{Variant - Flexibility (VF)} = \frac{x_{p=P}^{a}}{\prod_m x_m^{mv}} = \frac{EV}{\prod_m x_m^{mv}}, \quad 0 \leq VF \leq 1$$

mit: $x_{p=P}^{a}$ = Anzahl der Ausstattungsvarianten, die den letzten Prozessschritt verlassen,

EV = Kennzahl „External-Variety" (vgl. Kapitel 4.2.5.4) und

x_m^{mv} = Anzahl der Modulvarianten des Moduls m=1,...,M.

Für die Anwendung der Kennzahl in der ganzheitlichen Kennzahlenstruktur bedarf der Begriff Variante einer weiteren Konkretisierung. Im Konzept der M-BSC wird mit *Produkt*varianten (V) die Vielfalt auf Ebene des Endproduktes bezeichnet, was im Automobilbau der Vielfalt der Fahrzeugaufbauten entspricht (z.B. Limousine oder Cabrio). Daneben verdeutlicht die Anzahl der *Modul*varianten (x^{mv}), in welchen Ausprägungen eine Modulart des Modulbaukastens existiert (z.B. für die Modulart Motor: Diesel- und Benzinmotor).

Zudem liegt zur Strukturierung der Datenerfassung ein Produktionsprozess (p=1,...,P) zu Grunde, aus dem unter anderem die Modulmontagereihenfolge hervorgeht (vgl. Kapitel 4.2.6.3). Für jeden Produktionsprozessschritt p lässt sich die Variantenvielfalt der Ausstattungsvarianten (x^a_p) ermitteln, die sich aus den Kombinationsmöglichkeiten der bis zum Prozessschritt p montierten Module ergeben. Mit diesem Parameter kann demzufolge die realisierbare Kombinationsmöglichkeit der Module untereinander, unter Berücksichtigung von Kombinationsverboten, erfasst werden. Der Parameter $x^a_{p=P}$ verdeutlicht folglich die reale Kombinationsmöglichkeit der Module für den letzten Produktionsprozessschritt (P) und entspricht der für den Kunden verfügbaren externen Varianz.[284]

Unter Berücksichtigung dieser Zusammenhänge zeigt die Kennzahl „Variant-Flexibility" auf, inwiefern die vom Kunden effektiv wählbare Variantenvielfalt (Zähler) der Variantenvielfalt bei freier Kombinationsmöglichkeit (Nenner) entspricht. Sofern beide Werte identisch sind, können die Module des Modulbaukastens untereinander uneingeschränkt kombiniert werden, was dem Prinzip der freien Modularisierung mit maximalen Freiheitsgrad entspricht (vgl. Kapitel 2.2.2). In der Praxis werden jedoch Kombinationseinschränkungen aufgrund der technischen Konzepteigenschaften bestehen. Wie stark der modulare Baukasten in seiner Flexibilität aufgrund derartiger Kombinationsverbote eingeschränkt ist, wird mittels der dargestellten Kennzahl ersichtlich. Dementsprechend bietet sich folgende Interpretation an: je größer der Kennzahlenwert ist, desto flexibler können die Module untereinander kombiniert und desto mehr Produktvarianten können dem Kunden – bei gegebener Modulvariantenanzahl – effektiv angeboten werden.

Lead-Time-Potential

Mit der Kennzahl „Lead-Time" bewertet ERIXON die Durchlaufzeit in der Produktion. Diese wird durch die Summation der Zeiten für die Modulvormontage, für die Funktionstests der Module und für die Endmontage der Module bestimmt (vgl. Kapitel 3.2.2.2). Vor diesem Hintergrund ist die Kennzahl im Zielsystem der M-BSC als Indikator für das Zwischenziel „Zeit" zu interpretieren. Die Anpassungen der Kennzahl an die vereinheitlichte Parameterdeklaration der M-BSC führen zu folgender Formel:

$$\text{Lead-Time-Potential (LP)} = \max_m \left(x_m^k \cdot t_m^{mo,k} + t_m^{test} \right) + \sum_m t_m^{mo,real}, \quad LP > 0$$

mit: x_m^k = Anzahl der Komponenten im Modul m=1,...,M,

$t_m^{mo,k}$ = durchschnittliche Komponenten-Einbauzeit bei der Modulvormontage des Moduls m=1,...,M,

t_m^{test} = Testzeit für das Modul m=1,...,M und

$t_m^{mo,real}$ = reale Modulendmontagezeit für das Modul m=1,...,M.

---

[284] Eine detailliertere Darstellung zur Ermittlung der externen Varianz ist in den Ausführungen zur Kennzahl „External-Variety" im Kapitel 4.2.5.4 zu finden.

Analog zu den Ausführungen von ERIXON verdeutlicht die Kennzahl die theoretisch mögliche Durchlaufzeit auf Basis des Moduls mit der längsten Vormontage- und Testzeit sowie der Summe der Modul-Endmontagezeiten. Der Kennzahl liegt die Prämisse zu Grunde, dass sämtliche Module parallel sowohl vormontiert als auch getestet werden. Daher wird lediglich der Zeitwert für die Vormontage und die Funktionstests von dem Modul mit dem höchsten Zeitbedarf herangezogen, um den Zeiteffekt der Parallelarbeit zu berücksichtigen. D.h. das Modul mit der längsten Vormontagezeit und Testzeit beschränkt die insgesamt mögliche Durchlaufzeit. Damit führt die Parallelarbeit nur insofern zu den gewünschten Zeitvorteilen, wenn die Zeitspreitzung bei der Modulvormontage relativ gering ist. Unter der Annahme, dass die Zeitvorteile durch Parallelarbeit in der Modulendmontage zu vernachlässigen sind, gehen die Endmontagezeiten sämtlicher Module in Summe in die Kennzahl ein.[285]

Anzumerken ist, dass der Kennzahlenwert nicht ohne weiteres einer reellen Durchlaufzeit gegenübergestellt werden kann, da Leerzeiten sowie die Montage von Kleinteilen unberücksichtigt bleiben. Diese Problematik wird zwar mit einem weiteren Modularisierungstrend im Laufe der Zeit abnehmen, jedoch ist dieser Zusammenhang bei der Kennzahleninterpretation zu beachten. Aufgrund dessen wird die Kennzahl als „Lead-Time-*Potential*" bezeichnet, die ein theoretisches Durchlaufzeitenpotential verdeutlicht. Zudem handelt es sich bei dem Kennzahlenwert nicht um einen dimensionslosen Ausdruck im angestrebten Wertebereich zwischen Null und Eins, sondern um einen absoluten Zeitwert. Eine Kennzahlenadaption zur Normierung des Intervalls könnte durch die Gegenüberstellung mit einem relativ anspruchsvollen Benchmarking-Wert erfolgen. Da dieser Wert in weiterführenden Untersuchungen zunächst zu eruieren wäre, wird an dieser Stelle auf diese Verhältnisbildung verzichtet, weshalb der Wertebereich lediglich mit größer Null bezeichnet wird. Somit ist bei dieser Kennzahl eine Minimierung anzustreben, d.h. die Anforderung an die vereinheitlichte Zielrichtung der Kennzahlen wird hier nicht erfüllt.

---

[285] Unter der realen Modulendmontagezeit ($t_m^{mo,real}$) ist die Montagezeit eines Moduls zu verstehen, die in der Realität als Plan- oder Istwert in die Berechnungen eingehen. Dagegen existiert im Konzept der M-BSC eine optimale Modulendmontagezeit ($t^{mo,opt}$), die als fehlerminimierende Modulendmontagezeit zu interpretieren ist (vgl. Kapitel 5.3.2).

Interface-Efficiency

In Anlehnung an die Schnittstellenmatrix, die ERIXON zur Bewertung des Montageprinzips verwendet (vgl. Kapitel 3.2.2.2), lässt sich eine Kennzahl definieren, die eine Quantifizierung der ursprünglich lediglich visuell veranschaulichten Zusammenhänge ermöglicht. Grundlage der Kennzahlenermittlung ist die Betrachtung, inwiefern die Schnittstellen des modularen Konzeptes die Schnittstellenanordnung gemäß den Prinzipien „Base-Modul-Assembly" oder „Hamburger-Assembly" erfüllen. Bei beiden Prinzipien sind die Module untereinander mit der geringst möglichen Schnittstellenanzahl verbunden, woraus eine Komplexitätsreduktion im Produktionsprozess und insbesondere eine Verkürzung der Durchlaufzeiten durch die Vereinfachung der Montageprozesse resultiert. Die Kennzahl „Interface-Efficiency" wird demzufolge dem Zwischenziel „Zeit" zugeordnet und ist folgendermaßen definiert:

$$\text{Interface - Efficiency (IE)} = \frac{M-1}{x^s}, \quad 0 \leq IE \leq 1$$

mit: M = Gesamte Anzahl der Module und
x^s = Anzahl der Schnittstellen zwischen den Modulen.

Bei der Ermittlung des Kennzahlenwertes bietet es sich an, die Module in einer Dreiecksmatrix hinsichtlich ihrer Schnittstellenverknüpfungen zu untersuchen. Die minimale Schnittstellenanzahl im Zähler ergibt sich aus der Anzahl der Module (M) weniger Eins, denn dies ist eine Implikation der Prinzipien „Base-Modul-Assembly" bzw. „Hamburger-Assembly". Durch die Verhältnisbildung der minimalen Schnittstellenanzahl mit der realen Schnittstellenanzahl lässt sich die Schnittstellenkomplexität des modularen Konzeptes quantifizieren. Je größer der Kennzahlenwert, desto weniger komplex sind die Module untereinander verknüpft und desto stärker nähert sich das Konzept einem der idealen Schnittstellenprinzipien an. Mit sinkender Schnittstellenkomplexität vereinfacht sich der Modulendmontageprozess, da sich die Endmontagetätigkeit auf das Zusammenfügen weniger Module mit einer geringen Schnittstellenanzahl begrenzt, woraus Zeitvorteile in der Produktion resultieren.

Quality-Index

Wie BARKAN und HINCKLEY bewertet auch ERIXON die Qualität eines modularen Konzeptes anhand der Wahrscheinlichkeit einer fehlerfreien Produktion.[286] Diese ergibt sich durch die Multiplikation der Wahrscheinlichkeit einer fehlerfreien Modulendmontagetätigkeit und der Wahrscheinlichkeit eines fehlerfreien Moduls. Im Konzept der M-BSC wird die Kennzahl aufgegriffen und zu einem „Quality-Index" adaptiert, mit dem die Erreichung des Zwischenziels „Qualität" bewertet wird. Die Änderungen der originären Kennzahl führen zur folgenden formalen Darstellung:

$$\text{Quality - Index (QI)} = \prod_{m=2}^{M}(1-q_m \cdot c_m^{1-f_m})(1-w_m), \quad 0 \leq QI \leq 1 \quad \text{mit} \quad c_m = \frac{t_m^{mo,real} - t^{mo,opt}}{\max(t_m^{mo,real} - t^{mo,opt})}$$

mit:
- q_m = Wahrscheinlichkeit des Nichterkennens von Fehlern bei der Modulendmontagetätigkeit des Moduls m=1,...,M ($0 \leq q_m \leq 1$),
- c_m = Schnittstellenkomplexitätsfaktor für das Modul m=1,...,M ($0 < c_m \leq 1$),
- f_m = Fehlerwahrscheinlichkeit für die Modulendmontagetätigkeit des Moduls m=1,...,M ($0 \leq f_m \leq 1$),
- w_m = Fehlerwahrscheinlichkeit des Moduls m=1,...,M ($0 \leq w_m \leq 1$),
- $t_m^{mo,real}$ = reale Modulendmontagezeit für das Modul m=1,...,M und
- $t^{mo,opt}$ = optimale Modulendmontagezeit.

Der erste Klammerausdruck verdeutlicht die Wahrscheinlichkeit einer fehlerfreien Modulendmontagetätigkeit. Diese Wahrscheinlichkeit lässt sich über die drei Bestimmungsfaktoren c_m, f_m und q_m ableiten.

Die Komplexität einer Modulschnittstelle (c_m) bestimmt ERIXON aus der Differenz zwischen der realen und der optimalen Modulendmontagezeit ($t_m^{mo,real}$ - $t^{mo,opt}$). Um zusätzlich zu berücksichtigen, dass die Wahrscheinlichkeit im Wertebereich zwischen Null und Eins liegen muss, wird diese Differenz über einen entsprechenden Divisor (max ($t_m^{mo,real}$ - $t^{mo,opt}$)) normiert. Damit gilt für den Parameter c_m, dass sich die Modulschnittstelle umso komplexer gestaltet, je mehr der Parameterwert Richtung Eins tendiert.

---

[286] Vgl. Barkan, P. / Hinckley, C.M. (1993); siehe auch Kapitel 3.2.2.2.

Zusätzlich zur Komplexität der Schnittstelle wird deren Montagegerechtigkeit über den Faktor f_m berücksichtigt. Je größer dieser Faktor, desto größer ist die Wahrscheinlichkeit, dass bei der Modulendmontagetätigkeit ein Fehler unterläuft. Beispielsweise lässt sich dieser Faktor über die Zugänglichkeit bei der Montagetätigkeit abschätzen: je schlechter die Zugänglichkeit (z.B. Überkopf- oder Blindmontage), desto höher ist die Wahrscheinlichkeit einer fehlerhaften Modulendmontage. Durch die Potenzierung des Schnittstellenkomplexitätsfaktors (c_m) mit der Wahrscheinlichkeit einer *fehlerfreien* Modulendmontagetätigkeit ($1-f_m$) lässt sich das Teilergebnis folgendermaßen interpretieren: Eine relativ komplexe Schnittstelle (hoher c_m-Wert) birgt bei gleichzeitig geringer Fehlerwahrscheinlichkeit für die Endmontagetätigkeit (geringer f_m-Wert) ein geringes Fehlerrisiko, da die Endmontagetätigkeit unkompliziert erfolgen kann. Steigt der Faktor f_m und damit die Fehleranfälligkeit bei der Endmontagetätigkeit an (z.B. aufgrund schlechter Ergonomie), führt die Potenzierung mit immer kleineren Werten ($1-f_m$) zu einer höheren Fehlerwahrscheinlichkeit für die gesamte Modulendmontagetätigkeit.

Als dritter Bestimmungsfaktor wird über den Parameter q_m berücksichtigt, wie hoch die Wahrscheinlichkeit ist, dass Fehler bei der Montagetätigkeit *nicht* erkannt werden. Sofern alle Fehler erkannt werden ($q_m=0$), würde der gesamte erste Klammerausdruck den Wert Eins annehmen. Das bedeutet, die Wahrscheinlichkeit, dass das Endprodukt fehlerfrei montierte Module beinhaltet, läge bei 100 Prozent.

Da Fehler neben der Endmontagetätigkeit auch direkt im verbauten Modul auftreten können, wird im zweiten Klammerausdruck der Kennzahl die Wahrscheinlichkeit erfasst, dass das verbaute Modul fehlerfrei ist ($1-w_m$). Bei der Abschätzung dieses Wertes ist beispielsweise zu berücksichtigen, ob das entsprechende Modul vor der Endmontage einen separaten Funktionstest durchlaufen hat. Außerdem könnten Ergebnisse eines Lieferanten-Audits oder der Innovationsgrad der dem Modul zu Grunde liegenden Technologien zur Abschätzung herangezogen werden.

Änderungen gegenüber der Kennzahlendefinition von ERIXON (vgl. Kapitel 3.2.2.2) resultieren insbesondere aus der Prämisse, dass die Bewertung ausschließlich auf Modulebene und nicht auf Teileebene erfolgt, weshalb eine Trennung in modul- und komponentenbezogene Parameter entfällt. Zudem erfährt die Kennzahl eine Ergänzung, indem für jedes Modul und nicht für alle Module pauschal, die Fehleranfälligkeit bei der Modulendmontagetätigkeit (f_m) als eine Wahrscheinlichkeit zwischen Null und

Eins anzugeben ist. Durch die Einführung des Parameters c_m, der die Schnittstellenkomplexität verdeutlicht, wird ebenfalls sichergestellt, dass die Wahrscheinlichkeitswerte per Definition im genannten Wertebereich liegen.

Zusammenfassend bleibt für das Konzept der M-BSC festzuhalten, dass ein hoher Quality-Index und damit eine hohe Wahrscheinlichkeit einer fehlerfreien Produktion, durch folgende Stellhebel erreicht werden kann:

- Verbesserung der Qualitätskontrolle während der Modulendmontage (q_m),
- Komplexitätsreduktion bei der Modulendmontage (c_m),
- Verbesserung der Montagegerechtigkeit (f_m), z.B. durch Verbesserung der Arbeitsplatzergonomie und
- Beseitigung von Qualitätsmängeln bei den zu montierenden Modulen (w_m), z.B. durch separate Funktionstests vor der Endmontage.

Differentiation-Point-Index

Anhand der Kennzahl „Differentiation-Point-Index" bewerten MARTIN und ISHII die Variantenentwicklung im Produktionsprozess (vgl. Kapitel 3.2.2.4). Dabei wird analysiert, wann die Varianten im Produktionsprozess gebildet werden. Je später die Differenzierung im Produktionsprozess erfolgt, desto größer ist der Umfang standardisierter Prozesse mit geringer Variantenvielfalt. Vor diesem Hintergrund kann durch eine zielgerichtete Gestaltung des Produktionsprozesses, der gleiche Output bei geringerem Ressourcenverbrauch erreicht werden. Daher wird die Kennzahl im Konzept der M-BSC dem Zwischenziel „Produktivität" zugeordnet. Die Anpassungen der Kennzahl an die Anforderungen der M-BSC führen zu folgender Formel:

$$\text{Differentiation - Point - Index (DI)} = 1 - \frac{\sum_p x_p^a}{P \cdot x_{p=P}^a} =, \quad 0 \leq DI \leq 1$$

mit: x_p^a = Anzahl der Ausstattungsvarianten, die den Prozessschritt p=1,...,P verlassen,

$x_{p=P}^a$ = Anzahl der Ausstattungsvarianten, die den letzten Prozessschritt verlassen und

P = gesamte Anzahl der Prozessschritte.

4.2 Konzeption der Modularisierungs-Balanced-Scorecard

Für die Kennzahlbestimmung wird die Anzahl der Ausstattungsvarianten, die den Prozessschritt p verlassen (x_p^a) erneut aufgegriffen.[287] Über das Prinzip der Kombinatorik ist für jeden Prozessschritt (p) der Montagelinie zu ermitteln, welche Anzahl an Ausstattungsvarianten den entsprechenden Prozessschritt verlassen können. In Anlehnung an MARTIN und ISHII wird bei der Kennzahlenermittlung die Summe der Ausstattungsvarianten über alle Prozessschritte ins Verhältnis zum „worst-case" gesetzt ($P \cdot x^a_{p=P}$). In diesem Fall entspricht die Ausstattungsvarianz am Anfang des Produktionsprozesses der Varianz am Prozessende, d.h. die Komplexität erstreckt sich entlang des gesamten Produktionsprozesses.

Die so adaptierte Kennzahl beschreibt den tendenziellen Zeitpunkt der Variantenbildung in der Produktion: je größer der Kennzahlenwert, desto später erfolgt die Differenzierung und desto produktiver ist der Produktionsprozess durch Nutzung von standardisierten Abläufen gestaltet.

Setup-Cost-Index

Gemäß dem Prinzip des „Differentiation-Point-Index" verwenden MARTIN und ISHII den „Setup-Cost-Index", um zusätzlich die variantenbedingten Rüstkosten zu berücksichtigen. Kostenintensive Rüstvorgänge sind möglichst an den Anfang der Prozesskette zu verlagern, da dort die Variantenvielfalt relativ gering ist und infolgedessen weniger Rüstvorgänge anfallen als am Ende der Prozesskette (vgl. Kapitel 3.2.2.4). Durch die Verlagerung der Endmontage von Modulen mit hohen Rüstaufwendungen an den Beginn der Endmontagelinie kann vor diesem Hintergrund wiederum ein gegebener Output bei geringerem Ressourcenverbrauch realisiert werden, weshalb auch diese Kennzahl dem Zwischenziel „Produktivität" zugeordnet wird. Die Anpassungen der Ausgangskennzahl im Rahmen der Generierung einer einheitlichen Kennzahlenstruktur führen zu nachfolgend aufgeführter Kennzahlendefinition:

---

[287] Eine detaillierte Erläuterung zu diesem Parameter ist in den Ausführungen zur Kennzahl „Variant-Flexibility" zu finden (vgl. Kapitel 4.2.5.3).

$$\text{Setup-Cost-Index (SI)} = 1 - \frac{\sum_p x_p^a \cdot k_p^R}{x_{p=P}^a \cdot \sum_p k_p^R}, \quad 0 \leq SI \leq 1$$

mit: x_p^a = Anzahl der Ausstattungsvarianten, die den Prozessschritt p=1,...,P verlassen,

$x_{p=P}^a$ = Anzahl der Ausstattungsvarianten, die den letzten Prozessschritt verlassen und

k_p^R = durchschnittliche Rüstkosten im Prozessschritt p=1,...,P.

Während MARTIN und ISHII die mit Rüstkosten gewichtete Variantenanzahl je Prozessschritt ins Verhältnis zu den Herstellkosten des Endproduktes setzen, wird hier eine Bezugsgröße analog zum „Differentiation-Point-Index" unter zusätzlicher Berücksichtigung der Rüstkosten aus dem „worst-case" abgeleitet (vgl. Abbildung 50).[288] Dieses Negativ-Szenario im Nenner lässt sich berechnen, indem die Rüstkosten der einzelnen Prozessschritte (k_p^R) jeweils mit der Ausstattungsvarianz des *letzten* Prozessschrittes ($x_{p=P}^a$) multipliziert und aufsummiert werden. Dagegen wird im Zähler die mit Rüstkosten gewichtete Anzahl an Ausstattungsvarianten je Prozessschritt ermittelt und aufsummiert.

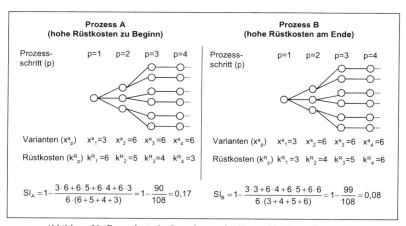

Abbildung 50: Exemplarische Berechnung der Kennzahl „Setup-Cost-Index"

---

[288] Die Rüstkosten sind, neben weiteren Kostenarten, nur ein Bestandteil der Herstellkosten. Aus diesem Grund basiert die Bezugsgröße auf den Rüstkosten und nicht auf den Herstellkosten.

4.2 Konzeption der Modularisierungs-Balanced-Scorecard

Unter diesen Rahmenbedingungen ist die Kennzahl insgesamt folgendermaßen zu interpretieren: je größer der Kennzahlenwert, desto stärker sind hohe Rüstaufwendungen auf standardisierte Produktionsprozesse am Beginn der Montagelinie verlagert und desto produktiver ist der Produktionsprozess gestaltet.[289]

Für die Perspektive Produktion führt die Zuordnung der Kennzahlen zu den Modularisierungszielen zu dem in Tabelle 8 aufgeführten Zwischenergebnis der M-BSC.

Perspektive Produktion		
Ziel	Kennzahl	Interpretation
Flexibilität	Manufacturing-Platform-Efficiency (MPE) MPE ≤ 1 (Ziel: Max.)	Die Kennzahl bewertet die modulare Produktfamilie hinsichtlich ihrer produktionsseitigen Flexibilität bei der Integration abgeleiteter Varianten. Dabei werden die durchschnittlichen produktionsseitigen Investitionen zur Integration einer abgeleiteten Variante zu denen der Basisvariante ins Verhältnis gesetzt. Je größer der Kennzahlenwert, desto flexibler ist die modulare Produktfamilie gestaltet, da Varianten mit relativ geringem Aufwand in die Produktion integriert werden können.
	Variant-Flexibility (VF) 0 ≤ VF ≤1 (Ziel: Max.)	Die Kennzahl setzt die tatsächlich angebotene Variantenvielfalt ins Verhältnis zur Variantenvielfalt bei freier Kombinationsmöglichkeit und gibt dadurch Auskunft über die Flexibilität eines modularen Konzeptes. Je größer die Kennzahl, desto flexibler können die Module kombiniert werden und desto mehr Varianten kann der Kunde (bei gegebener Modulanzahl) auswählen.
An-/ Durchlaufzeit	Lead-Time-Potential (LP) LP > 0 (Ziel: Min.)	Über die Zeiten für die Modulvormontage, die Modultests und die Modulendmontage verdeutlicht die Kennzahl ein theoretisches Durchlaufzeitenpotential unter Vernachlässigung von Leerzeiten. Je kleiner der Kennzahlenwert, desto größer ist das Potential, die Durchlaufzeit durch die Vormontage von Modulen und die Parallelisierung von Arbeitsabläufen zu reduzieren.
	Interface-Efficiency (IE) 0 ≤ IE≤1 (Ziel: Max.)	Die Kennzahl verdeutlicht die Schnittstellenkomplexität der Module untereinander. Dabei wird bewertet, inwiefern eines der idealen Schnittstellenkonzepte "Base-Modul-Assembly" bzw. "Hamburger-Assembly" realisiert wurde. Je größer der Kennzahlenwert, desto geringer ist die Schnittstellenkomplexität und desto geringer ist der Zeitbedarf im Produktionsprozess.
Qualität	Quality-Index (QI) 0 ≤ QI ≤1 (Ziel: Max.)	Die Kennzahl gibt Auskunft über die Wahrscheinlichkeit einer fehlerfreien Produktion. Berücksichtigt werden dabei die Fehlerwahrscheinlichkeiten bei den Modulendmontagetätigkeiten sowie innerhalb der Module selbst. Je größer der Kennzahlenwert, desto größer ist die Wahrscheinlichkeit einer fehlerfreien Produktion.
Produktivität	Differentiation-Point-Index (DI) 0 ≤DI ≤1 (Ziel: Max.)	Die Kennzahl verdeutlicht den tendenziellen Differenzierungszeitpunkt in der Endmontagelinie. Dafür wird auf Basis der Modulendmontagereihenfolge untersucht, inwiefern variantenreiche Module am Ende der Endmontagelinie montiert werden. Je größer der Kennzahlenwert, desto später erfolgt die Differenzierung und desto produktiver ist der Produktionsprozess durch Nutzung von standardisierten Abläufen gestaltet.
	Setup-Cost-Index (SI) 0 ≤SI ≤1 (Ziel: Max.)	Die Kennzahl bewertet, inwiefern durch die Verlagerung der Endmontage von Modulen mit hohen Rüstaufwendungen an den Beginn der Endmontagelinie (relativ geringe Variantenvielfalt) der Modulmontageprozess optimiert wurde. Je größer der Kennzahlenwert, desto zielgerichteter wurden Module mit hohen Rüstaufwendungen an den Beginn der Endmontagelinie verlagert und desto produktiver ist der Produktionsprozess gestaltet.

Tabelle 8 : Zuordnung von Kennzahlen zu den Zielen der Perspektive Produktion

---

[289] Sofern bei der Montage von unterschiedlichen Varianten eines Moduls nicht die gleichen Rüstkosten anfallen, sollten Durchschnittswerte verwendet werden.

4.2.5.4 Perspektive Marketing/Vertrieb

External-Variety

Die Flexibilität eines Modulbaukastens aus Sicht der Produktion wird im Konzept der M-BSC über die Kennzahl „Variant-Flexibility" bewertet. Dabei wird die tatsächlich extern angebotene Variantenvielfalt ins Verhältnis zur theoretisch möglichen Variantenvielfalt bei uneingeschränkter Kombinationsmöglichkeit der Module gesetzt (vgl. Kapitel 4.2.5.3). Für die Perspektive Marketing/Vertrieb konzentriert sich in diesem Zusammenhang das Interesse auf den Aspekt der extern angebotenen Variantenvielfalt als Indikator für das Zwischenziel „Bedürfnisbefriedigung". Infolgedessen wird der Teil der Kennzahl „Variant-Flexibility" aufgegriffen, der diese externe Varianz widerspiegelt. Die entsprechende Kennzahl wird als „External-Variety" bezeichnet. Je größer der Kennzahlenwert, desto umfangreicher und folglich kundenindividueller ist das Angebot gestaltet und desto höher ist der Zielerreichungsgrad „Bedürfnisbefriedigung".

Nach ROSENBERG kann die Anzahl angebotener Produktvarianten durch eine Klassifizierung der Produktbestandteile in Muss- und Kann-Varianten ermittelt werden (vgl. Abbildung 51).[290] Muss-Varianten unterscheiden sich in mindestens einem Merkmal, sind aber verpflichtend an das Produkt gebunden (sog. obligatorisches Merkmal), d.h. sie „müssen" im Produkt zwingend vorhanden sein. Dagegen weichen Kann-Varianten in einem oder mehreren optionalen Merkmalen voneinander ab und „können" frei gewählt werden.

ROSENBERGS Berechnung der Variantenvielfalt basiert auf der Annahme, dass die Produktbestandteile untereinander frei kombinierbar sind. Dies trifft in der Realität in der Regel nicht zu, weshalb die Kennzahl um die Anzahl der Kombinationsverbote zwischen den Modulen zu reduzieren ist. Im Kontext der M-BSC entspricht der aus dieser Adaption resultierende Kennzahlenwert der Anzahl der Ausstattungsvarianten, die den letzten Prozessschritt verlassen ($x^a_{p=P}$). Für die entsprechende abgeleitete Kennzahl „External-Variety" ergibt sich somit folgende Form:

---

[290] Siehe dazu Rosenberg, O. (1996); siehe auch Kapitel 2.2.3.

4.2 Konzeption der Modularisierungs-Balanced-Scorecard

$$\text{External - Variety (EV)} = \left(\prod_m x_m^{mv,muss} \cdot \prod_m (x_m^{mv,kann} + 1) \right) - KV = x_{p=P}^a, \quad EV > 0$$

mit:
- $x_m^{mv,muss}$ = Anzahl der obligatorischen Modulvarianten des Moduls m=1,...,M,
- $x_m^{mv,kann}$ = Anzahl der optionalen Modulvarianten des Moduls m=1,...,M,
- KV = Kombinationsverbote zwischen den Modulen und
- $x_{p=P}^a$ = Anzahl der Ausstattungsvarianten, die den letzten Prozessschritt verlassen.

m	x_m	Mussvarianten
1	7	Motoren
2	3	Getriebe
3	2	Bremsanlage
4	2	Karosserievarianten
5	2	Fahrwerke
6	15	Außenfarben
7	8	Sitzbezüge
8	2	Verglasungen
9	2	Fensterheber

k	y_k	Kannvarianten
1	1	Frontspoiler
2	1	Heckspoiler
3	1	Nebelscheinwerfer
4	1	Drehzahlmesser
5	1	Multifunktionsanzeige
6	3	Radios
7	2	Rechte Außenspiegel
8	2	Schiebedächer
9	1	Zentralverriegelung
10	1	Zierstreifen
11	2	Antennen
12	1	Klimaanlage
13	1	Sitzheizung
14	1	Airbag

$$MV = \prod_{m=1}^{9} x_m = 80.640 \qquad KV = \prod_{k=1}^{14} (y_k + 1) = 110.592$$

$$PV = MV \cdot KV = \prod_{m=1}^{9} x_m \cdot \prod_{k=1}^{14} (y_k + 1)$$

$$PV = 80.640 \cdot 110.592$$

$$PV = \underline{8.918.138.880}$$

Legende:
- x_m = Anzahl der Ausprägungen eines obligatorischen Merkmals m
- y_k = Anzahl der Ausprägungen des optionalen Merkmals k
- M = Anzahl der obligatorischen Merkmale
- K = Anzahl der optionalen Merkmale
- MV = Anzahl der Mussvarianten
- KV = Anzahl der Kannvarianten
- PV = Anzahl der Produktvarianten

Abbildung 51: Produktvarianten eines Pkw der Mittelklasse[291]

Ein alternatives Vorgehen zur Ermittlung der externen Varianz, unter Berücksichtigung der Kombinationsverbote, stellt die vollständige Enumeration dar. Bei der praktischen Umsetzung hat es sich als hilfreich erwiesen, zunächst mittels einer Kombinationsmatrix sämtliche Kombinationsverbote zwischen den Modulen zu erfassen. Darauf aufbauend lässt sich ein EDV-gestützter Algorithmus generieren, aus dem sämtliche Kombinationsmöglichkeiten hervorgehen. Anwendungen dieses Verfahrens haben gezeigt, dass eine vollständige Enumeration für ca. 30 Module mit je drei bis fünf Modulausprägungen in vertretbarem Rechen- bzw. Zeitaufwand durchgeführt werden kann. Um dabei die Anzahl der einzubeziehenden Module zu reduzieren, können diejenigen Module separat gemäß der Ausgangsformel nach ROSENBERG betrachtet werden, die stets unabhängig von anderen Modulen wählbar sind und keinen Kombinationsverboten unterliegen.

---

[291] Rosenberg, O. (1996), Sp. 2120.

Cycle-Time-Efficiency

Die Kennzahl „Cycle-Time-Efficiency" wird von MEYER und LEHNERD zur Bewertung der „Time-to-Market"-Effekte einer modularen Produktfamilie verwendet. Dabei werden die F&E-Zeiten der abgeleiteten Fahrzeugvarianten ins Verhältnis zur F&E-Zeit der Basisvariante gesetzt (vgl. Kapitel 3.2.2.5). Eine zeiteffiziente Produktentwicklung ist dadurch gekennzeichnet, dass Produktvarianten, basierend auf einer technisch ausgereiften Basisvariante, in relativ kurzer Zeit generiert werden können. Somit wird die Kennzahl im Konzept der M-BSC dem Zwischenziel „Zeit" in der Perspektive Marketing/Vertrieb zugeordnet.[292] Die Anpassungen der Ausgangskennzahl führen im Konzept der M-BSC zu folgender Formel:

$$\text{Cycle-Time-Efficiency}(CEC) = 1 - \frac{\sum_{v=2}^{V} t_v^{FE}}{(V-1) \cdot t_{v=1}^{FE}}, \quad CEC \leq 1$$

mit: t_v^{FE} = F&E-Zeit für die Produktvariante v=2,...,V,
V = gesamte Anzahl der Produktvarianten und
$t_{v=1}^{FE}$ = F&E-Zeit für die Basisvariante v=1.

Die Anpassungen sind vergleichbar mit denen der Kennzahlen „Engineering-" bzw. „Manufacturing-Platform-Efficiency" (vgl. Kapitel 4.2.5.2 und 4.2.5.3). Indem die durchschnittliche F&E-Zeit einer Produktvariante ermittelt und ins Verhältnis zur F&E-Zeit der Basisvariante gesetzt wird, würde die Zeiteffizienz umso höher sein, je kleiner der Kennzahlenwert wäre. Um der Anforderung der Zielwertmaximierung gerecht zu werden, erfolgt daher eine Subtraktion von Eins. Auch hier kann die Kennzahl theoretisch einen negativen Wert annehmen, wenn die durchschnittliche F&E-Zeit der abgeleiteten Varianten größer ist als die der Basisvariante. Wie die Zielanalyse diverser Fahrzeughersteller im Kapitel 4.2.3 zeigt, wird Modularisierung nicht zuletzt betrieben, um ausgehend von einer Basisvariante in kurzer Zeit neue Produktvarianten abzuleiten. Daher ist davon auszugehen, dass dieser theoretisch mögliche Fall in der Praxis nur in Ausnahmefällen eintreten wird. Für die Interpretation der Kennzahl bleibt festzuhalten: je größer der Kennzahlenwert, desto zeiteffizienter können aus der Basisvariante Fahrzeugvarianten generiert werden.

---

[292] Prinzipiell kann die Kennzahl auch als Indikator für das Zwischenziel „Zeit" in der Perspektive Entwicklung eingesetzt werden. Primär wird die Zielsetzung einer Entwicklungszeitverkürzung jedoch durch den Bereich Marketing/Vertrieb angestoßen, um durch eine kürzere Reaktionszeit neue Trends und Kundenwünsche schneller befriedigen zu können.

Variant-Differentiation und Sales-Market-Separation

Im Spannungsfeld zwischen kundenorientierter Differenzierung und kostenorientierter Standardisierung gilt es insbesondere aus Marketing- und Vertriebssicht einen Kompromiss zu finden. Im Konzept der M-BSC steht in diesem Zusammenhang das Zwischenziel „Differenzierung sicherstellen" im Fokus. Zur Bewertung dieses Zwischenziels werden die methodischen Ansätze zur Ähnlichkeitsermittlung von MAIER aufgegriffen (vgl. Kapitel 3.2.1.2). MAIER ermittelt den Ähnlichkeitsgrad zwischen zwei Produktvarianten aus dem arithmetischen Mittel des Ähnlichkeitsgrades der Aufbauelemente und des Ähnlichkeitsgrades der Aufbauordnungen.

Um zu berücksichtigen, dass auf die Differenzierung von Produktvarianten insbesondere dann abzuzielen ist, wenn die Varianten auf identischen Märkten vertrieben werden, wird zusätzlich die Separierung der Absatzmärkte betrachtet.[293] Diese Absatzmarktseparierung gibt an, inwiefern zwei Produktvarianten auf identischen Märkten bzw. in unterschiedlichen Absatzregionen vertrieben werden.

Die Gegenüberstellung der Indikatoren für die Ähnlichkeit der Produktvarianten (sog. „Variant-Differentiation") und für die Absatzmarktseparierung (sog. „Sales-Market-Separation") in einem Portfolio ermöglicht die Identifikation von Handlungsempfehlungen hinsichtlich der Differenzierung innerhalb der modularen Produktfamilie (vgl. Abbildung 52). Durch die Aufteilung des Koordinatensystems in vier Quadranten, ergeben sich beim paarweisen Vergleich der Produktvarianten vier zu interpretierende Segmente: Sofern ähnliche Produkte mit geringer Differenzierung auf voneinander separierten Märkten angeboten werden (Segment IV), ist die Differenzierung der Produkte nicht gefährdet. Bei dieser Konstellation nehmen die jeweiligen Marktteilnehmer unabhängig vom Produktangebot der anderen Absatzmärkte das für sie wählbare Produkt wahr. Aus diesem Grund können Synergiepotentiale durch den Austausch von Komponenten und Modulen zu Lasten der Differenzierung genutzt werden. Unter

---

[293] Als Beispiel für diese Zusammenhänge können die Fahrzeuge Mercedes-Benz Sprinter und Dodge Sprinter herangezogen werden. Die nach dem Prinzip des Badge-Engineerings konzipierten Fahrzeuge unterscheiden sich im Wesentlichen durch unterschiedliche Markenembleme. Da sich der Vertrieb des Dodge Sprinters auf den nordamerikanischen Markt und des Mercedes-Benz Sprinters auf den europäischen Markt konzentriert, kann durch die Separierung der Märkte die Problematik einer nur geringen Differenzierung aufgehoben werden.

Differenzierungsaspekten ist es ebenso unkritisch, wenn Produkte auf nahezu identischen Absatzmärkten vertrieben werden, sich die Produktvarianten jedoch deutlich voneinander unterscheiden (Segment I).

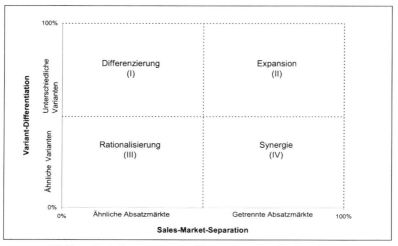

Abbildung 52: Differenzierungsportfolio zur Bewertung des Zwischenziels „Differenzierung sicherstellen"

Eine Positionierung im zweiten Segment deutet darauf hin, dass sich die Produkte voneinander unterscheiden und zugleich auf unterschiedlichen Absatzmärkten angeboten werden. In diesem Fall besteht die Möglichkeit zur Expansion, indem die Varianten über die Grenzen der bisherigen Absatzmärkte hinweg auch auf den gleichen Absatzmärkten vertrieben werden. Dadurch können weitere Umsatz- bzw. Gewinnpotentiale erschlossen werden.

Als kritisch ist die Differenzierung zweier Produktvarianten zu betrachten, wenn ähnliche Produktvarianten auf nahezu identischen Märkten angeboten werden (Segment III). In diesem Fall besteht das Risiko einer negativen Kannibalisierung, bei der sich die Kunden zunehmend für die günstigere Produktvariante entscheiden und dem Unternehmen Gewinneinbußen drohen. Bei einer markenübergreifenden Modularisierung besteht zudem die Gefahr der Markenerosion, insbesondere wenn bei geringer Marktseparierung ein hoher Informationsaustausch zwischen den Absatzmärkten stattfindet. In diesem Fall wird die Wiederverwendung von Produktkomponenten besonders transparent und unter den Marktteilnehmern kommuniziert. Als Handlungsempfehlung ergibt sich für das Segment die Rationalisierung im Sinne einer Sortiments- bzw. Marktbereinigung. D.h. eines der beiden Produkte ist komplett aus dem Angebot zu nehmen oder die Märkte sind selektiv mit einem der Produkte zu bedienen. Dabei kann der Vergleich des Stückgewinns für die Fahrzeugvarianten entscheidungsunterstützend herangezogen werden.

Festzuhalten bleibt für das Zwischenziel „Differenzierung sicherstellen", dass die Zielerreichung in den Segmenten eins bis drei als unkritisch zu betrachten ist, während das Segment vier auf eine als kritisch zu betrachtende Differenzierungsstrategie hinweist.

Für die Erstellung des Portfolios ist eine Quantifizierung der Werte auf den Portfolioachsen notwendig. Bei der Ermittlung der Kennzahl „Variant-Differentiation" ist im Anwendungsfall abzuwägen, inwiefern eine Bewertung nach dem analytischen Vorgehen von MAIER aufgrund des relativ hohen Ermittlungsaufwandes umsetzbar ist. Weniger aufwendig ist die Ermittlung der subjektiven Ähnlichkeit der Produktvarianten auf Basis von Expertenschätzungen. Außerdem kann die Ähnlichkeit näherungsweise durch die identischen Flächenanteile der Gleichteile zur Gesamtfläche bestimmt werden. Diese Informationen können über CAD-Zeichnungen und „Digital-Mockups" softwareunterstützt ermittelt werden. Durch die zusätzliche Gewichtung mit den Betrachtungshäufigkeiten der Fahrzeugansichten kann die Ähnlichkeit der Produkte relativ gut abgeschätzt werden, wie bereits WILHELM feststellte.[294]

Neben den rein visuellen Differenzierungsmerkmalen können bei der Bewertung der Ähnlichkeit zweier Produkte weitere Aspekte herangezogen werden.[295] Dabei kann auf die Vorgehensweise bei sog. „Diffusionsmodellen" zurückgegriffen werden.[296] Bei dieser Art von Modellen wird das Ziel verfolgt, Absatzzahlen von Produkten, z.B. unter Berücksichtigung von Substitutionseffekten, zu prognostizieren. Dabei erfolgt eine Bewertung der Analogie zwischen Produkten bzw. Märkten insbesondere unter Berücksichtigung von Innovationen und Marketingaspekten.[297] Besonders im Automo-

---

[294] Vgl. Wilhelm, B. (2001), S. 41. WILHELM erläutert, dass gerade bei Personenkraftwagen im Straßenverkehr die Perspektive von hinten und schräg hinten dominiert, wohingegen in der Werbung die frontale Ansicht überwiegt.
[295] Siehe diesbezüglich z.B. Neff, T. / Junge, M. / Köber, F. / Virt, W. / Hertel, G. (2001), S. 385ff.
[296] Das Grundmodell zu dieser betriebswirtschaftlichen Forschungsrichtung veröffentlichte BASS (vgl. Bass, F.M. (1969)). Ein Überblick über die daraus abgeleiteten Ansätze der Diffusionstheorie ist zu finden bei Mahajan, V. / Muller, E. / Bass, F.M. (1990) und Parker, P. (1994).
[297] Vgl. Thomas, R.J. (1985), S. 48.

bilmarkt verbreiten sich technische Innovationen meist von oben nach unten, d.h. von der Luxusklasse bis hin zur Mittelklasse oder sogar zum Kleinstwagen.[298] Die gezielte Umsetzung einer Innovationsstrategie kann in diesem Zusammenhang zur Differenzierung von Produktvarianten genutzt werden. Zudem können marketingpolitische Aktionen, wie z.B. Werbekampagnen, die Unterscheidung der Produktvarianten verstärken.

In der Kennzahlenstruktur der M-BSC wird der Ähnlichkeitsgrad der Varianten in Anlehnung an MAIER über die Ähnlichkeit der Aufbauelemente und der Aufbauordnungen bestimmt. Um zu berücksichtigen, dass ein hoher Kennzahlenwert auf eine positive Zielerreichung, d.h. auf eine hohe Differenzierung hinweist, wird die Kennzahl als „Variant-Differentiation" bezeichnet und lässt sich formal folgendermaßen darstellen:

$$\text{Variant - Differentiation (VD)} = 1 - \left(\frac{\ddot{A}^O + \ddot{A}^E}{2}\right), \quad 0 \leq VD \leq 1$$

mit: $\ddot{A}^O$ = Ähnlichkeit der Aufbau*ordnungen* resultierend aus dem Paarvergleich der betrachteten Varianten und

$\ddot{A}^E$ = Ähnlichkeit der Aufbau*elemente* resultierend aus dem Paarvergleich der betrachteten Varianten.

Der Kennzahlenwert ergibt sich aus der Subtraktion des Mittelwertes der Ähnlichkeit sichtbarer Aufbauelemente ($0 \leq \ddot{A}^E \leq 1$) und der Ähnlichkeit der Aufbauordnungen ($0 \leq \ddot{A}^O \leq 1$) von Eins. Während unter den Aufbauelementen die sichtbaren Bauteile eines Produktes zu verstehen sind, bezeichnet die Aufbauordnung Aspekte wie Formen, Proportionen und Symmetrien (vgl. Kapitel 3.2.1.2). Auf eine Aggregation der Ergebnisse aus dem Paarvergleich der Varianten wird verzichtet, da eine sinnvolle Ergebnisinterpretation auf Basis des Differenzierungsportfolios lediglich für einzelne Variantenpaare erfolgen kann.[299]

Zur Quantifizierung der Absatzmarktüberschneidung zweier Produktvarianten bietet es sich an, die anvisierten Absatzmärkte hinsichtlich der erwarteten Absatzzahlen der Varianten zu untersuchen. Über der Relation zwischen den Absatzzahlen zweier Varianten in dem entsprechenden Absatzmarkt lässt sich feststellen, inwiefern sich die Ab-

---

[298] Vgl. Diez, W. (1988), S. 20f.
[299] Die Anzahl der zu betrachteten Variantenpaare ergibt sich über den entsprechenden Binomialkoeffzienten „V über zwei".

satzmärkte der Varianten unterscheiden.[300] Sofern nahezu identische Stückzahlen in dem betrachteten Absatzmarkt vertrieben werden, entspricht dies einer starken Überschneidung des Variantenangebotes in diesem Markt. Relativ große Abweichungen zwischen den Absatzzahlen zweier Varianten deuten auf eine geringe Überschneidung hin. Das im Folgenden aufgeführte Beispiel dient der Verdeutlichung dieser Zusammenhänge (vgl. Tabelle 9).

		r=1	r=2	r=3	r=4	r=5	Gesamt
MA_r	Summe	55.000	400.000	20.000	90.000	105.000	670.000
	in %	8%	60%	3%	13%	16%	100%
MA_r^{v1}	v=1	50.000	200.000	10.000	50.000	60.000	370.000
	in %	90,9%	50,0%	50,0%	55,6%	57,1%	
MA_r^{v2}	v=2	5.000	200.000	10.000	40.000	45.000	300.000
	in %	9,1%	50,0%	50,0%	44,4%	42,9%	
$|MA_r^{v1} - MA_r^{v2}|$	Absolute Differenz	81,8%	0,0%	0,0%	11,1%	14,3%	
$MA_r \cdot |MA_r^{v1} - MA_r^{v2}|$	Sales-Market-Separation	6,7%	0,0%	0,0%	1,5%	2,2%	10,4%

Tabelle 9: Exemplarische Ermittlung der Kennzahl Sales-Market-Separation

Im Beispiel werden die geplanten Absatzzahlen von zwei Produktvarianten (v=1,2) für jede Absatzregion (r=1,...,5) aufgeführt. Die Betrachtung der prozentualen Absatzzahldifferenz zwischen den zwei Produktvarianten gibt einen Hinweis, wie stark die Überschneidung des Variantenangebotes in der entsprechenden Region ist. Bei einer Differenz von null Prozent, wie im Beispiel bei den Absatzregionen zwei und drei, sind die Absatzzahlen der zwei Varianten in der Absatzregion identisch. D.h. die Varianten werden nicht auf unterschiedlichen, sondern identischen Absatzmärkten vertrieben, was einer geringen Marktseparierung entspricht. Dagegen überwiegt z.B. der Absatz der ersten Produktvariante in der Absatzregion eins eindeutig, woraus sich Hinweise auf einen verhältnismäßig separierten Vertrieb nur einer Produktvariante in dieser Region ergeben.

Zusätzlich ist zu berücksichtigen, dass die absoluten Differenzwerte bei Absatzmärkten mit relativ hohem Volumen stärker in das Ergebnis einfließen sollten als Märkte mit geringerem Absatzvolumen. Daher erfolgt eine Gewichtung der absoluten prozentualen Absatzzahldifferenz mit dem Absatzanteil der entsprechenden Absatzregion am Gesamtvolumen.

---

[300] Dieses Vorgehen, auf Basis nur einer Dimension, den regionalen Absatzzahlen, die Absatzmarktüberlappung zu bestimmen, ist als erster methodischer Schritt zu verstehen. In detaillierten Untersuchungen wären zusätzliche Dimensionen, wie z.B. Einkommen, Demographie, etc., als Marktsegmentierungskriterien zu berücksichtigen.

Formal können die gezeigten Zusammenhänge zur Ermittlung der Kennzahl „Sales-Market-Separation" wie folgt beschrieben werden:

$$\text{Sales-Market-Separation (SMS)} = \sum_r MA_r \cdot \left| MA_r^{v_1} - MA_r^{v_2} \right|, \quad 0 \leq SMS \leq 1$$

mit: MA_r = Marktanteil der Absatzregion r=1,...,R am Gesamtmarktvolumen der paarweise betrachteten Varianten v_1 und v_2,

$MA_r^{v_1}$ = Marktanteil der im Paarvergleich betrachteten Produktvariante 1 am Marktvolumen der Absatzregion r=1,...,R und

$MA_r^{v_2}$ = Marktanteil der im Paarvergleich betrachteten Produktvariante 2 am Marktvolumen der Absatzregion r=1,...,R.

Für die Perspektive Marketing/Vertrieb resultiert aus der Zuordnung der Kennzahlen zu den Zwischenzielen der M-BSC das in Tabelle 10 dargestellte Zwischenergebnis.

Perspektive Marketing/Vertrieb		
Ziel	Kennzahl	Interpretation
Bedürfnisbefriedigung	External-Variety (EV) EV > 0 (Ziel: Max.)	Die Kennzahl verdeutlicht die für den Kunden verfügbare Variantenvielfalt, die aus dem Modulbaukasten generiert werden kann. Je größer der Kennzahlenwert, aus desto mehr Varianten kann der Kunde sein individuelles Fahrzeug auswählen und umso größer ist insgesamt der Grad der Kundenbedürfnisbefriedigung.
Time-to-Market	Cycle-Time-Efficiency (CEC) CEC ≤ 1 (Ziel: Max.)	Die Kennzahl ist ein Indikator für die Zeiteffizienz, mit der aus einer Basisvariante weitere Varianten abgeleitet werden können. Dementsprechend wird die durchschnittliche F&E-Zeit der abgeleiteten Varianten ins Verhältnis zu der F&E-Zeit der Basisvariante gesetzt. Je größer der Kennzahlenwert, desto zeiteffizienter ist die modulare Produktfamilie hinsichtlich der Generierung von Varianten gestaltet.
Differenzierung	Variant-Differentiation (VD) 0 ≤ VD ≤ 1 (Ziel: Max.)	Die Kennzahl zeigt die objektive Unterscheidbarkeit zweier Produktvarianten auf, indem die Unterscheidbarkeit der Aufbauordnungen und der Aufbauelemente arithmetisch verknüpft werden. Je größer der Kennzahlenwert, desto unterschiedlicher werden die Varianten aus Kundensicht wahrgenommen. Eine vollständige Ergebnisinterpretation erfolgt auf Basis des Differenzierungsportfolios durch Gegenüberstellung mit der Kennzahl Sales-Market-Separation.
	Sales-Market-Separation (SMS) 0 ≤ SMS ≤ 1 (Ziel: Max.)	Die Kennzahl stellt dar, inwiefern die paarweise betrachteten Produktvarianten auf unterschiedlichen bzw. identischen Märkten vertrieben werden (sog. Marktseparierung). Ein geringer Kennzahlenwert verdeutlicht eine hohe Absatzmarktüberschneidung (geringe Marktseparierung), d.h. die zwei betrachteten Produktvarianten werden in nahezu identischen Absatzmärkten vertrieben. In Kombination mit einer entsprechenden Differenzierung der Produktvarianten (vgl. Kennzahl „Variant-Differentiation") können Handlungsempfehlungen über das Differenzierungsportfolio abgeleitet werden.

Tabelle 10 : Zuordnung von Kennzahlen zu den Zielen der Perspektive Marketing/Vertrieb

4.2.5.5 Perspektive Finanzwirtschaft

Net-Present-Value

Eine der primären Entscheidungsgrößen für ein Investitionsvorhaben ist in Theorie und Praxis der Net-Present-Value einer Investition. Ein Nachteil dieser Kennzahl ist, dass die Zahlungsströme des Investitionsvorhabens, insbesondere in der Konzeptphase der Entwicklung, nur unter großer Unsicherheit prognostiziert werden können. Zudem beschränkt sich die Vorteilhaftigkeitsbewertung des Gesamtkonzeptes auf eine aggregierte Kennzahl, wodurch Stärken und Schwächen einer modularen Produktfamilie nicht im Detail transparent werden. Zur Bewertung des Oberziels „Rendite" wird die Kennzahl im Konzept der M-BSC aufgrund ihrer Relevanz in Theorie und Praxis dennoch aufgegriffen. Je größer der Net-Present-Value, desto höher ist die Rendite eines Investitionsprojektes.[301] Zu berücksichtigen ist jedoch, dass die Rendite in den Ursache-Wirkungsketten der M-BSC lediglich ein reaktives Oberziel darstellt. Erst der Einsatz weiterer Kennzahlen zur Bewertung der untergeordneten Zwischenziele ermöglicht eine Plausibilisierung des prognostizierten Net-Present-Values im Ursache-Wirkungsgeflecht.

Die Ermittlung des Net-Present-Values eines Investitionsvorhabens kann sehr detailliert erfolgen, indem sämtliche Bestimmungsfaktoren, wie z.B. Steuern, Vermögensrestwerte, etc., in die Kennzahl einfließen. Vor dem Hintergrund der hier verfolgten Zielsetzung, ein ganzheitliches Planungs- und Steuerungsinstrument für modulare Produktfamilien zu konzipieren, erfolgt eine Fokussierung auf die elementaren Bestandteile der Kennzahl.[302] Daraus resultiert eine Ermittlung des Net-Present-Values auf Basis einer Diskontierung der Cash-Flows, wobei sich die rudimentären Berechnungsgrundlagen im Konzept der M-BSC wie folgt darstellen lassen:

---

[301] Vgl. Schmidt, R.H. / Terberger, E. (1997), S. 147.
[302] Für eine detailliertere Darstellung der Kennzahlenberechnung, speziell für modulare Produktfamilien, vgl. z.B. Kidd, S. (1998); Wilhelm, B. (2001).

$$\text{Net-Present-Value (NPV)} = \sum_{t=0}^{T} \frac{CF_t}{(1+i)^t}, \quad NPV \in R$$

mit: CF_t = Netto-Cash-Flow der Periode t,
 i = Kalkulationszinssatz (Kapitalkostensatz) und
 T = gesamte Laufzeit der modularen Fahrzeugfamilie.

Die Diskontierung der Netto-Cash-Flows, die aus den periodischen Differenzen von Ein- und Auszahlungen resultieren, ermöglicht die Bewertung der absoluten Vorteilhaftigkeit der Investition. Sofern das Ergebnis einen positiven Wert annimmt, spiegelt dies einen Reinvermögenszuwachs zum Investitionszeitpunkt (t=0) nach Abzug der Kapitalkosten wider. Als Kalkulationszinssatz wird im Rahmen der wertorientierten Unternehmensführung der Kapitalkostensatz herangezogen, der auf den langfristigen Kapitalkosten des Unternehmens beruht. Dieser Kapitalkostensatz wird in der Regel auf Basis der Kapitalkosten des Eigenkapitals und denen des Fremdkapitals ermittelt, wobei eine Gewichtung mit den Anteilen des Eigen- bzw. Fremdkapitals am gesamten Unternehmenswert erfolgt (sog. Entity-Ansatz). Vor diesem Hintergrund wird ein Mehrwert für die Anteilseigner geschaffen, wenn der interne Zinssatz, d.h. die Rendite der Investition, die Kapitalkosten übersteigt.

Neben der Kennzahl Net-Present-Value eignen sich weitere Kennzahlen aus der Investitionsrechnung als Indikator für Rendite (z.B. Return on Investment).[303] Aufgrund der genannten Fokussierung auf spezielle Kennzahlen zur Bewertung modularer Produktfamilien wird im Weiteren auf die klassische Investitionsrechnung nicht näher eingegangen. Vielmehr erfolgt eine Analyse, inwiefern vor dem Hintergrund der Modularisierung und des Variantenmanagements diskutierte Kennzahlen in einen ganzheitlichen Planungs- und Steuerungsansatz integriert werden können.

---

[303] Für eine ausführliche Darstellung dieser Methoden vgl. z.B.: Ewert, R. / Wagenhofer, A. (2000), S. 542 ff.

Price-Cost-Ratio

Das durchschnittliche Verhältnis des Umsatzes zu den Kosten eines Produktes wird von MEYER und LEHNERD herangezogen, um die Profitabilität der Varianten einer modularen Produktfamilie zu bewerten. Je größer der Umsatz im Verhältnis zu den Kosten im Durchschnitt ist, desto profitabler stellt sich die modulare Produktfamilie dar (vgl. Kapitel 3.2.2.5).

Da die funktionalen Inhalte eines Produktes während des Produktentstehungsprozesses häufig variieren (z.B. wegen veränderter Marktanforderungen), unterliegt die entsprechende Ist-Kostenerwartung Schwankungen. Vor diesem Hintergrund kann die Situation eintreten, dass das ursprüngliche Kostenziel aufgrund zusätzlicher funktionaler Inhalte überschritten wird. Eine derartige Zielkostenüberschreitung kann allerdings das Oberziel Rendite positiv beeinflussen, solange den zusätzlichen Kosten entsprechende Umsatzerwartungen gegenüberstehen. Um im Konzept der M-BSC eine Kennzahl bereitzustellen, die diese Zusammenhänge prägnant widerspiegelt, wird die Kennzahl Price-Cost-Ratio als Indikator für das Zwischenziel Kosten herangezogen. Diese nimmt folgende Form an:

$$\text{Price-Cost-Ratio (PCR)} = \frac{1}{V} \sum_v \frac{p_v}{k_v^{SK}}, \quad PCR \geq 0$$

mit: k_v^{SK} = Selbstkosten für die Produktvariante v=1,...,V,

p_v = Absatzpreis für die Produktvariante v=1,...,V und

V = gesamte Anzahl der Produktvarianten.

Änderungen zur Ausgangskennzahl ergeben sich insbesondere, weil die Zielwertrichtung an die der M-BSC-Kennzahlenstruktur anzupassen ist. Bei einer Kehrwertbildung der originären Kennzahl weisen hohe Kennzahlenwerte auf eine positive Zwischenzielerreichung hin. Darüber hinaus verwenden MEYER und LEHNERD für die Kosten einer Produktvariante die Herstellkosten (Costs of Goods), während hier die Selbstkosten herangezogen werden. Dadurch wird sichergestellt, dass den Umsätzen die Gesamtkosten und nicht nur eingeschränkte Kostenumfänge gegenübergestellt werden.

Der Kennzahlenwert kann als „durchschnittlicher Umsatz pro Selbstkosten-Geldeinheit" einer modularen Fahrzeugfamilie interpretiert werden. D.h. je größer der Kennzahlenwert ist, desto geringer sind die zur Umsatzgenerierung anfallenden Kosten.

Aufgrund dieser Interpretationsmöglichkeit ist eine Normierung der Kennzahl auf einen Wertebereich zwischen Null und Eins nicht zielführend.

Platform-Effectiveness

MEYER und LEHNERD verwenden die Kennzahl „Platform-Effectiveness" zur Bewertung der wirtschaftlichen Effektivität eines modularen Konzeptes, indem die Umsätze der Produktvarianten einer modularen Produktfamilie ins Verhältnis zu den entsprechenden F&E-Kosten gesetzt werden. Je stärker die Umsätze überwiegen, desto weniger Entwicklungsressourcen sind zur Generierung des Umsatzes einzusetzen und desto effektiver ist die modulare Produktfamilie aus wirtschaftlicher Sicht gestaltet (vgl. Kapitel 3.2.2.5).

Die Kennzahl wird dem Zwischenziel „Kosten" zugeordnet. Vor dem Hintergrund, dass (Entwicklungs-)Kosten per Definition den bewerteten Verbrauch der (Entwicklungs-)Ressourcen darstellen, verdeutlicht die Kennzahl die Höhe dieses Ressourcenverbrauchs pro Umsatzeinheit. Die Anpassungen der Ausgangskennzahl an die Rahmenbedingungen der M-BSC führen zur folgenden formalen Darstellung:

$$\text{Platform - Effectiveness (PEV)} = \frac{\sum_v p_v \cdot X_v}{\sum_v K_v^{FE}}, \quad PEV \geq 0$$

mit: p_v = Absatzpreis für die Produktvariante v=1,...,V,

X_v = gesamte Absatzstückzahl der Produktvariante v=1,...,V und

K_v^{FE} = absolute F&E-Kosten bis Markteinführung für die Produktvariante v=1,...,V.

Bei der Kennzahlenermittlung ist zu berücksichtigen, dass den Umsätzen der Varianten, die sich auf den gesamten Lebenszyklus beziehen, die *absoluten* F&E-Kosten für die Varianten gegenüberzustellen sind und nicht nur die F&E-*Stück*kosten. Bei sinkenden F&E-Kosten pro Umsatzeinheit, d.h. bei Verbesserung des Zielerreichungsgrades „Kosten reduzieren", steigt der Kennzahlenwert. Dieser kann demzufolge als „durchschnittlicher Umsatz pro F&E-Geldeinheit" einer modularen Produktfamilie interpretiert werden. Wie bei der Kennzahl Price-Cost-Ratio wird daher auf eine Kennzahlennormierung auf den Wertebereich zwischen Null und Eins verzichtet.

Supplier-Production

Die Analysen zu den Ursache-Wirkungsbeziehungen der Modularisierung haben verdeutlicht, dass Modularisierung als „enabler" zur Fremdvergabe von Produktionsumfängen zu betrachten ist (vgl. Kapitel 4.2.3.5 bzw. 4.2.4.3). Für die Fahrzeughersteller ergibt sich durch die zunehmende Fremdvergabe von Produktionsumfängen die Möglichkeit, das anlagegebundene Kapital durch Übertragung der Kapitalbindung auf den Lieferanten zu reduzieren, woraus c.p. eine positive Wirkung auf die Rendite des Fahrzeugherstellers resultiert. Zudem besteht die Möglichkeit, insbesondere im Bereich Personalkosten, Faktorkostenvorteile des Lieferanten durch zunehmendes Outsourcing zu realisieren, wodurch sich zusätzliche Potentiale zur Renditeerhöhung ergeben. Aufgrund dieser Zusammenhänge entsteht die Notwendigkeit, den Wertschöpfungsanteil einer modularen Produktfamilie zu quantifizieren, um eine Bewertung des Zwischenziels „Wertschöpfungsanteil reduzieren" zu ermöglichen.

Im Allgemeinen wird bei der Betrachtung des Themenfeldes „make or buy" zwischen den Begriffen Leistungstiefe und Fertigungs- bzw. Entwicklungstiefe differenziert. Die Leistungstiefe, die auch als Wertschöpfungstiefe bezeichnet wird, erfasst die Anzahl der Leistungsstufen, die innerhalb des Unternehmens angesiedelt sind.[304] Unter Leistungsstufen sind dabei die einzelnen Phasen im Wertschöpfungsprozess eines Produktes zu verstehen und zwar von der Entwicklung über die Fertigung bis hin zum Vertrieb. Je mehr Leistungsstufen innerhalb des betrachteten Unternehmens angesiedelt sind, desto größer ist die Leistungstiefe.[305]

Die Fertigungstiefe beschränkt sich auf den eigentlichen Produktionsprozess und beschreibt, wie viele Produktionsschritte in der Fertigung und Montage innerhalb des betrachteten Unternehmens erfolgen.[306] Die Ermittlung der Fertigungstiefe anhand der Erfassung sämtlicher Produktionsschritte würde einen unverhältnismäßigen Ermittlungsaufwand bedeuten. Aus diesem Grund definiert beispielsweise ZÄPFEL die Fertigungstiefe als den Umfang der Wertschöpfung, den ein Unternehmen durch den Eigenanteil der Produktion im Verhältnis zur insgesamt erforderlichen Wertschöpfung

---

[304] Die synonyme Verwendung der Begriffe Leistungstiefe und Wertschöpfungstiefe geht beispielsweise aus der Gegenüberstellung der Begriffsverständnisse von PICOT, PORTER und FEMERLING hervor (vgl. Picot, A. (1991); Porter, M.E. (1999); Femerling, C. (1997)).
[305] Bei einer Erhöhung der Leistungstiefe wird auch von vertikaler Integration gesprochen. Die Integration von Aufgaben der Vertriebspartner wird als Vorwärtsintegration und die Integration von Lieferantenaufgaben als Rückwärtsintegration bezeichnet (vgl. Picot, A. (1991), S. 337).
[306] Vgl. Bohr, K. / Weiß, M. (1994), S. 341.

erbringt.[307] Sofern die Kostendimension, im Sinne von bewerteten, sachzielbezogenen, ordentlichen Verbräuchen von Gütern und Dienstleistungen, als Indikator für die Wertschöpfung herangezogen wird, lässt sich der Fertigungsanteil des Lieferanten über die Kennzahl „Supplier-Production" folgendermaßen abbilden:

$$\text{Supplier - Production (SP)} = \frac{\sum_v k_v^{MK}}{\sum_v k_v^{HK}}, \quad 0 \leq SP \leq 1$$

mit: k_v^{MK} = Materialkosten für fremdgefertigte Umfänge der Produktvariante v = 1,...,V und

k_v^{HK} = Herstellkosten für die Produktvariante v = 1,...,V.

Je größer der Kennzahlenwert ist, desto geringer ist die Fertigungstiefe der betrachteten modularen Produktfamilie. Der Kennzahl liegt ein traditionelles Kalkulationsschema für die Herstellkosten zu Grunde, bei dem die zwei Kostenarten Material- und Fertigungskosten beinhaltet sind (vgl. Kapitel 5.3.2). Die Einkaufspreise für die fremdgefertigten Modulumfänge werden dabei unter die Materialkosten subsumiert. Fallen bei der Endmontage des Moduls beim Endproduktwhersteller weitere Kosten an, sind diese den Fertigungskosten des Endproduktherstellers zuzuordnen.[308]

Analog zur Formulierung einer Kennzahl zur Beschreibung der Lieferanten-Wertschöpfung in der Produktion lässt sich eine Kennzahl definieren, die den Anteil der Lieferanten-Wertschöpfung in der Entwicklung beschreibt. Diese Kennzahl wurde bereits im Kapitel 4.2.5.2 unter der Bezeichnung „Supplier-Engineering" erläutert, um die Potentialnutzung einer Entwicklungszeitenreduktion durch die Reduktion der Entwicklungstiefe zu bewerten.

---

[307] Vgl. Zäpfel, G. (2000), S. 132.
[308] In der Regel werden drei Kategorien von Modulen existieren: Bei der ersten Modulkategorie wird das Modul komplett vormontiert zugekauft und eventuell sogar durch den Lieferanten endmontiert, weshalb der Kennzahlenwert sehr hoch sein wird. Zur zweiten Modulkategorie gehören die Module, die nahezu ausschließlich selbst gefertigt und endmontiert werden, woraus für diese Module eine relativ geringe Fertigungstiefe resultieren wird. Zwischen diesen zwei Extremformen existieren Mischformen, bei denen die vormontierten Submodule und Einzelteile zugekauft und unternehmensintern zu einem Gesamtmodul montiert werden.

Platform-Revenue

Inwiefern eine modulare Produktfamilie geeignet ist, ein anvisiertes Renditeziel zu erreichen, wird neben den Bestimmungsfaktoren Kosten und Kapitaleinsatz durch das Umsatzvolumen determiniert. Aufgrund weitgehend gesättigter Märkte findet Umsatzwachstum häufig nur noch mittels zusätzlicher Nischenvarianten statt. Insbesondere in der Automobilindustrie werden immer mehr zusätzliche Varianten angeboten, wodurch bei konstantem oder sogar sinkendem Gesamtabsatzvolumen die Stückzahlen pro Produktvariante sinken (vgl. Kapitel 1.2). Um vor dem Hintergrund dieser Marktsituation eine modulare Produktfamilie hinsichtlich ihrer Eignung zur Umsatzgenerierung bewerten zu können, wird im M-BSC-Konzept der Lebenszyklus-Umsatz einer modularen Produktfamilie in der Kennzahl „Platform-Revenue" abgebildet:

$$\text{Platform-Revenue (PR)} = \sum_v X_v \cdot p_v, \quad PR > 0$$

mit: X_v =   Gesamte Absatzstückzahl der Produktvariante v=1,...,V und

       p_v =   Absatzpreis für die Produktvariante v=1,...,V.

Per Definition ergibt sich der Umsatz aus der Multiplikation von Absatzpreis und Absatzmenge. Über die Absatzmenge wird erfasst, inwiefern die Produktfamilie sowohl sog. Renner-Varianten zur Sicherstellung der entsprechenden Stückzahlbasis als auch Nischenvarianten zur Absatzsteigerung in neuen Marktsegmenten umfasst. Wie DUDENHÖFFER zeigt, ergibt sich für eine erfolgreiche modulare Produktfamilie in der Automobilindustrie eine kritische Absatzstückzahl von ca. 500.000 Fahrzeugen pro Jahr, um die langfristige Wettbewerbsfähigkeit sicherzustellen.[309] Zu berücksichtigen ist in diesem Zusammenhang, dass zum Erreichen eines Umsatzzieles bei Varianten mit höheren Absatzpreisen, z.B. im Premiumsegment, geringere Absatzzahlen zur Zielerreichung ausreichen können. Bei der Interpretation der Ergebnisse von Benchmarking-Untersuchungen kann der Lebenszyklus-Umsatz dazu herangezogen werden, modulare Produktfamilien in Klassen ähnlichen Umsatzvolumens zu kategorisieren.

---

[309] Vgl. Dudenhöffer, F. (2000), S. 146.

Zusammenfassend ergibt sich aus der Zuordnung der Kennzahlen zu den Zwischenzielen für die Perspektive Finanzwirtschaft das in der Tabelle 11 dargestellte Zwischenergebnis für die M-BSC.

Perspektive Finanzwirtschaft		
Ziel	**Kennzahl**	**Interpretation**
Rendite	Net-Present-Value (NPV) $NPV \in R$ (Ziel: Max.)	Die Kennzahl ergibt sich aus der Diskontierung der Cash-Flows auf den Anfangszeitpunkt des Investitionsvorhabens mit dem Kapitalkostensatz. Sofern der NPV einen positiven Wert annimmt, ist die interne Verzinsung (Rendite) größer als der Kapitalkostensatz, wodurch ein Mehrwert für die Anteilseigner geschaffen wird.
Umsatz	Platform-Revenue (PR) PR > 0 (Ziel: Max.)	Die Kennzahl spiegelt den Umsatz einer modularen Produktfamilie über deren Lebenszyklus wider. Neben der Planung und Steuerung des Umsatzes wird die Kategorisierung modularer Produktfamilien in Klassen mit ähnlichem Umsatzvolumen als Grundlage von Benchmarking-Untersuchungen ermöglicht.
Kosten	Price-Cost-Ratio (PCR) PCR $\geq$ 0 (Ziel: Max.)	Der Kennzahlenwert kann als "durchschnittlicher Umsatz pro Selbstkosten-Geldeinheit" einer modularen Fahrzeugfamilie interpretiert werden. D.h. je größer der Kennzahlenwert ist, desto geringer sind die zur Umsatzgenerierung anfallenden Kosten.
	Platform-Effectiveness (PEV) PEV $\geq$ 0 (Ziel: Max.)	Die Kennzahl verdeutlicht die wirtschaftliche Effektivität einer modularen Produktfamilie, indem die Umsätze der Varianten ins Verhältnis zu deren absoluten F&E-Kosten gesetzt werden. Je größer der Kennzahlenwert ist, desto höher ist der durchschnittliche Umsatz pro F&E-Geldeinheit und es sind verhältnismäßig weniger Entwicklungsressourcen zur Umsatzgenerierung einzusetzen.
Wertschöpfungsanteil	Supplier-Production (SP) $0 \leq SP \leq 1$ (Ziel: Max.)	Die Kennzahl ist ein Indikator für den produktionsseitigen Wertschöpfungsanteil der Lieferanten. Je höher der Kennzahlenwert, desto geringer ist die Fertigungstiefe des Endproduktherstellers. Damit geht eine Reduktion dessen Kapitalbindung einher. Zusätzlich besteht bei zunehmender Fremdfertigung die Möglichkeit zur Realisierung von Faktorkostenvorteilen beim Lieferanten. Eine geringere Kapitalbindung und geringere Faktorkosten führen c.p. zu einer Erhöhung der Rendite.
	Supplier-Engineering (SE) $0 \leq SE \leq 1$ (Ziel: Max.)	Die Kennzahl gibt Auskunft über die monetär bewerteten Entwicklungsleistungen, die von externen Entwicklungspartnern erbracht werden. Je höher der Kennzahlenwert ist, desto größer ist der Anteil dieser Fremdentwicklungsleistungen. Analog zur Fertigungstiefe resultiert daraus die Möglichkeit, Faktorkostenvorteile beim Entwicklungspartner zu realisieren. Zu berücksichtigen ist dabei, dass die Möglichkeiten zur Verlagerung der anlagegebundenen Kapitalbindung auf den Lieferanten auf relativ wenige Vermögensgegenstände, wie z.B. Prototypenwerkzeuge, beschränkt sind.

Tabelle 11: Zuordnung von Kennzahlen zu den Zielen der Perspektive Finanzwirtschaft

4.2.5.6 Zusammenfassung

Als Ziel dieses Kapitels wurde eingangs formuliert, die im dritten Kapitel analysierten Kennzahlen aufzugreifen und in eine ganzheitliche Kennzahlenstruktur zu überführen. Ergänzend wurden Kennzahlen definiert, um nicht oder nur unzureichend erklärte Zwischenziele der Modularisierung bewerten zu können. Das Ergebnis ist die im Folgenden aufgeführte Kennzahlenstruktur, in der jedem Zwischenziel der Modularisierung wenigstens eine Bewertungskennzahl zugeordnet ist. Diese Kennzahlen verdeutlichen demzufolge, inwiefern die Potentiale der Modularisierung durch die modulare Produktfamilie realisiert werden, um die angestrebten Ziele zu erreichen.

				E	E	E	E	P	P	P	P	M/V	M/V	M/V	F	F	F	F
Seite	Kennzahl	Wertebereich der Kennzahl	Zielwert: Max./Min.	Entwicklungszeit	Flexibilität	Qualität	Standardisierung	An-/Durchlaufzeit	Qualität	Flexibilität	Produktivität	Time-to-Market	Differenzierung	Bedürfnisbefriedigung	Rendite	Kosten	Umsatz	Wertschöpfungsanteil
135	Interface-Simplification (IS)	$0 \leq IS \leq 1$	Max.	x		x												
136	Supplier-Engineering (SE)	$0 \leq SE \leq 1$	Max.	x														x
138	Carry-Over (CO)	$0 \leq CO \leq 1$	Max.				x											
139	Assortment-Simplification (AS)	$0 \leq AS \leq 1$	Max.				x											
140	Commonality-Index (CI)	$0 \leq CI \leq 1$	Max.				x											
141	Eng.-Platform-Efficiency (EPE)	$EPE \leq 1$	Max.		x													
143	Mfg.-Platform-Efficiency (MPE)	$MPE \leq 1$	Max.								x							
144	Variant-Flexibility (VF)	$0 \leq VF \leq 1$	Max.								x							
145	Lead-Time-Potential (LP)	$LP \in$	Min.					x										
147	Interface-Efficiency (IE)	$0 \leq IE \leq 1$	Max.					x										
148	Quality-Index (QI)	$0 \leq QI \leq 1$	Max.						x									
150	Differentiation-Point-Index (DI)	$0 \leq DI \leq 1$	Max.									x						
151	Setup-Cost-Index (SI)	$0 \leq SI \leq 1$	Max.									x						
154	External-Variety (EV)	$EV \in$	Max.										x					
156	Cycle-Time-Efficiency (CEC)	$CEC \leq 1$	Max.										x					
157	Differenzierungsportfolio: Variant-Differentiation (VD)	$0 \leq VD \leq 1$	Max.										x					
157	Sales-Market-Sep. (SMS)	$0 \leq SMS \leq 1$	Max.										x					
163	Net-Present-Value (NPV)	$NPV \in R$	Max.												x			
164	Price-Cost-Ratio (PCR)	$PCR \geq 0$	Max.													x		
166	Platform-Effectiveness (PEV)	$PEV \geq 0$	Max.													x		
167	Supplier-Production (SP)	$0 \leq SP \leq 1$	Max.															x
169	Platform-Revenue (PR)	$PR \in$	Max.														x	

Tabelle 12: Zusammenfassende Bewertung und Zuordnung der Kennzahlen

4.2.6 M-BSC Anwendung

4.2.6.1 Prozessablauf und Einsatzbereich der M-BSC

Die Anwendung der M-BSC ist durch vier iterativ zu durchlaufende Prozessschritte gekennzeichnet (vgl. Abbildung 53). In einem ersten Schritt ist die modulare Struktur der Produktfamilie herauszuarbeiten. In Anlehnung an diese Modulstruktur wird im zweiten Prozessschritt die Datenbasis erstellt und sämtliche relevanten Informationen in strukturierten Matrizen zusammengetragen. Im darauf folgenden dritten Prozessschritt werden die Datenbasis ausgewertet und die Kennzahlen ermittelt sowie grafisch visualisiert.

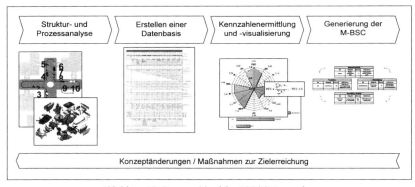

Abbildung 53: Prozessablauf der M-BSC Anwendung

Die Gegenüberstellung der Kennzahlenwerte mit den Zielwerten, die sich aus Benchmarking-Untersuchungen oder aus den Vorgängerprodukten ableiten lassen, führt zu einer transparenten Darstellung von Soll-Ist-Abweichungen. Für jedes Zwischenziel der Perspektiven Entwicklung, Produktion, Marketing/Vertrieb und Finanzwirtschaft erfolgt ein derartiger Soll-Ist-Vergleich im vierten Prozessschritt. Im Fall von Abweichungen werden Handlungsempfehlungen und Optimierungspotentiale aufgezeigt. Diese gezielte Formulierung von Maßnahmen hat in der Regel Konzeptänderungen zur Folge, die wiederum zu einem erneuten Durchlaufen des Prozesses führen. Durch mehrmalige iterative Schleifen während des Produktentstehungsprozesses werden dadurch Schwächen im Konzept transparent gemacht und eine operative Umsetzung der Modularisierungsstrategie unterstützt.

4.2 Konzeption der Modularisierungs-Balanced-Scorecard

Der Einsatzbereich der M-BSC fokussiert sich auf die frühen Phasen des Produktentstehungsprozesses, insbesondere auf die Konzeptphasen, in denen noch relativ viele Freiheitsgrade im Produktkonzept bestehen. Ab der Serienentwicklungsphase tritt die Kontrollfunktion der M-BSC in den Vordergrund (vgl. Abbildung 54).

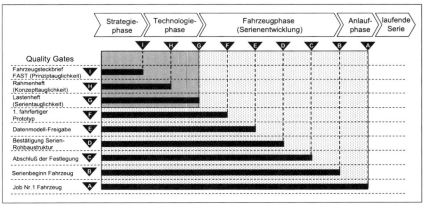

Abbildung 54: Einsatzbereich der M-BSC im Produktentstehungsprozess einer Fahrzeugfamilie[310]

4.2.6.2 Struktur- und Prozessanalyse

Mit dem ersten Schritt der M-BSC, der Struktur- und Prozessanalyse, wird darauf abgezielt, eine der M-BSC zu Grunde liegende Modulstruktur mit entsprechenden Modulumfängen sowie Montagereihenfolgen zu erarbeiten. Dabei können zwei Untersuchungsumfänge unterschieden werden: Bei der *Strukturanalyse* wird das entwicklungsseitige bzw. organisatorische Modulverständnis betrachtet und die Modulstruktur herausgearbeitet. Dabei erfolgt die Untergliederung des Gesamtproduktes in einzelne Module auf Basis unternehmensspezifischer Motive (z.B. historisch gewachsene Verantwortlichkeiten). Dagegen wird bei der *Prozessanalyse* der Produktionsablauf näher analysiert, um die Modulstruktur aus logistischer und produktionstechnischer Sicht zu bestimmen.

---

[310] Vgl. DaimlerChrysler (2000), S. 64.

Darüber hinaus sind im Rahmen der Modulstrukturierung zwei Ausgangssituationen zu unterscheiden. Zum Einen kann sich die modulare Produktfamilie bereits in der Entwicklungs- bzw. Marktphase befinden, wodurch die Modulstruktur weitestgehend determiniert ist. In diesem Fall bestehen kaum Freiheitsgrade zur Modulstrukturierung, weshalb die Modulstruktur und die Montagereihenfolge auf Basis der faktischen Situation zu erfassen ist. Sollten die Ergebnisse der Struktur- und Prozessanalyse zu unterschiedlichen Modulstrukturen führen, sind diese auf eine gemeinsame Basis zu bringen, um die spätere Datenbeschaffung zu vereinfachen. Zum Anderen bestehen im Rahmen der Neuentwicklung einer modularen Produktfamilie noch Freiheitsgrade bei der Modulstrukturierung. Die Nutzung dieser Freiheitsgrade ist besonders wichtig, wenn Produkte nach Unternehmenszusammenschlüssen oder im Rahmen von Joint Ventures auf Basis eines gemeinsamen Modulbaukastens realisiert werden sollen. In der Regel werden die Modulstrukturen und insbesondere die Modulinhalte der zu integrierenden Produkte nicht identisch sein, weshalb eine Angleichung der Strukturen zwingend erforderlich ist. Als methodische Unterstützung bei der Definition einer einheitlichen Modulstruktur bietet sich die Verwendung der sog. Modul Indication Matrix nach ERIXON an. Dabei werden die Komponenten anhand verschiedener Modultreiber hinsichtlich ihrer Eignung zur Integration in gemeinsames Modul untersucht (vgl. Kapitel 3.2.2.2).

Probleme können auftreten, wenn der Modulgedanke als solches in einem Unternehmen noch nicht konsequent zur Anwendung kommt und eindeutige Definitionen fehlen. Insbesondere die Vermischung der Begriffe Modul und System führen häufig zu Missverständnissen. So wird beispielsweise bei BMW die Heizungs- und Klimaanlage als Modul bezeichnet, während OPEL sie als System auffasst. Ebenso interpretiert BMW die Pedalerie als Modul, dagegen bezeichnet FORD diese als System.[311] SCHINDELE untersucht die Begriffsverständnisse bei verschiedenen Fahrzeugherstellern und Lieferanten. Die Analyse verdeutlicht, dass unter dem Modulbegriff mehrheitlich eine physisch abgrenzbare und vormontierte Baugruppe verstanden wird, während ein System die Integration verschiedener Einzelelemente zu einer funktionalen Einheit bezeichnet, die nicht notwendigerweise physisch zusammenhängen müssen.[312]

---

[311] Vgl. Schindele, S. (1996), S. 88.
[312] Vgl. ebenda, S. 84ff; siehe auch Kapitel 2.2.

Aus der Strukturanalyse sollte hervorgehen, wenn die Module aus Entwicklungssicht nicht eindeutig als physisch abgrenzbare Einheiten definiert sind und der Systemgedanke im Vordergrund steht. In diesem Fall kann es vorkommen, dass ein aus Entwicklungssicht als Modul definierter Umfang in der Fertigung an verschiedenen Montagestationen verbaut wird. Ein Abgleich der Ergebnisse aus der Struktur- und der Prozessanalyse sollte darauf abzielen, derartige Differenzen aufzudecken, um diese durch Untergliederung der Systeme in weitere Submodule zu beheben.

Die aufgezeigten Problemfelder verdeutlichen, dass im Unternehmen ein eindeutiges Modulverständnis zu erzeugen ist, um die Produkte der modularen Produktfamilie in ihre Module zu untergliedern. Das in Kapitel 2.2 aufgeführte Definitionsmodell für modulare Produktfamilien kann dabei einen Beitrag leisten. Das Modell kann zunächst zur visuellen Unterstützung interdisziplinärer Teams herangezogen werden, um die Produktfamilie in ihre einzelnen Module aufzuspalten. Zusätzlich kann die weitere Untergliederung der Module in Muss- und Kann-Module sowie die Differenzierung in Optionen, Standard Optionen und Standards erfolgen, um bei Bedarf zusätzliche Transparenz zu erlangen. Eine Analyse der Montageplanung komplettiert die Struktur- und Prozessanalyse, indem die Reihenfolge, in der die Module zu einem Gesamtprodukt endmontiert werden, bestimmt wird.

4.2.6.3 Erstellen einer Datenbasis

Der Einsatz eines ganzheitlichen Planungs- und Steuerungsansatzes, der die Modularisierungsziele diverser Funktionsbereiche eines Unternehmens integriert, hat zur Folge, dass die benötigten Daten aus den unterschiedlichsten Unternehmensbereichen zusammenzutragen sind. Zur strukturierten Durchführung dieser Datenerhebung bietet es sich an, Interviews mit Ansprechpartnern aus den verschiedenen Funktionsbereichen auf Basis eines vorstrukturierten Fragebogens bzw. anhand vordefinierter Matrizen zu führen. Dieses Vorgehen bietet den Vorteil, dass die mehrfach benötigten Inputdaten nur einmal abgefragt werden müssen, unwesentliche Befragungen vermieden werden und der Zusammenhang zwischen Fragen und Kennzahlen bei Bedarf verdeutlicht werden kann.

Bevor mit der Datensammlung auf Basis von Interviews begonnen wird, sollten Recherchemöglichkeiten im Vorfeld soweit wie möglich genutzt werden, um den Interviewaufwand zu reduzieren. Unternehmensinterne Datenbanken, Artikel aus der

Fachpresse, Geschäftsberichte und Verkaufsprospekte stellen wichtige Informationsquellen dar. Aufgrund der Vertraulichkeit vieler Daten gilt es zur Verbesserung der Datenbereitstellung, eine Zustimmung zur Datenerhebung vom oberen Management einzuholen und die Interviewpartner von dieser in Kenntnis zu setzen.

Da sich die Datenerhebung über einen längeren Zeitraum hinziehen und das Bewertungsteam gegebenenfalls aus mehreren Personen bestehen kann, ist der jeweils aktuelle Datenbestand in geeigneter Form zeitnah nach jedem Interview zu aggregieren. Grafische oder tabellarische Darstellungen geben einen prägnanten Eindruck über den aktuellen Datenbestand. Darüber hinaus besteht die Möglichkeit, mit visuellen Darstellungen den Beteiligten im Vorfeld aufzuzeigen, welcher Arbeitsaufwand mit dem Einsatz des Performance-Measurement-Ansatzes verbunden ist. Die sog. Product-Family-Map wurde bereits von MEYER und LEHNERD verwendet, um durch eine Zeitstrahldarstellung Interdependenzen zwischen den Produktvarianten und Plattformen darzustellen (vgl. Kapitel 3.2.2.5). Die Ergänzung der Product-Family-Map um weitere Parameter, die der M-BSC zu Grunde liegen, verdeutlicht in kompakter Form den Informationsbedarf bzw. -stand auf der Fahrzeugfamilien-Ebene. Zur Darstellung des Informationsbedarfes bzw. des Datenbestandes auf Modulebene kann eine sog. Modulmatrix eingesetzt werden, bei der für jedes Modul die benötigten Daten (z.B. Anzahl der Modulvarianten, Rüstkosten oder Qualitätsparameter) zusammengetragen werden.

4.2.6.4 Kennzahlenermittlung und -visualisierung

Die Ermittlung der M-BSC-Kennzahlen erfolgt auf Basis der Daten aus der Product-Family-Map und der Modulmatrix sowie gemäß den im Kapitel 4.2.5 dargestellten Kennzahlendefinitionen. Tabelle 13 stellt die Zuordnung der Inputgrößen zu den Kennzahlen der M-BSC dar. Mittels dieser Zuordnung gestaltet sich die Programmierung einer Software-Unterstützung, z.B. auf MS-Excel-Basis, relativ unkompliziert. Abbildung 55 zeigt die Darstellung der Kennzahlenwerte in einem Spinnennetzdiagramm, das aus einem derartigen MS-Excel-Programm resultiert. Die Visualisierung der Kennzahlenwerte in dieser Form hat den Vorteil, dass Stärken und Schwächen einer modularen Produktfamilie auf einen Blick transparent werden.

4.2 Konzeption der Modularisierungs-Balanced-Scorecard

Kennzahl \ Parameter	Product-Family-Map												Modulmatrix											
	t_v^{FE}	k_v^{SK}	k_v^{HK}	k_v^{MK}	$k_v^{SK,wht}$	$k_{v=1}^{SK,co}$	K_v^{FE}	$K_v^{FE,L}$	p_v	i	I_v^P	X_v	x_m^k	x_m^{mv}	x_p^a	x^s	$t_m^{mo,real}$	$t_m^{mo,opt}$	$t_m^{mo,k}$	t_m^{test}	f_m	w_m	q_m	k_p^R
Interface-Simplification																	x	x						
Supplier-Engineering					x	x																		
Carry-Over		x			x																			
Assortm.-Simplification													x	x										
Commonality-Index		x		x																				
Eng.-Platf.-Efficiency					x																			
Mfg.-Platf.-Efficiency								x																
Variant-Flexibility													x	x										
Lead-Time-Potential											x				x				x	x				
Interface-Efficiency																	x							
Quality-Index													x	x						x	x	x		
Different.-Point-Index												x												
Setup-Cost-Index												x												x
External-Variety												x												
Cycle-Time-Efficiency	x																							
Diff.portfolio.: Variant-Differentiat.[313]																								
Sales-Market-Sep.[314]										x														
Net-Present-Value[314]									x	x														
Price-Cost-Ratio		x							x															
Platform-Effectiveness							x		x	x														
Supplier-Production					x	x																		
Platform-Revenue									x		x													

Tabelle 13: Zuordnung der Inputgrößen zu den Kennzahlen der M-BSC

---

[313] Die Kennzahl Variant-Differentiation basiert auf der Ähnlichkeit der Aufbauordnungen ($Ä^O$) und der Aufbauelemente ($Ä^E$) der Fahrzeugvarianten. Aufgrund der relativ umfangreichen Nebenrechnung zur Bestimmung dieser Parameter werden diese separat ermittelt und der Kennzahlenwert direkt in die Kennzahlenstruktur übernommen.

[314] Die Ermittlung der Kennzahlen Sales-Market-Separation und Net-Present-Value setzt eine detaillierte Aufgliederung der gesamten Absatzstückzahl (X_v) voraus. Zum Einen sind die Absatzstückzahlen nach Absatzregionen aufzugliedern, um die Überschneidung der Absatzmärkte zu ermitteln. Zum Anderen ermöglicht die Untergliederung der Absatzstückzahlen in Jahresperioden die Ermittlung der Cash-Flows als Grundlage zur Berechnung des Net-Present-Values. Um diese Komplexität von der Kennzahlenstruktur zu separieren, werden die Kennzahlenwerte, analog zur Kennzahl Variant-Differentiation, in einer eigenständigen Nebenrechnung erfasst.

Die Kennzahlen sind im Konzept der M-BSC derart gestaltet, dass hohe Kennzahlenwerte auf einen hohen Erreichungsgrad der durch die Modularisierung verfolgten Ziele hinweisen. Aus diesem Grund deutet ein im Spinnennetzdiagramm außen liegender Kennzahlenwert auf ein positives Bewertungsergebnis hin.[315] In diesem Zusammenhang bietet sich die Kennzeichnung von Wertebereichen nach dem Ampelprinzip an. Dabei ist zu berücksichtigen, dass diese Bereiche nicht bei allen Kennzahlenwerten in den gleichen Intervallen liegen. Die idealtypische Darstellung des Ampelprinzips, wie sie in Abbildung 55 dargestellt ist, wäre daher nur durch eine ungleiche Skalierung der jeweiligen Kennzahlenachsen realisierbar.

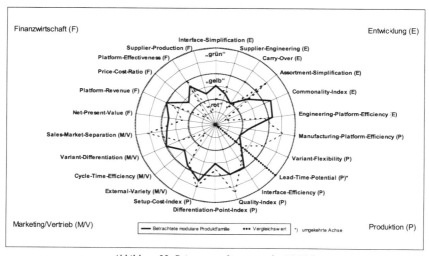

Abbildung 55: Spinnennetzdiagramm der M-BSC

Zudem sind im Vorfeld die Intervallgrenzen der kritischen (rot), neutralen (gelb) und unkritischen (grün) Bereiche durch die Berechnung und den Vergleich der Kennzahlenwerte für verschiedene modulare Produktfamilien zu ermitteln. Unabhängig von dieser Problematik hat gezwungenermaßen eine ungleiche Skalierung der Achsen bei den Kennzahlen zu erfolgen, die aufgrund ihrer Definition nicht im Wertebereich zwischen Null und Eins liegen. Dazu gehören die Kennzahlen External-Variety, Net-

---

[315] Eine Ausnahme bildet die Kennzahl Lead-Time-Potential. Um die Interpretationsfähigkeit des Spinnennetzdiagrammes nicht zu beeinträchtigen, wurde der Kennzahl im Diagramm eine umgekehrte Achse zu Grunde gelegt.

Present-Value, Price-Cost-Ratio, Lead-Time-Potential, Platform-Revenue und Platform-Effectiveness.[316]

Parallel zur Bewertung des Erreichungsgrades der Modularisierungsziele nach dem Ampelprinzip bietet das Spinnennetzdiagramm zum Einen die Möglichkeit der relativen Bewertung verschiedener modularer Produktfamilien und zum Anderen die Beobachtung der Kennzahlenentwicklung über die Zeit. Beim Vergleich von modularen Produktfamilien können beispielsweise Produktfamilien aus dem gleichen Unternehmen, die Vorgängerproduktfamilie oder – soweit eine Kennzahlenermittlung möglich ist – Produktfamilien der Wettbewerber herangezogen werden. Dabei besteht für die dimensionslosen Kennzahlen im Wertebereich zwischen Null und Eins ein Vorteil darin, Benchmarking-Untersuchungen durchführen zu können, ohne dass vertrauliche Daten allgemein zugänglich zu machen sind. Die Teilnehmer der Analysen können ihre Daten in einem vorgegebenen Datenblatt zusammentragen und die Kennzahlen eigenständig berechnen. Diese können in eine Benchmarking-Datenbank integriert und für Vergleichsauswertungen herangezogen werden. Sofern die Kennzahlenwerte bei der Leistungsverfolgung über die Zeit Anwendung finden, können diese bereits bei der Zieldefinition und -vorgabe im Produktentstehungsprozess eingesetzt werden. Zudem unterstützt die regelmäßige Kennzahlenermittlung während des Produktentstehungsprozesses, z.B. zu fest definierten Quality-Gates, die operative Umsetzung der Modularisierungsziele. Durch die Kennzahlen wird somit eine Grundlage für die Definition von Zielwerten bzw. für Soll-Ist-Vergleiche geschaffen, wodurch ein Controlling der Modularisierungsziele ermöglicht wird.

Neben der Darstellung der Kennzahlen im Spinnennetzdiagramm können diverse Kennzahlen in Portfoliodarstellungen visualisiert und interpretiert werden. Zudem können insbesondere kritische Kennzahlenwerte detaillierter analysiert werden. Derartige Analysen sind im Kapitel 5.3.3 auf Basis des Anwendungsbeispieles aufgeführt.

---

[316] Theoretisch können die Kennzahlen Engineering-Platform-Efficiency, Manufacturing-Platform-Efficiency und Cycle-Time-Efficiency einen negativen Wert annehmen. Aus den im Kapitel 4.2.5 genannten Gründen werden die Werte jedoch in der Regel im Intervall zwischen Null und Eins liegen, weshalb für diese Kennzahlen eine entsprechende Skalierung zwischen Null und Eins, wie bei den übrigen Kennzahlen, als unproblematisch einzustufen ist.

4.2.6.5 Generierung der M-BSC

Das Spinnennetzdiagramm und weitere Visualisierungsformen, die im Anwendungsbeispiel aufgeführt sind (vgl. Kapitel 5.3.3), vereinfachen die transparente Darstellung und die Identifikation von Handlungsfeldern zur operativen Umsetzung der Modularisierungsstrategie. Das grundlegende Planungs- und Steuerungsinstrumentarium stellt jedoch die eigentliche Modularisierungs-Balanced-Scorecard dar, in der die Kennzahlenwerte für jedes Modularisierungsziel der entsprechenden Perspektive einem Vergleichswert gegenübergestellt werden (vgl. Abbildung 56).

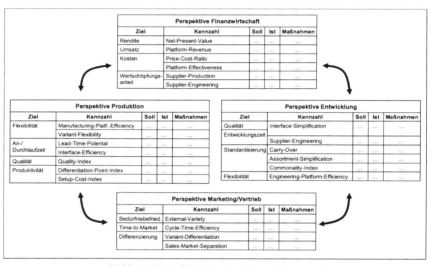

Abbildung 56: Modularisierungs-Balanced-Scorecard

Sofern der Zielwert nicht erreicht wird, sind Maßnahmen zu formulieren, die zur Zielerreichung beitragen. Bei dieser Maßnahmengenerierung können beispielsweise Pareto-Analysen unterstützend eingesetzt werden, um die wirksamsten Stellhebel zu identifizieren. Zudem sind die Kennzahlenwerte an den Ursache-Wirkungs-Ketten der M-BSC zu spiegeln, um Abhängigkeiten zwischen den Kennzahlen aufzuzeigen. Außerdem wird die Stellhebelanalyse durch die Betrachtung der Kennzahlen-Inputparameter ergänzt. Zu berücksichtigen ist bei der Maßnahmenformulierung und -umsetzung, dass die Freiheitsgrade zur Konzeptänderung während eines Entwicklungsprojektes im Zeitverlauf abnehmen. Daher sollte die erste Generierung der M-BSC möglichst frühzeitig im Produktentstehungsprozess erfolgen.

5 Prototypische Anwendung der Modularisierungs-Balanced-Scorecard am Fallbeispiel smart

5.1 Ausgangssituation und Grundkonzept der modularen Produktfamilie smart

Mit einer Machbarkeitsstudie im Januar 1993 über einen Kleinwagen bei Mercedes-Benz begannen die ersten Entwicklungsschritte des smart-Konzeptes. Das Unternehmen Micro Compact Car (MCC) AG entstand im April 1994 auf Basis eines Joint Ventures zwischen dem Automobilhersteller Mercedes-Benz AG und der Société Suisse de Microéléctronic et d'Horlogère SA (SMH), die für die Fabrikation der Swatch-Uhren bekannt war. Der Eigenkapitalanteil betrug seitens der Mercedes-Benz AG ursprünglich 51 Prozent, wurde jedoch im Rahmen der Verschiebung des Produktionsstarts aufgrund von Sicherheitsmängeln im Jahre 1998 auf 89 Prozent erhöht. Mit der Fusion der Daimler-Benz AG und der Chrysler Corporation im Oktober 1998, übernahm die DaimlerChrysler AG die Eigenkapitalanteile der MCC AG zu 100 Prozent. In diesem Zusammenhang erfolgte eine Umfirmierung der MCC AG zur Micro Compact Car smart GmbH.

Die ursprüngliche Unternehmenszentrale der MCC AG war im schweizerischen Biel angesiedelt, während die Entwicklung in Renningen und die Produktion im elsässischen Hambach erfolgte. Inzwischen wurde die Unternehmenszentrale sowie sämtliche Funktionsbereiche, mit Ausnahme der Produktion, im Rahmen des Entwicklungszentrum-Neubaus nach Böblingen verlagert. Im Zuge dieser Verlagerung wurde im September 2002 der Firmenname Micro Compact Car smart GmbH in smart GmbH geändert.

Die Produktbezeichnung „smart" ist ein Akronym, das sich aus *s*watch, *m*ercedes und *art* zusammensetzt.[317] Mit dem Kleinwagenkonzept, dessen Kern sich durch die Markenphilosophie „reduce to the max" sehr prägnant beschreiben lässt, wurde insbesondere auf in städtischer Umgebung lebende Menschen abgezielt, die auf individuelle Mobilität nicht verzichten wollten.[318] Aufgrund der vollständigen Neukonzeption des smart konnten neue Wege bei der Entwicklung und Produktion des Fahrzeugkonzeptes

---

[317] Vgl. Pfaffmann, E. (2001), S. 29.
[318] Vgl. Henseler, W. / Nonner, H. (1999), S. 317.

bestritten werden, da keine vorhandenen Bauteil-, Produktions- und Lieferantenstrukturen zu berücksichtigen waren.[319] Vor diesem Hintergrund wurden insbesondere folgende Lastenheftvorgaben für das Fahrzeugkonzept definiert:[320]

- konsequente Umsetzung der Zweisitzigkeit mit hohem Komfort und Raumgefühl;
- höchste Sicherheit auf Mercedes-Benz-Niveau;
- minimaler Energieverbrauch und maximale Ressourcenschonung in der Produktion und während des Betriebes;
- modulares Produktions- und Individualisierungskonzept.

Resultat dieser Lastenheftvorgaben ist ein zweisitziges Fahrzeugkonzept mit einer Länge von 2,5 sowie einer Höhe und Breite von je 1,5 Metern (vgl. Abbildung 57).

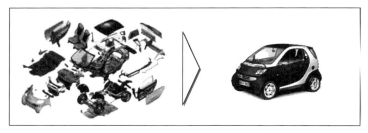

Abbildung 57: Das Fahrzeugkonzept smart[321]

Im Vergleich zu konventionellen Kompaktfahrzeugen unterscheidet sich das Konzept insbesondere durch die angehobene Sitzposition und den nach unten bzw. nach hinten verschobenen Aggregaten und Bauräumen. Motor und Getriebe sind in einer sog. Power-Unit im hinteren Fahrzeugbereich unter der Fahrgastzelle montiert und von dieser entkoppelt. Bei einem Aufprall absorbiert diese Power-Unit einen Teil der kinetischen Rückstoßenergie. Um den Insassen zusätzliche Sicherheit zu bieten, wurde eine Sicherheitskarosserie aus gehärtetem Stahl entwickelt, die in der Patentierung des sog. „Tridion frame" mündete. Zudem basiert die Fahrzeuggrundstruktur auf sehr kurzen Deformationsbereichen und wurde mit sehr effizienten Knautschzonen im Front- und Heckbereich ausgestattet. Eine konsequente Leichtbaustrategie, insbesondere der Einsatz von Leichtbaumaterialien im Motor und bei der Fahrzeugbeplankung, führte zu

---

[319] Vgl. Henseler, W. / Nonner, H. (1999), S. 320.
[320] Vgl. ebenda, S. 318.
[321] Vgl. ebenda, S. 321.

einem Leergewicht von nur 720 kg (zum Vergleich: der Renault Twingo wiegt 815 kg). Dieses geringe Gewicht stellte die Grundvoraussetzung für einen anvisierten Kraftstoffverbrauch von unter fünf Litern pro 100 km dar. Die daraus resultierenden niedrigen Emissionen, eine Recyclingquote des Fahrzeuges von 95 Prozent, die Verwendung nicht-toxischer, nachwachsender Materialien und die Anwendung umweltfreundlicher Produktionsverfahren haben eine hohe Umweltverträglichkeit des Fahrzeugkonzeptes zur Folge.[322]

Die Anforderung eines modularen Individualisierungskonzeptes wurde durch eine kundenvariable Bauweise, auch „customized design" genannt, realisiert.[323] Die dieser Bauweise zu Grunde liegende Innovation ist das sog. „Customized Body Panel System" (CBS), welches dem Kunden die Möglichkeit bietet, sowohl zum Zeitpunkt des Fahrzeugkaufes als auch während der Fahrzeugnutzung, einzelne Module der Fahrzeugaußenhaut kundenindividuell zu konfigurieren bzw. auszutauschen.

Um die Risiken des smart Projektes zu begrenzen, wurde die Anfangsinvestition für das smart Projekt seitens der Daimler-Benz AG auf 750 Mio. DM begrenzt und lediglich 150 bis 250 Mitarbeiter aus eigenem Hause abgestellt. Mit dieser restriktiven Finanz- und Humankapitalausstattung ging die Grundsatzentscheidung der Muttergesellschaften einher, das smart-Projekt mit einem extrem schlanken Ansatz zu realisieren. Demzufolge wurde das Ziel angestrebt, neue „minimalistische" Wege einzuschlagen und das Aufgabenspektrum seitens der damaligen MCC AG auf die Bereiche zu konzentrieren, die langfristig für die erfolgreiche Entwicklung, Herstellung und Vermarktung des smart unerlässlich waren.[324] Um diese Zielsetzungen erreichen zu können, wurden keine make-or-buy-Entscheidungsprozesse durchgeführt, bei dem für jedes Bauteil einzeln über Eigen- oder Fremderstellung entschieden wurde. Vielmehr wurde der Grundsatz verfolgt, möglichst sämtliche Bauteile des smart von Zulieferunternehmen entwickeln und herstellen zu lassen. Darüber hinaus wurden sogar unternehmensexterne Dienstleistungsunternehmen für unterstützende betriebswirtschaftliche Funktionen, wie Logistik, Personalbeschaffung, IT-Management und Geschäftsprozessoptimierung im Werk Hambach beauftragt.[325]

---

[322] Vgl. Pfaffmann, E. (2001), S. 33ff.
[323] Vgl. ebenda, S. 34f.
[324] Vgl. ebenda, S. 36.
[325] Vgl. ebenda, S. 37.

184 5 Prototypische Anwendung der Modularisierungs-Balanced-Scorecard am Fallbeispiel smart

Aufgrund der anspruchsvollen Zielvorgabe, das Konzept innerhalb von 42 Monaten von der Lastenheftverabschiedung bis zur Markteinführung zu realisieren, erfolgte eine modulare Segmentierung des smart unter Beachtung geometrischer und funktionaler Zusammenhänge.[326] Ziel dieses Vorgehens war es, insbesondere die Vorteile einer modularen Fahrzeugstruktur hinsichtlich Zeit- und Kosteneffizienz zu nutzen. Kapitel 5.3.1 gibt einen detaillierten Überblick über die resultierende Modulstruktur und die damit verfolgten Ziele.

5.2 Produkthistorie und zukünftige Entwicklungen

Mit dem smart City-Coupé wurde im Oktober 1998 die erste Variante der modularen Produktfamilie auf den Markt gebracht (vgl. Abbildung 58). Nach der Einführung einer Dieselvariante des City-Coupés im Dezember 1999 folgte das Cabrio als zweite Produktvariante im März 2000.

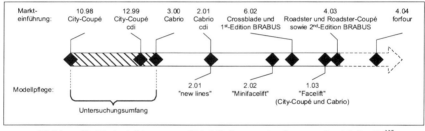

Abbildung 58: Markteinführungs- und Modellpflegetermine der smart Produktfamilie[327]

11 Monate später wurde auch die Cabrio-Variante mit einem Dieselmotor als erstes Drei-Liter-Cabrio der Welt angeboten. Zeitgleich wurde eine Modellpflege durchgeführt, bei der die bisherigen Ausstattungslinien „smart&pure" und „smart&pulse" um die Ausstattungslinie „smart&passion" erweitert wurden. Damit einhergehend wurde insbesondere eine weitere Benzinmotorvariante und eine McPherson-Vorderachse angeboten. Zudem konnte der Kunde aus neuen Innen- und Außenfarben, zusätzlichen Reifen und Felgen sowie neuen Sonderausstattungen wählen.

---

[326] Vgl. Henseler, W. / Nonner, H. (1999), S. 321.
[327] Zusammengestellt aus: smart (2003).

Ein Jahr später folgte ein „Minifacelift" durch Veränderung der Scheinwerfer, der Heckleuchten und des Tanks. Zusätzlich wurden zwei weitere Außenfarben, ein Glasschiebedach und eine Lenkradschaltung ins Programm aufgenommen.

Basierend auf der Cabrio-Variante wurde im Juni 2002 ein auf 200 Stück limitiertes puristisches Fahrzeug, der sog. Crossblade, abgeleitet. Diese Fahrzeug ist ein offener Zweisitzer, der auf Dach, Türen und eine herkömmliche Windschutzscheibe verzichtet und mit einem wetterbeständigen Interieur ausgestattet ist. Der Crossblade durchläuft die gleiche Endmontagelinie wie das Cabrio und das City-Coupé, jedoch entfällt die Montage nicht benötigter Module. Gegen Ende der Endmontagelinie werden die Fahrzeuge aus der Linie entnommen und an einen externen Aufbauhersteller geliefert, der das Fahrzeug komplettiert. Zeitgleich erfolgte die Markteinführung der auf 500 Fahrzeuge limitierten 1st-Edition Brabus. Diese Fahrzeuge entstehen durch die Adaption der Varianten City-Coupé bzw. Cabrio beim Spezialisten Brabus und sind durch höhere Fahrleistungen und optische Differenzierungsmerkmale gekennzeichnet.

Anfang 2003 wurde ein umfassendes Facelift für das City-Coupé und das Cabrio durchgeführt, bei dem insbesondere Veränderungen am Motor vorgenommen und diverse elektronische Funktionalitäten ergänzt wurden (z.B. ESP, Tempomat, elektronische Servolenkung, etc.).

Mit der Einführung der Roadster-Varianten im April 2003 wurde zusätzlich zum City-Coupé und dem Cabrio eine weitere Modellreihe angeboten. Der Roadster und das Roadster-Coupé werden im französischen Hambach auf einer eigens errichteten Endmontagelinie gefertigt. Parallel erfolgte die Markteinführung einer weiteren Edition der Brabus Modelle City-Coupé und Cabrio.

Zudem wurde der Öffentlichkeit im September 2003 eine viersitzige Variante vorgestellt, die in Zusammenarbeit mit dem Allianzpartner Mitsubishi entwickelt wurde. Diese Variante, die den Namen „forfour" trägt, wird im holländischen Born und im japanischen Osaka produziert werden.[328] Basierend auf dieser technischen Basis wird für das Jahr 2005 eine Offroad-Variante des smart geplant, die im brasilianischen Werk Juiz de Fora gefertigt wird und die Etablierung der Marke smart in den USA forcieren soll.[329]

---

[328] Vgl. o.V. (2001c), S. 29.
[329] Vgl. DaimlerChrysler (2002a).

Die Produkthistorie verdeutlicht eine konsequente Erweiterung der smart-Modellpalette im Zeitverlauf. Zur Eingrenzung des Fallbeispielumfangs wird im Weiteren der Zeitpunkt näher betrachtet, bei dem das ursprüngliche smart-Fahrzeugkonzept entwickelt wurde. Zu diesem originären Fahrzeugkonzept gehört das City-Coupé als Basisvariante und das Cabrio als erste abgeleitete Produktvariante. Dem Anwendungsbeispiel liegt die Variantenausstattung der zwei Varianten bis zum Zeitpunkt vor der Modellpflege im Februar 2001 zu Grunde.

5.3 Exemplarischer Einsatz der M-BSC

5.3.1 Struktur- und Prozessanalyse

Aufgrund der völligen Neukonzeption der modularen Produktfamilie smart konnten sämtliche Freiheitsgrade bei der Modulstrukturierung genutzt werden. Die Modulsegmentierung erfolgte auf Basis folgender miteinander verbundener Zielsetzungen:[330]

- Erstens mussten Fahrzeugmodule definiert werden, für deren Entwicklung und Herstellung qualifizierte Zulieferer zu identifizieren waren, um eine hohe Qualität und eine kosteneffiziente Projektrealisierung sicherzustellen.
- Zweitens waren Module zu bestimmen, die technisch voneinander weitgehend unabhängig waren. Dadurch wurde die Voraussetzung geschaffen, dass die Zulieferer die Module zeitgleich und unabhängig voneinander entwickeln und fertigen konnten. Diese Parallelentwicklung und -herstellung durch nur wenige Zulieferer sollte die Anzahl der Direktkontakte zu den Systempartnern reduzieren.
- Drittens zielte smart mit der parallelen Entwicklung und Herstellung der Module auf die Realisierung der angestrebten kurzen Entwicklungs- und Herstellungszeiten ab.

Um diese Zielsetzungen zu erreichen, wurden bereits in der Konzeptfindungsphase Zulieferunternehmen (sog. Systempartner) in den Entwicklungsprozess integriert. Zur Betreuung dieser Systempartner wurden zur Beginn des smart-Projektes fünf bzw. sieben „organisatorische Module" eingerichtet:[331] (1) Karosserie und Ausstattung, (2) Cockpit und Frontmodul, (3) Fahrwerk, (4) Antrieb, (5) Türen, Klappen, Dach. Zur Optimierung des Gesamtfahrzeuges wurden zusätzlich zwei Querschnittsteams gebildet: (6) Elektrik/Elektronik-Systeme und (7) Gesamtfahrzeugabstimmung/Fahrzeug-

---

[330] Vgl. Pfaffmann, E. (2001), S. 43f.
[331] Vgl. ebenda, S. 44.

tests. Mit diesen unternehmensinternen Organisationseinheiten nutzte smart die Option, eine Projektorganisation zu implementieren, die weitgehend kongruent zur modularen Bauweise des smart war.[332]

Aufgrund des minimalistischen Grundsatzgedankens des smart-Konzeptes und mit der damit verbundenen geringen Fertigungstiefe von ca. acht Prozent ergaben sich besondere Anforderungen an das Fabrikkonzept. Deshalb wurde erstmals in der Geschichte der Automobilindustrie ein Montagewerk gebaut, das sich in der Form eines Plus-Zeichens darstellt, um das sich die Zulieferer kreuzförmig ansiedeln (vgl. Abbildung 59).[333]

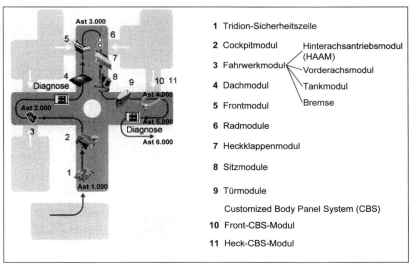

Abbildung 59: Produktionsprozess des smart[334]

72 Prozent des Volumenstroms in die Montage wird von sieben am Standort angesiedelten Modullieferanten und Montagedienstleistern erzeugt, indem vormontierte Module direkt an den Endmontageort angeliefert werden (z.B. Tridion-Sicherheitszelle, Cockpit, etc.). Rund acht Prozent des Volumenstroms sind Norm- und Kleinteile, die über Teileumschlagsflächen durch einen Logistikdienstleister bereitgestellt werden.

---

[332] Vgl. Pfaffmann, E. (2001), S. 44f.
[333] Vgl. Bölstler, H. (1999), S. 10.
[334] Vgl. o.V. (2002a), S. 1; Behse, P. (1997), S. 48f.

Für diese Teile befindet sich ein Pufferumfang von zwei bis zehn Arbeitstagen auf Lager. Die restlichen 20 Prozent des Materialvolumens liefern die Systempartner just in time mit einer Pufferzeit von ca. einer Stunde an die Endmontagelinie (z.B. Räder, Sitze, etc.).[335]

Die Tridion-Sicherheitszelle (1) gelangt nach Rohbau und Lackierung seitens der Systempartner Magna und Eisenmann aus deren Mengen- und Sortierpuffer in das Montage-Plus und wird an die Fördertechnik übergeben (Ast 1.000). Im Anschluss beginnt der eigentliche Montageprozess mit dem vollautomatischen Einbau des komplett vormontierten Cockpitmoduls (2) sowie der Verlegung des Innenraum-Leitungssatzes durch die Firma Siemens VDO (sog. „Verlobungsstation"). Störungen während dieses Montageprozesses können mit einem Zeitraum von ca. zehn Minuten abgepuffert werden, da die einzelnen Äste vom Montage-Plus abgekoppelt sind.[336]

Im nächsten Abschnitt der Montagelinie, dem Ast 2.000, erfolgt die „Hochzeit", d.h. die Tridion-Sicherheitszelle wird mit dem Fahrwerkmodul (3) zusammengeführt und vollautomatisch verschraubt. Das Fahrwerkmodul wird vor dem Einbau an einem Ringband direkt an der Endmontagelinie aus Vorderachsmodul, Tankmodul, Bremssystem und Hinterachsantriebsmodul (HAAM) zusammengestellt. Das HAAM wird wiederum im gegenüberliegenden Logistikzentrum von Krupp Automotive durch zusammenfügen von Motor, Getriebe, Abgasanlage und Hinterradaufhängung vormontiert und per Fördertechnik an das Ringband geliefert.[337]

Im darauf folgenden Ast 3.000 (sog. Einrichtungshaus) erfolgt zunächst die Montage des Dachmoduls (4). Im Anschluss wird das Frontmodul (5), bestehend aus Scheinwerfern, Blinkern, vorderer Crashbox, Kühler sowie Wärmetauscher der Klimaanlage von der Firma Bosch angeliefert und endmontiert.[338] Danach wird die Endmontage der Radmodule (6) durchgeführt, die vom Direktlieferanten Michelin vorab bereift und ausgewuchtet werden.[339] Nachfolgend wird das untere Teil der Heckklappe, das Heckklappenmodul (7), verbaut. Dieses wird vom Systempartner Ymos durch Zusammenführung von Gerippe, Heckteil und Schloss vormontiert und and die Endmontage ge-

---

[335] Vgl. o.V. (1999b), S. 447.
[336] Vgl. o.V. (1998a), S. 29f.
[337] Vgl. ebenda, S. 30.
[338] Vgl. Behse, P. (1997), S. 50f. Änderungen im Produktionsprozess aufgrund der Modellpflege wurden hier nicht berücksichtigt.
[339] Vgl. ebenda, S. 51.

liefert.[340] Im abschließenden Modulmontageschritt des Astes wird das Sitzmodul (8) eingebaut.

Im nächsten Bereich des Pluszeichens befinden sich die Äste 4.000, 5.000 und 6.000. Im Ast 4.000, dem sog. „Design-Shop", werden die Fahrzeuge durch die Endmontage der Türmodule (9) und des Customized Body Panel Systems (10+11) vervollständigt. Die Türen werden, genauso wie das Heckklappenmodul, vom Systempartner Ymos vormontiert, geprüft und in die Endmontage geliefert.[341] Das Customized Body Panel System wird von der Firma Dynamit Nobel direkt am Hambacher Standort gefertigt. Es umfasst im Wesentlichen ein Frontpanel (inkl. Kühlermaske und Kotflügel), ein Heckpanel (inkl. Kotflügel) sowie die Beplankung für die Türen und für das Heckklappenmodul. Der Heckdeckel wird bereits bei der Vormontage des Heckklappenmoduls verbaut. Ebenso erfolgt die Montage der Türbeplankungen bereits bei der Türmodulvormontage. Damit wird lediglich das Front-CBS-Modul (10) sowie das Heck-CBS-Modul (11) direkt am Fahrzeug endmontiert.

Nach Abschluss der Montagetätigkeiten wird im letzten Schritt des Astes 4.000 das Programm für die Motorsteuerung in einem sog. „Flash-Vorgang" per Infrarot-Schnittstelle übertragen. Danach durchläuft das Fahrzeug im Ast 5.000 das sog. „Fitness-Studio", in dem die fahrtechnische Abnahme und Qualitätsüberprüfung durchgeführt wird. Die Überprüfung erfolgt über je zwei Fahrwerk- und Rollenprüfstände mit abschließender Regenprobe. Bei bestandener Qualitätsüberprüfung wird das Fahrzeug an die Finish-Linie im Ast 6.000 übergeben oder bei Qualitätsmängeln in die Nacharbeit im mittig des Plus-Zeichens gelegenen Marktplatzes eingeschleust.[342]

Zusammenfassend verdeutlicht Tabelle 14 die übereinstimmende Modulstruktur zum Einen aus der organisatorischen Sichtweise (Strukturanalyse) und zum Anderen auf Basis des Produktionsprozesses (Prozessanalyse). Die weitgehend übereinstimmende Definition der Module bzw. Modulinhalte hat zur Folge, dass die aus Entwicklungssicht definierten Module auch aus logistischer und produktionstechnischer Sicht als Module verbaut werden. Aufgrund der Berücksichtigung der Montagereihenfolge im Bewertungskonzept bietet es sich an, für den Einsatz der M-BSC die Modulstrukturierung gemäß der Prozessanalyse zu nutzen.

---

[340] Vgl. Behse, P. (1997), S. 50.
[341] Vgl. ebenda, S. 50.
[342] Vgl. o.V. (1999b), S. 446.

Strukturanalyse		Prozessanalyse		
(1) Karosserie und Ausstattung		(1) Tridion-Sicherheitszelle		
		(8) Sitzmodul		
		(10+11) Customized Body Panel System (CBS)		
(2) Cockpit und Frontmodul		(2) Cockpitmodul		
		(5) Frontmodul		
(3) Fahrwerk (4) Antrieb		(3) Fahrwerk- modul	Hinterachsantriebsmodul	
			Vorderachsmodul	
			Tankmodul	
			Bremssystem	
		(6) Radmodule		
(5) Türen, Klappen, Dach		(4) Dachmodul		
		(7) Heckklappenmodul		
		(9) Türmodule		
Querschnittsteams:				
(6)	Elektrik/Elektronik-Systeme			
(7)	Gesamtfahrzeugabstimmung/ Fahrzeugtests			

Tabelle 14: Vergleich der Modulstrukturierung gemäß Struktur- und Prozessanalyse

5.3.2 Erstellen einer Datenbasis

In Anlehnung an die im Kapitel 4.2.6.2 dargestellte Systematik erfolgt die Datensammlung anhand der Modulmatrix und der Product-Family-Map.[343]

Modulmatrix

Die im Kapitel 5.3.1 herausgearbeiteten 11 Module bilden die Grundlage der Modulmatrix (vgl. Abbildung 60). Entlang der Montagereihenfolge werden dabei die Module in der Kopfzeile abgetragen und die benötigten Eingangsgrößen je Modul bzw. modulübergreifend ermittelt. Bei der Produktion der smart Varianten werden rund 92 Prozent des Volumenstroms in Form vormontierter Module angeliefert, was auf eine relativ umfangreiche modulare Fertigung hinweist.[344]

---

[343] Analog zu den Ausführungen hinsichtlich der Anwendung der M-BSC (vgl. Kapitel 4.2.5) erfolgt die prototypische Anwendung der Methode soweit möglich auf Basis öffentlich zugänglicher Informationen am Beispiel der modularen Produktfamilie smart. Bei fehlenden Daten wurden die relevanten Parameter abgeschätzt.

[344] Vgl. o.V. (1999b), S. 447f.

Die Anzahl der Modulvarianten (x_m^{mv}) der Sicherheitszelle ergibt sich aus der Kombination von Form (Cabrio und City-Coupé) und Farbe (anthrazit und silber). Das Cockpitmodul wird im Wesentlichen durch folgende Konfigurationsmöglichkeiten bestimmt: Cockpituhr und Drehzahlmesser, Getränkehalter, Raucherset, Radio, Soundpaket, Telefonkonsole, CD-Box, Kassettenbox und Klimaanlage. Zusätzlich kann der Kunde zwischen den Farben scodic blue, boomerang blue und Leder papaya mit jeweils blauen Akzentteilen wählen. Bei dem blauen Interieur besteht die Option, ein Lederlenkrad zu wählen. Lediglich die Farbe boomerang red wird in Kombination mit roten Akzentteilen angeboten, wobei keine Wahlmöglichkeit für das Lenkrad besteht. Auf Basis dieser variantenbestimmenden Parameter ergibt sich – unter Berücksichtigung der Kombinationsverbote – die entsprechende Anzahl der Modulvarianten.

M/P= 11		m/p=1	m/p=2	m/p=3	m/p=4	m/p=5	m/p=6	m/p=7	m/p=8	m/p=9	m/p=10	m/p=11		
		Sicherheitszelle	Cockpitmodul	Fahrwerkmodul	Dachmodul	Frontmodul	Radmodule	Heckklappenmodul	Sitzmodul	Türmodul	Front-CBS	Heck-CBS		
x_m^{mv}	[Var.]	4	10.753	6	3	4	9	8	4	32	32	8	Σ	10.863
	[Mrd.Var.]												Π	7.306
x_p^a	[Mio.Var.]	0,000004	0,04	0,26	0,4	0,8	7,0	55,7	223,0	7.135	114.163	913.302	Σ	1.034.887
x^s	[Stk.]	*)											Σ	49
$t_m^{mo,real}$	[Sek.]	-	80	120	27	108	25	54	36	81	70	63	Σ	664
$t^{mo,opt}$	[Sek.]	**)												20
$t_m^{mo,k}$	[Sek.]	***)	...	...	...	...	...	...	...	...	...	...	∅	10
t_m^{test}	[Sek.]	***)	...	...	...	...	...	...	...	...	...	...	∅	180
x_m^k	[Stk.]	...	...	...	...	...	...	...	...	...	...	...	max	620
f_m	[Wkt.]	-	0,0027	0,0099	0,0010	0,0061	0,0008	0,0022	0,0018	0,0075	0,0042	0,0034		
w_m	[Wkt.]	-	0,00001	0,005	0,00015	0,004	0,00001	0,00001	1,5E-05	0,00001	0,00001	0,00001		
q_m	[Wkt.]	-	0,0100	0,0100	0,0100	0,0350	0,0200	0,0300	0,0200	0,0100	0,0150	0,0150		
k_p^R	[€]	45	23	25	15	15	4	8	13	15	14	12	Σ	189

*) Vgl. Schnittstellenmatrix (Abbildung 61)
**) Vgl. Diagramm zur Berechnung der optimalen Montagezei: (Abbildung 62)
***) als Durchschnittswert geschätzt

Abbildung 60: Modulmatrix der modularen Produktfamilie smart [345]

Die Modulvarianz des Fahrwerkmoduls ergibt sich aus der Kombination der dem Modul zu Grunde liegenden Submodule (Hinterachsantriebsmodul, Vorderachse, Tankmodul, Bremsen). Der Kunde hat die Wahl zwischen drei Motorvarianten (33 kW

---

[345] Aufgrund der Vertraulichkeit der Daten spiegeln die Werte realitätsnahe Größenordnungen wider und entstammen soweit vorhanden aus öffentlich zugänglichen Quellen oder wurden abgeschätzt bzw. anonymisiert. Keinesfalls wird der Anspruch erhoben, die exakten und reellen Werte der modularen Produktfamilie smart aufzuzeigen.

Benziner, 40 kW Benziner und 30 kW Diesel) und zwei Getriebearten (Softip und Softouch). Dabei werden zwei unterschiedliche Katalysatoren für die Diesel- und Benzinervariante verbaut.

Die Anzahl der Varianten des Dachmoduls setzt sich aus der Wahlmöglichkeit zwischen einer Glas- oder Volldachvariante beim City-Coupé und der Faltdachvariante beim Cabrio zusammen.

Die optische Differenzierung zwischen Cabrio und City-Coupé erfolgt u.a. durch zwei verschiedene Frontscheinwerfer. Zudem kann der Kunde optional Nebenscheinwerfer erhalten. Daraus lässt sich die Anzahl der Varianten für das Frontmodul ableiten.

Die Anzahl der Radmodulvarianten ergibt sich zum Einen aus der Unterscheidung in Stahl- und zwei Leichtmetallfelgen (Versionen „sportline" und „starline"). Zum Anderen erfolgt eine Variantenbildung durch unterschiedliche Dimensionen der Hinterräder (5,5 J x 175/55 R 15) und Vorderräder (3,5 J x 135/70 R 15 und 4J x 145/65 R 15).

Das Heckklappenmodul besteht im Wesentlichen aus einem Gerippe, einem Schloss und einer Kunststoffverkleidung. Für diese Verkleidung wird bei der Vormontage das Heckdeckelteil des Customized Body Panel Systems (CBS) verwendet. Die Variantenvielfalt des Heckklappenmoduls wird damit durch die äußere Farbwahl des Kunden bestimmt, der aus insgesamt acht Farbvarianten wählen kann.

Die Variantenbildung des Sitzmoduls resultiert aus den vier Interieurfarben. Ähnlich verhält es sich bei den Türmodulen, bei denen sich die Modulvarianten aus der Unterscheidung in Fahrer- und Beifahrertür sowie der Wahlmöglichkeit aus vier Interieurfarben und acht Exterieurfarben ergeben.

Für das Front-CBS-Modul ergibt sich die Variantenanzahl aus der Kombinationsmöglichkeit von acht verschiedenen Außenfarben, der optischen Frontscheinwerferdifferenzierung zwischen Cabrio und City-Coupé sowie der Wahlmöglichkeit von Nebelscheinwerfern. Dagegen wird die Variantenvielfalt des Heck-CBS-Moduls lediglich durch die Farbwahl des Exterieurs bestimmt.

Die Anzahl der Ausstattungsvarianten, die den Prozessschritt p verlassen (x_p^a), lässt sich durch eine Variantenbaumanalyse auf Basis der Anzahl der Modulvarianten (x_m^{mv}) ermitteln. Zu berücksichtigen sind dabei die Kombinationsverbote zwischen den Modulvarianten, weshalb eine reine multiplikative Verknüpfung nicht zielführend ist.

Die Anzahl der Schnittstellen zwischen den Modulen (x^s) wird durch die Analyse des Modulendmontageprozesses ermittelt, indem die Schnittstellen der Module herausgearbeitet und aufsummiert werden. Zur Ermittlung der Schnittstellenanzahl zwischen den Modulen bietet sich die Verwendung einer Schnittstellenmatrix an, in der paarweise für jede Modulkombination die Anzahl der Schnittstellen anzugeben ist (vgl. Abbildung 61).

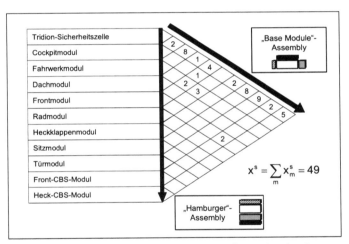

Abbildung 61: Schnittstellenmatrix am Beispiel smart (geschätzt)

Die Ermittlung der optimalen Modulendmontagezeit ($t^{mo,opt}$) erfolgt in Anlehnung an die Vorgehensweise von BARKAN und HINCKLEY und wird in Abbildung 62 verdeutlicht.[346] Die realen Modulendmontagezeiten ($t_m^{mo,real}$) können bei bereits existierenden Fertigungslinien durch Zeitmessungen und bei neugeplanten Linien auf Basis der Planwerte bestimmt werden. Die Fehlerwahrscheinlichkeit der Modulendmontagetätigkeit (f_m) ergibt sich durch die Auswertung von Kennzahlen aus dem Qualitätsmana-

---

[346] Vgl. Barkan, P. / Hinckley, C.M. (1993); siehe auch Kapitel 3.2.2.2.

gement (z.B. ppm-Werte, Geradeauslauf, etc.). Bei einer noch nicht existenten Fertigungslinie sind Erwartungswerte, z.b. unter Berücksichtigung ergonomischer Rahmenbedingungen bei der Modulmontage, heranzuziehen. Sofern Montageplanungsmethoden wie DFA, MTM oder REFA eingesetzt werden, können die benötigten Werte aus diesen Detailplanungen abgeleitet werden. Derartige Datenquellen sind ebenfalls heranzuziehen, um die Komponenten-Einbauzeit bei der Modulvormontage ($t_m^{mo,k}$), die Testzeit für die Module (t_m^{test}) und die Anzahl der Komponenten je Modul (x_m^k) zu ermitteln.[347]

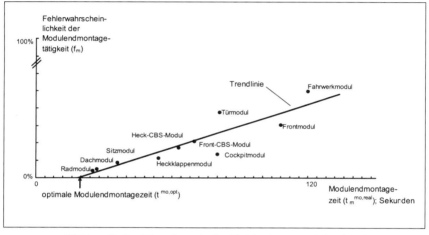

Abbildung 62: Ermittlung der optimalen Modulendmontagezeit (geschätzt)

Im Gegensatz zur Fehleranfälligkeit bei der Modulendmontage (f_m) wird durch die Fehlerwahrscheinlichkeit eines Moduls (w_m) beschrieben, welcher Anteil der vormontierten Module bereits bei der Anlieferung zur Endmontage Fehler beinhaltet. Module, die zuverlässige Qualitätsprozesse durchlaufen bevor sie zur Endmontage gelangen, werden tendenziell eine geringe Fehlerwahrscheinlichkeit aufweisen. Im Rahmen von Lieferanten-Auditierungen erfolgt eine Bewertung dieser Qualitätsprozesse, deren Ergebnisse zur Abschätzung des Parameters w_m herangezogen werden können.

---

[347] Im Beispiel wird in Anlehnung an ERIXON von einer durchschnittlichen Komponenteneinbauzeit von zehn Sekunden ausgegangen (vgl. Erixon, G. (1998), S. 96).

5.3 Exemplarischer Einsatz der M-BSC

Zusätzlich zu den Wahrscheinlichkeitswerten für w_m und f_m ist für jedes Modul ein Parameter anzugeben, der die Wahrscheinlichkeit aufzeigt, dass ein Fehler bei der Modulendmontagetätigkeit *nicht* erkannt wird (q_m). Die Abschätzung dieses Wertes kann unter Berücksichtigung der Qualitätskontrollen in der Endmontagelinie für das entsprechende Modul erfolgen. Beispielsweise können Arbeitsplaninhalte hinsichtlich des Umfangs an Qualitätsprüfungen analysiert werden, um Anhaltspunkte zur Abschätzung des Parameters zu erhalten (z.b. Sichtprüfung versus maschinelle Vermessung in einer Laser-Station).

Die durchschnittlichen Rüstkosten im Prozessschritt p (k_p^R) verdeutlichen, welche Kosten bei einem Wechsel von einer zur anderen Modulvariante im jeweiligen Prozessschritt entstehen. Welche Tätigkeiten die Rüstkosten verursachen, zeigt die Rüstkostendefinition nach REFA auf: „Rüsten ist das Vorbereiten des Arbeitssystems für die Erfüllung der Arbeitsaufgabe sowie – soweit erforderlich – das Rückversetzen des Arbeitssystems in den ursprünglichen Zustand. Das Rüsten kommt im allgemeinen einmal je Arbeitsgang vor. Beispiele: Auftrag annehmen, Auftrag lesen, Zeichnung lesen; Werkzeug wegbringen [...]; Maschine einrichten und einstellen; Proben und Muster anfertigen; Betriebsmittel innerhalb eines Arbeitsauftrages umstellen (umrüsten); Werkzeuge und Vorrichtungen abbauen."[348]

Product-Family-Map

In der Product-Family-Map werden die benötigten Inputgrößen für die Berechnung der Kennzahlen auf der Ebene des Gesamtfahrzeuges bzw. der Produktfamilie zusammengetragen (vgl. Abbildung 63).

		t_v^{FE}	k_v^{SK}	k_v^{HK}	k_v^{MK}	$k_v^{SK,wht}$	$k_{v=1}^{SK,co}$	K_v^{FE}	$K_v^{FE,L}$	p_v	I_v^P	X_v	I	i
04/94 10/98 12/04		[Mon.]	[€]	[€]	[€]	[€]	[€]	[Mio €]	[Mio €]	[€]	[Mio €]	[Tsd.Stk.]	[Mio €]	[%]
▨ City-Coupé (v=1)		54	4.911	4.175	3.841	-	0	268,5	53,7	7.922	318	469	869	15,5
▨ Cabrio (v=2)		38	6.833	5.808	5.343	3.684	-	89,5	17,9	11.021	106	107		
01/97 03/00 10/06														
▨ = Entwicklungszeit ☐ = Laufzeit														

Abbildung 63: Product-Family-Map der modularen Produktfamilie smart [349]

---

[348] Refa (1992), S. 21.
[349] Aufgrund der Vertraulichkeit der Daten spiegeln die Werte lediglich realitäts*nahe* Größenordnungen wider und entstammen soweit vorhanden aus öffentlich zugänglichen Quellen oder wurden abgeschätzt bzw. anonymisiert. Keinesfalls wird der Anspruch erhoben, die exakten und reellen Werte der modularen Produktfamilie smart aufzuzeigen.

Die F&E-Zeit der Produktvarianten (t_v^{FE}) umfasst sowohl die Konzept- als auch die Serienentwicklungsphase bis zur Markteinführung, da die Angaben Aufschluss über die Zeiteffizienz bei der Generierung von Produktvarianten bis zum Markteintrittstermin zulassen sollen. Die Konzeptphase des City-Coupés, die über die Phase der Machbarkeitsanalyse hinausging, begann mit der Unternehmensgründung der damaligen MCC AG im April 1994. Die Markteinführung des Fahrzeuges erfolgte im Oktober 1998, weshalb hier eine Entwicklungszeit von ca. 54 Monaten zu Grunde gelegt wird. Für das Dachsystem des Cabrios schrieb die damalige MCC AG Ende 1996 einen Konzeptwettbewerb aus, bei dem die Webasto Fahrzeugtechnik AG den Auftrag zur Serienentwicklung und -fertigung bekam.[350] Vor dem Hintergrund der Markteinführung des Cabrios im März 2000 wird an dieser Stelle von einer Entwicklungszeit von ca. 38 Monaten ausgegangen.

Die Selbstkosten einer Fahrzeugvariante (k_v^{SK}) können im Rahmen dieses Fallbeispiels nur fiktiv aufgezeigt werden. Eine Analyse der Zusammenhänge zwischen Listenpreis und den Selbstkosten einer Fahrzeugvariante verdeutlicht jedoch die Zusammenhänge (vgl. Abbildung 64).

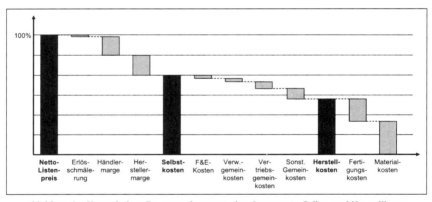

Abbildung 64: Vereinfachter Zusammenhang zwischen Listenpreis, Selbst- und Herstellkosten

Ausgehend von einem durchschnittlichen Nettolistenpreis (p_v) des City-Coupé von 7.922 € (Cabrio 11.021 €) werden Erlösschmälerungen (Skonto, Rabatte, etc.) sowie Händler- und Herstellermargen abgezogen. Resultat dieser Top-down-Betrachtung sind die Selbstkosten des Herstellers. Diese ergeben sich in einer Bottom-up-

---

[350] Vgl. o.V. (2000d), S. 110.

5.3 Exemplarischer Einsatz der M-BSC

Betrachtung im Wesentlichen aus den Herstellkosten (k_v^{HK}), den F&E-Kosten (k_v^{FE}), den Verwaltungs- und Vertriebsgemeinkosten sowie den sonstigen Gemeinkosten (z.B. Garantie- und Kulanzkosten).[351]

Die Materialkosten für fremdgefertigte Umfänge der Varianten (k_v^{MK}) werden aus der Fertigungstiefenangabe von ca. acht Prozent abgeleitet.[352] Demzufolge liegt der Anteil der Lieferantenwertschöpfung in der Produktion bei ca. 92 Prozent. Dieser relative Anteil entspricht wiederum dem Materialkostenanteil an den Herstellkosten.

Die Selbstkosten für Wiederholteile der Varianten im Bezug zur Basisvariante ($k_v^{SK,wht}$) sind aus der Anzahl identischer Komponenten und deren Gewichtung mit den Selbstkosten abzuleiten. Bei der modularen Produktfamilie smart sind ca. 75 Prozent der Cabrio- und City-Coupé-Komponenten identisch, woraus sich die Selbstkosten für die Wiederholteile bestimmen lassen.[353]

Da es sich bei der modularen Produktfamilie smart um eine komplette Neuentwicklung handelt und damit keine Umfänge von einem Vorgängermodell übernommen werden konnten, nehmen die Selbstkosten für Carry-Over-Umfänge ($k_{v=1}^{SK,co}$) einen Wert von Null an.

Die absoluten F&E-Kosten (K_v^{FE}) für die zwei Fahrzeugvarianten betragen insgesamt ca. 358 Mio. Euro.[354] Auf Basis des Anteils identischer Komponenten (75 Prozent) bzw. Differenzierungskomponenten des Cabrios (25 Prozent) werden die F&E-Kosten im Fallbeispiel anteilig auf die Varianten verteilt. Darauf basierend können die F&E-Kosten der Lieferanten ($K_v^{FE,L}$) bestimmt werden, indem die von PFAFFMANN ermittelte Entwicklungstiefe der smart GmbH in Höhe von ca. 20 Prozent zu Grunde gelegt wird.[355]

---

[351] Detaillierte Darstellungen der kalkulatorischen Grundlagen sind beispielsweise zu finden bei: Coenenberg, A.G. (1999), S. 116ff.
[352] Vgl. Bölstler, H. (1999), S. 10.
[353] Vgl. o.V. (2000d), S. 108.
[354] Vgl. o.V. (1997b), S. 51.
[355] Vgl. Pfaffmann, E. (2001), S. 37.

Die absoluten Investitionen in der Produktion (I_v^P) belaufen sich in „smartville" auf insgesamt ca. 424 Mio. Euro.[356] Die Aufgliederung des produktionsseitigen Investitionsvolumens auf die einzelnen Varianten erfolgt für das Fallbeispiel analog zur anteiligen Verteilung der F&E-Kosten.

Die Gesamtinvestitionen (I) bis zur Markteinführung des smart betrugen ca. 1,2 Mrd. Euro, wovon ca. 358 Mio. für die smart-Entwicklung aufgewendet wurden.[357] Daraus ergeben sich aus bilanzieller Sicht Vermögensgegenstände im Wert von ca. 869 Mio. Euro. Der Kalkulationszinssatz (i) für das Fallbeispiel resultiert aus den gewichteten durchschnittlichen Kapitalkosten der DaimlerChrysler AG von 15,5 Prozent (vor Steuern).[358]

Komplettiert wird die Datenbasis durch ein Stückzahlszenario, aus dem die gesamte Absatzstückzahl der Varianten (X_v) hervorgeht. Zudem sind diese Absatzstückzahlen für die Net-Present-Value Berechnung je Periode und zur Ermittlung der Absatzmarktüberschneidung je Absatzregion anzugeben. Die Absatzzahlen für das City-Coupé und das Cabrio sind seit Markteinführung 1998 bzw. 2000 in der ex post Betrachtung kontinuierlich angestiegen (von 1998 bis 2002: 17.000, 80.000, 102.000, 116.000 und 122.000).[359] Im Jahr 2002 gehörten Deutschland (43.600 Fahrzeuge), Italien (32.000 Fahrzeuge), Frankreich (8.600 Fahrzeuge) zu den Hauptabsatzmärkten, wobei ca. 22 Prozent auf das Cabrio entfallen sind.[360] In der ex ante Betrachtung gilt es, auf Basis der vorhandenen Daten eine Prognose für den restlichen Lebenszyklus zu erstellen (z.B. mittels Zeitreihenanalyse). Tendenziell wird der Analyseaufwand bei Neuproduktprojekten größer sein als bei bereits im Markt befindlichen Produkten.

5.3.3 Kennzahlenermittlung und -visualisierung

Anhand der im Kapitel 5.3.2 erarbeiteten Datenbasis können die der M-BSC zu Grunde liegenden Kennzahlen ermittelt werden. Die entsprechende Kennzahlenberechnung ist im Anhang aufgeführt (vgl. Kapitel 7). In Abbildung 65 werden die Ergebnisse in Form eines Spinnennetzdiagrammes visualisiert.

---

[356] Vgl. o.V. (1997b), S. 51.
[357] Vgl. ebenda, S. 51.
[358] Vgl. DaimlerChrysler (1999).
[359] Vgl. DaimlerChrysler Geschäftsberichte 1998 bis 2002.
[360] Vgl. DaimlerChrysler Geschäftsbericht 2002 und DaimlerChrysler (2002).

5.3 Exemplarischer Einsatz der M-BSC

Ohne Vergleichswerte hat ein Großteil der Kennzahlen nur eine geringe Aussagefähigkeit. Eine Ausnahme bildet die Kennzahl Net-Present-Value, bei der ein Wert größer Null auf eine absolute Vorteilhaftigkeit hinweist. Darüber hinaus lassen sich für die Kennzahlen Platform-Effectiveness (durchschnittlicher Umsatz pro eingesetztem F&E-Euro) und Price-Cost-Ratio (durchschnittlicher Umsatz pro Selbstkosten-Euro) über Sensitivitätsanalysen Schwellenwerte ermitteln, ab denen sich die Produktfamilie absolut vorteilhaft darstellt.

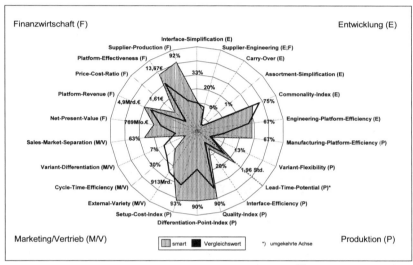

Abbildung 65: M-BSC Spinnennetzdiagramm[361]

Das in der Abbildung 65 aufgezeigte Spinnennetzdiagramm verdeutlicht, dass die modulare Produktfamilie smart gegenüber einer modularen Vergleichs-Produktfamilie relativ überlegen in den Perspektiven Produktion und Finanzwirtschaft positioniert ist. Dagegen werden in der Perspektive Marketing/Vertrieb vereinzelt Optimierungspotentiale aufgezeigt. In der Perspektive Entwicklung nehmen die Produktfamilien ähnliche Kennzahlenwerte an.

---

[361] Die Zahlenwerte beziehen sich auf die modulare Produktfamilie smart. Explizit wird darauf hingewiesen, dass diese auf geschätzten Parametern basieren, sofern diese nicht öffentlich zugänglich waren.

Neben der isolierten Interpretation einzelner Kennzahlen auf aggregierter Produktfamilien-Ebene, sind diverse Kennzahlen für eine kombinierte bzw. tiefergehende Auswertung geeignet. Dabei gibt das Spinnennetzdiagramm erste Hinweise auf die Optimierungspotentiale. Die konkreten Handlungsbedarfe können in der Regel erst auf Basis detaillierterer Auswertungen abgeleitet werden. In diesem Zusammenhang bieten sich beispielsweise Pareto-Analysen auf Modulebene an, mit deren Hilfe die Stellhebel zur Kennzahlenverbesserung aufgezeigt werden können. Abbildung 66 verdeutlicht eine derartige Analyse am Beispiel der Kennzahl Commonality-Index.

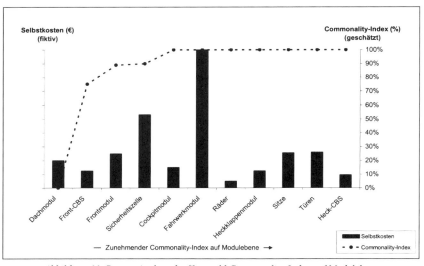

Abbildung 66: Pareto-Analyse der Kennzahl Commonality-Index auf Modulebene

Bereits im Spinnennetzdiagramm wird ein latentes Optimierungspotential für den Commonality-Index durch die Gegenüberstellung mit einer Vergleichs-Produktfamilie aufgezeigt (vgl. Abbildung 65). Um den Kennzahlenwert und damit die Zielerreichung „Standardisierung" möglichst wirkungsvoll zu verbessern, sind insbesondere die kostentreibenden Module stärker zu vereinheitlichen. In Abbildung 66 wird auf Basis hypothetischer Daten dargestellt, dass das kostentreibendste Modul, das Fahrwerkmodul, innerhalb der Produktfamilie bereits vollkommen identisch ist und keine Optimierungspotentiale aufzeigt. Dagegen weisen auf den ersten Blick speziell die Sicherheitszelle, das Dachmodul und das Frontmodul Potentiale auf. Die Sicherheitszelle ist zwar bereits relativ stark vereinheitlicht, um den Commonality-Index jedoch möglichst effizient zu erhöhen, sollten weitere Potentiale aufgrund der hohen Selbstkosten geprüft werden. Das Dachmodul wird angesichts der konzeptionellen Unterscheidung zwischen dem Cabrio und dem City-Coupé kaum weiteres Vereinheitlichungspotential aufweisen. Dagegen kann beim Frontmodul der Commonality-Index gesteigert werden, insbesondere, wenn die Differenzierung der Frontscheinwerfer zwischen den beiden Varianten aufgelöst wird. Analog zur Pareto-Analyse der Kennzahl Commonality-Index lassen sich Optimierungspotentiale für die Kennzahlen Carry-Over, Engineering- und Manufacturing-Platform-Efficiency ableiten und somit Stellhebel zur Konzeptverbesserung identifizieren.

Stellhebel für die Kennzahl Differentiation-Point-Index werden durch eine Analyse der Montagereihenfolge in Kombination mit dem Commonality-Index transparent (vgl. Abbildung 67).

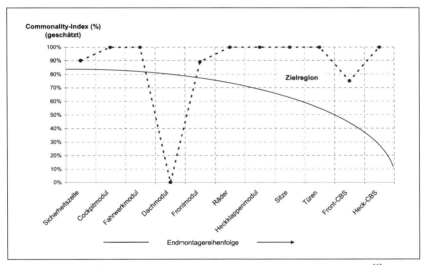

Abbildung 67: Process-Sequence-Chart für die modulare Produktfamilie smart [362]

In Anlehnung an das sog. Process-Sequence-Chart von MARTIN und ISHII kann dabei eine Zielregion vorgegeben werden, anhand der identifiziert wird, ob standardisierte Module tendenziell am Anfang der Endmontagelinie montiert werden, um den standardisierten Umfang der Produktionslinie zu erhöhen. Andersherum ist eine Endmontage von differenzierten Modulen mit geringem Wiederholteilegrad erst am Ende des

---

[362] Vgl. Martin, M. V. / Ishii, K. (1997), S. 6.

Prozesses anzustreben.³⁶³ Für das Beispiel zeigt Abbildung 67, dass das Dachmodul, welches keinerlei Wiederholteile zwischen den Varianten beinhaltet, relativ früh in der Endmontagelinie verbaut wird. Diese frühzeitige Variantenbildung im Produktionsprozess könnte eventuell vermieden werden, weshalb die Möglichkeit zur Verlagerung der Dachmodulendmontage an des Ende der Montagelinie zu überprüfen ist.

Ergänzend zu den Analysen auf Modulebene ermöglicht die Kombination von Kennzahlenwerten weitere Interpretationen der Bewertungsergebnisse. In Anlehnung an MEYER und LEHNERD wird in Abbildung 68 die Manufacturing-Platform-Efficiency und die Engineering-Platform-Efficiency in einem Portfolio gegenübergestellt.

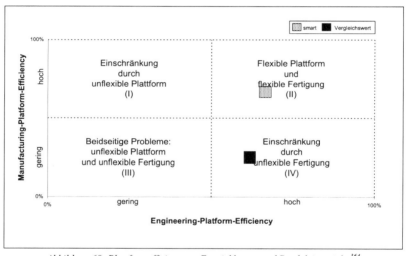

Abbildung 68: Plattformeffizienz aus Entwicklungs- und Produktionssicht ³⁶⁴

Die Kennzahl „Manufacturing-Platform-Efficiency" verdeutlicht die produktionsseitige Flexibilität bei der Integration der Fahrzeugvarianten in die Fertigungslinie unter Berücksichtigung der variantenabhängigen Investitionen und Anlaufkosten. Analog zeigt die Kennzahl „Engineering-Platform-Efficiency" den durchschnittlichen entwicklungsseitigen Aufwand bei der Entwicklung der Fahrzeugvarianten auf. Basierend auf diesen Interpretationen können im Portfolio vier Segmente definiert werden, die auf die Plattformeffizienz aus Produktions- und Entwicklungssicht hinweisen. Sofern

---

[363] Vgl. Martin, M. V. / Ishii, K. (1997), S. 6f.
[364] Vgl. Meyer, M. / Lehnerd, A. (1997), S. 157.

sich die modulare Produktfamilie durch eine flexible Plattform als leistungsfähige Basis auszeichnet, aus der entwicklungsseitig effizient Varianten abgeleitet werden können, lässt sich diese Produktfamilie in einem der Segmente zwei oder vier positionieren. Ganzheitlich effizient ist eine modulare Produktfamilie allerdings nur dann konzipiert, wenn die effizient entwickelten Varianten auch flexibel in die Produktionslinie integriert werden können. Dieser entwicklungs- und produktionsseitig optimale Bereich spiegelt sich lediglich im Segment zwei wider.

Die modulare Produktfamilie smart weist für beide Kennzahlen relativ hohe Werte auf. Hingegen deuten hohe Aufwendungen bei der Integration von Fahrzeugvarianten in die Fertigungslinie bei der Vergleichsbaureihe auf eine relativ unflexible Fertigung hin. Diese Unflexibilität kann beispielweise daraus resultieren, dass für eine Fahrzeugvariante der Produktfamilie eine eigene Werkshalle samt Fertigungslinie aufgebaut werden musste.

Für die Bewertung einer modularen Produktfamilie aus Marketing- bzw. Vertriebssicht steht im Bewertungskonzept die Differenzierung der Varianten unter Berücksichtigung der Absatzregionen im Vordergrund. Abbildung 69 zeigt, analog zu dem im Kapitel 4.2.5.4 aufgezeigten Differenzierungsportfolio, die Positionierung der modularen Produktfamilie smart und eines Vergleichswertes.

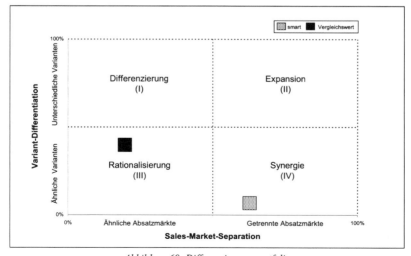

Abbildung 69: Differenzierungsportfolio

Für die Varianten smart City-Coupé und Cabrio weist die Kennzahl Variant-Differentiation mit sieben Prozent auf einen geringen Differenzierungsumfang hin, weshalb die Varianten weitgehend homogen und damit prinzipiell austauschbar sind. Die optische Differenzierung beschränkt sich maßgeblich auf das Dachmodul und die Frontscheinwerfer.[365] Berücksichtigt man jedoch, inwiefern die Varianten in den diversen Absatzregionen untereinander konkurrieren, ist festzustellen, dass sich die Marktsegmente für Cabrio und City-Coupé wenig überschneiden.[366] Diesen Zusammenhang spiegelt die Kennzahl Sales-Market-Separation mit 63 Prozent wider (vgl. Abbildung 70). Zwar entscheidet sich in der absatzstärksten Region neun bereits jeder vierte smart Kunde für die Cabrio Variante, jedoch liegt längst kein deckungsgleiches Absatzvolumen der zwei Varianten in diesem Markt vor, weshalb die Absatzmarktüberlappung als relativ gering einzustufen ist. Diese Fokussierung auf den Vertrieb einer Fahrzeugvariante je Absatzregion ist bei den übrigen Regionen weitaus stärker ausgeprägt.

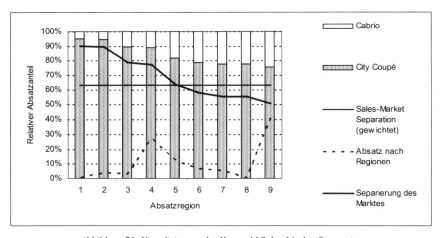

Abbildung 70: Visualisierung der Kennzahl Sales-Market-Separation

---

[365] Vgl. Berechnung im Anhang (Kapitel 7.2.3).
[366] Dem Beispiel wurde eine vereinfachte Marktsegmentierung zu Grunde gelegt. Als Segmentierungskriterien wurden dabei lediglich die Absatzregionen herangezogen. In einer weiteren Detaillierung wäre die Überlappung der Absatzmärkte durch weitere Marktsegmentierungskriterien, wie z.B. Einkommen, Demographie, etc., exakter zu ermitteln.

5.3 Exemplarischer Einsatz der M-BSC

Vor dem Hintergrund dieses Absatzszenarios ist das Angebot zweier nahezu identischer Varianten als folgerichtig einzustufen. Vertriebsseitig kann das Oberziel der Modularisierung, die Renditeerhöhung, insbesondere durch die Erschließung zusätzlicher Kundensegmente, unter Berücksichtigung der Variantendifferenzierung, beeinflusst werden. Wird jedoch eine zusätzliche Fahrzeugvariante angeboten, die zu 100 Prozent identisch zur bestehenden Variante ist (sog. Badge-Engineering), könnten kaum zusätzliche Kunden gewonnen werden, da deckungsgleiche Nutzwerte vorliegen. Sowohl die Gesamtabsatzzahl als auch die Rendite blieben dadurch nahezu unverändert. Da es sich bei der modularen Produktfamilie smart nicht um vollständig identische Varianten handelt, sondern durch geringe Änderungen der Produktstruktur ein geringes aber ausreichendes Maß an Differenzierung vorhanden ist, ermöglicht die Einführung der Cabrio-Variante das Erschließen zusätzlicher Nischensegmente mit entsprechenden Umsatz- und Gewinnpotentialen. Sofern die Käufer der Cabrio-Variante aus neuerschlossenen Nischensegmenten, d.h. aus neuen Käufergruppen stammen, kann diese Strategie als erfolgreich eingestuft werden. Erfolgt jedoch eine Kannibalisierung des City-Coupés, ist die Strategie nur dann als positiv einzustufen, wenn der Stückgewinn beim Cabrio höher ist als beim City-Coupé.[367]

Eine tiefergehende Auswertung hinsichtlich der Korrelation zwischen der Entwicklungstiefe und der Entwicklungszeit ist auf Basis der empirischen Untersuchung von CLARK und FUJIMOTO möglich (vgl. Abbildung 71).[368]

Die Korrelation lässt sich dadurch erklären, dass mit zunehmender Fremdvergabe von Entwicklungsleistungen an verschiedene Entwicklungspartner, der Umfang parallel entwickelter Module steigt und dadurch der absolute Zeitbedarf sinkt. Für die Visualisierung und Interpretation der M-BSC-Bewertungsergebnisse ermöglicht dieser Zusammenhang die Positionierung einer modularen Produktfamilie in einem entsprechendem Koordinatensystem. Sofern die Positionierung über der Trendlinie liegt, sind Möglichkeiten zur intensiveren Nutzung von Simultaneous-Engineering Potentialen zu prüfen. Beispielsweise wären die Möglichkeiten zu hinterfragen, inwie-

---

[367] In diesem Fall würde eine positive Kannibalisierung zu einer Absatzzunahme des Cabrios zu Lasten des City-Coupés führen. Als Folge würde die Absatzmarktüberlappung zunehmen und die Positionierung im Differenzierungsportfolio würde sich in Richtung des Segmentes Rationalisierung (I-II) verschieben. Diese Segment zeigt auf, dass nahezu identische Varianten in den gleichen Absatzmärkten abgesetzt werden, weshalb eine zukünftige Fokussierung auf eine der Varianten erfolgen sollte (z.B. bei der Folgegeneration). Abbildung 69 beinhaltet eine derartige Positionierung für die zum Vergleich herangezogene Produktfamilie.
[368] Vgl. ergänzend die Ausführungen im Kapitel 4.2.4.1.

fern einzelne Module eigenständige Prototypenphasen, unabhängig vom Gesamtfahrzeug, durchlaufen könnten.

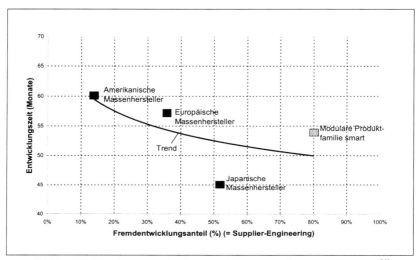

Abbildung 71: Korrelation zwischen der Entwicklungstiefe und der Entwicklungszeit [369]

Die Positionierung der modularen Produktfamilie smart verdeutlicht, dass die Entwicklung, trotz des hohen Fremdentwicklungsumfanges, relativ viel Zeit in Anspruch genommen hat. Als Stellhebel zur Verkürzung der Entwicklungszeit wäre daher zu eruieren, ob eine stärkere Parallelisierung der Modulentwicklung erreicht werden könnte. Unter diesem Fokus kann die Analyse des Entwicklungsprozesses erste Optimierungsansätze aufzeigen, um beispielsweise bei zukünftigen Fahrzeugprojekten die Entwicklungszeit zu verkürzen. Zu berücksichtigen ist allerdings bei der Kennzahleninterpretation, dass es sich bei der modularen Produktfamilie smart um eine Erstentwicklung handelt, bei der im Produktentstehungsprozess nicht auf Vorgängerprodukte zurückgegriffen werden konnte. Daher ist das Bewertungsergebnis im Vergleich mit anderen Produktfamilien zu relativieren.

---

[369] Vgl. Clark, K.B. / Fujimoto, T. (1992), S. 80 und 87. Der Untersuchung liegen 29 Fahrzeugentwicklungsprojekte eines 14.000 $ Kompaktwagens mit 2 Karosserietypen in 20 Firmen zu Grunde (drei aus den USA, acht aus Japan und neun aus West Europa). Um die Projekte vergleichbar zu machen, erfolgte eine Datenbereinigung über statische Verfahren. Dabei wurden Aspekte wie z.B. Produktkomplexität oder Innovationsgrad berücksichtigt. Als Zeitraum der Untersuchungen wurden die Jahre zwischen 1985 und 1988 betrachtet. Unter der Entwicklungszeit verstehen CLARK und FUJIMOTO die Zeit, die von der Konzeptentwicklung bis zur Markteinführung der ersten Variante benötigt wird.

5.3.4 Generierung der M-BSC

Die im Folgenden dargestellten „Scorecards" der Perspektiven Entwicklung, Produktion, Marketing/Vertrieb sowie Finanzwirtschaft stellen zusammenfassend das originäre Steuerungsinstrumentarium der M-BSC dar.

Mod.-ziel	Kennzahl	Kurzerläuterung	smart	Vergleichs-wert	Differenz	Exemplarische Maßnahmen (sofern erforderlich)
Qualität	Interface-Simplification	Die Kennzahl ist ein Indikator für den Komplexitätsgrad der Schnittstellen zwischen den Modulen. Mit zunehmender Schnittstellenkomplexität verlängert sich tendenziell die Entwicklungszeit und die Qualität der Entwicklungsprozesse sinkt aufgrund eines erhöhten Abstimmungsbedarfes. Je größer der Kennzahlenwert, desto weniger komplex sind die Schnittstellen zwischen den Modulen gestaltet, wodurch die Entwicklungszeit reduziert (Simultaneous Engineering) und die Entwicklungsprozessqualität (geringerer Abstimmungsbedarf) verbessert werden kann.	33%	30%	3%	Reduktion der Modulanzahl durch Zusammenlegung von Modulen; Vereinfachung von Schnittstellen zwischen den Modulen (z.B. Schnittstellenzusammenlegung).
Entw.-zeit	Supplier-Engineering	Die Kennzahl gibt Auskunft über die monetär bewerteten Entwicklungsleistungen, die von externen Entwicklungspartnern erbracht werden. Unter der Prämisse, dass mit steigendem Fremdentwicklungsumfang Module zunehmend über fest definierte Schnittstellen voneinander abgegrenzt werden, verbessern sich die Voraussetzungen für eine Parallelentwicklung. D.h. der Abstimmungsaufwand zwischen den am Entwicklungsprozess beteiligten Partnern wird reduziert und Zeitvorteile des Simultaneous-Engineering werden realisiert, wodurch sich die Entwicklungszeit tendenziell verkürzt.	20%	25%	-5%	Outsourcing von Modulentwicklungsleistungen; Frühe Einbindung von Entwicklungspartnern in den Produktentstehungsprozess und Parallelisierung der Entwicklung über fest definierte bzw. standardisierte Schnittstellen.
Standardisierung	Carry-Over	Die Kennzahl verdeutlicht den wertmäßigen Anteil der Übernahmeumfänge vom Vorgängermodell (bezogen auf die Basisvariante). Je größer dieser Umfang, desto höher ist der Zielerreichungsgrad „Standardisierung".	0%	1%	-1%	Übernahme kostentreibender Module bzw. Modulbestandteile in der Folgegeneration (sofern möglich).
Standardisierung	Assortment-Simplification	Die Kennzahl bewertet die Sortimentskomplexität, die sich aus den Eingangsgrößen Modulanzahl, Anzahl der Modulvarianten und Anzahl der Schnittstellen zwischen den Modulen zusammensetzt. Je höher der Kennzahlenwert, desto geringer ist die Sortimentskomplexität und umso höher ist der Standardisierungsgrad.	1%	1%	0%	Reduktion der Variantenanzahl ausgewählter Module (z.B. durch Streichung von Exoten); Reduktion der Schnittstellenanzahl zwischen den Modulen (z.B. durch Schnittstellenzusammenlegung); Reduktion der Modulanzahl durch Bildung von Großmodulen.
Standardisierung	Commonality-Index	Die Kennzahl beschreibt den monetär bewerteten Grad der Wiederholteileverwendung der Varianten einer Produktfamilie im Bezug zur Basisvariante. Je größer der Kennzahlenwert, desto stärker werden Komponenten aus der Basisvariante in den abgeleiteten Varianten wiederverwendet.	75%	85%	-10%	Erhöhung des Wiederholteilumfangs insbesondere bei kostentreibenden Komponenten und Modulen, die nicht zur Differenzierung der Varianten beitragen.
Flexibilität	Engineering-Platform-Efficiency	Die Kennzahl bewertet aus Entwicklungssicht die Flexibilität der modularen Produktfamilie bei der Ableitung von Varianten aus einer Basisvariante. Hierzu werden die F&E-Kosten der abgeleiteten Varianten ins Verhältnis zu denen der Basisvariante gesetzt. Je größer die Kennzahl, desto flexibler ist die modulare Produktfamilie gestaltet, da Varianten mit relativ geringem zusätzlichem Entwicklungsaufwand generiert werden können.	67%	62%	5%	Outsourcing von Entwicklungsleistungen bei Faktorkostenvorteilen des Entwicklungspartners; Zunehmende Modulwiederverwendung von Modulen mit hohen Entwicklungskosten; Erhöhung der Schnittstelleneffizienz, um separate Prototypenphasen zu gewährleisten.

Tabelle 15: M-BSC der Perspektive Entwicklung

Mod.-ziel	Kennzahl	Kurzerläuterung	smart	Vergleichswert	Differenz	Exemplarische Maßnahmen (sofern erforderlich)
Flexibilität	Manufacturing-Platform-Efficiency	Die Kennzahl bewertet die modulare Produktfamilie hinsichtlich ihrer produktionsseitigen Flexibilität bei der Integration abgeleiteter Varianten. Dabei werden die durchschnittlichen produktionsseitigen Investitionen zur Integration einer abgeleiteten Variante zu denen der Basisvariante ins Verhältnis gesetzt. Je größer der Kennzahlenwert, desto flexibler ist die modulare Produktfamilie gestaltet, da Varianten mit relativ geringem Aufwand in die Produktion integriert werden können.	67%	25%	42%	Zusammenlegung von Fahrzeugvarianten in eine gemeinsame Produktionslinie; Stärkere Wiederverwendung bereits bewährter Module zur Reduktion der Anlaufkosten und der Investitionen für Werkzeuge und Anlagen.
	Variant-Flexibility	Die Kennzahl setzt die tatsächlich angebotene Variantenvielfalt ins Verhältnis zur Variantenvielfalt bei freier Kombinationsmöglichkeit und gibt dadurch Auskunft über die Flexibilität eines modularen Konzeptes. Je größer die Kennzahl, desto flexibler können die Module kombiniert werden und aus desto mehr Varianten kann der Kunde (bei gegebener Modulanzahl) auswählen.	13%	10%	3%	Reduktion der Kombinationsverbote zwischen den Modulen bzw. Modulvarianten; Standardisierung der Modulschnittstellen zur Erhöhung der Kombinationsmöglichkeiten.
An-/Durchlaufzeit	Lead-Time-Potential	Über die Zeiten für die Modulvormontage, die Modultests und die Modulendmontage verdeutlicht die Kennzahl ein theoretisches Durchlaufzeitenpotential unter Vernachlässigung von Leerzeiten. Je kleiner der Kennzahlenwert, desto größer ist das Potential, die Durchlaufzeit durch die Vormontage von Modulen und die Parallelisierung von Arbeitsabläufen zu reduzieren. [Kennzahl in Std.]	1,96	2,50	0,54	Aufspaltung der Module in mehrere Submodule, um Vorteile der Parallelarbeit zu nutzen; Reduktion der Komponentenanzahl; Vereinfachung der Modulmontagetätigkeit durch Erhöhung der Schnittstelleneffizienz und Verbesserung der Endmontage-Ergonomie.
	Interface-Efficiency	Die Kennzahl verdeutlicht die Schnittstellenkomplexität der Module untereinander. Dabei wird bewertet, inwiefern eines der idealen Schnittstellenkonzepte "Base-Modul-Assembly" bzw. "Hamburger-Assembly" realisiert wurde. Je größer der Kennzahlenwert, desto geringer ist die Schnittstellenkomplexität und desto geringer ist der Zeitbedarf im Produktionsprozess.	20%	10%	10%	Reduktion der Modulanzahl durch Bildung von Großmodulen; Reduktion der Schnittstellenanzahl durch Zusammenlegung von Schnittstellen (z.B. Kabelbaum).
Qualität	Quality-Index	Die Kennzahl gibt Auskunft über die Wahrscheinlichkeit einer fehlerfreien Produktion. Berücksichtigt werden dabei die Fehlerwahrscheinlichkeiten bei den Modulendmontagetätigkeiten sowie innerhalb der Module selbst. Je größer der Kennzahlenwert, desto größer ist die Wahrscheinlichkeit einer fehlerfreien Produktion.	90%	75%	15%	Verbesserung der Qualitätskontrolle und Reduktion der Komplexität während der Modulendmontage; Verbesserung der Arbeitsplatzergonomie; Erhöhung des Anteils separater Funktionstests vor der Endmontage.
Produktivität	Differentiation-Point-Index	Die Kennzahl verdeutlicht den tendenziellen Differenzierungszeitpunkt in der Endmontagelinie. Dafür wird auf Basis der Modulendmontagereihenfolge untersucht, inwiefern variantenreiche Module am Ende der Endmontagelinie montiert werden. Je größer der Kennzahlenwert, desto später erfolgt die Differenzierung und desto produktiver ist der Produktionsprozess durch Nutzung von standardisierten Abläufen gestaltet.	90%	45%	45%	Verlagerung von Modulen mit hoher (geringer) Variantenvielfalt an das Ende (den Anfang) des Produktionsprozesses.
	Setup-Cost-Index	Die Kennzahl bewertet, inwiefern durch die Verlagerung der Endmontage von Modulen mit hohen Rüstaufwendungen an den Beginn der Endmontagelinie (relativ geringe Variantenvielfalt) der Modulmontageprozess optimiert wurde. Je größer der Kennzahlenwert, desto zielgerichteter wurden Module mit hohen Rüstaufwendungen an den Beginn der Endmontagelinie verlagert und desto produktiver ist der Produktionsprozess gestaltet.	93%	70%	23%	Verlagerung von Modulen mit kostenintensiven Rüstvorgängen an den Anfang der Prozesskette, da dort die Variantenvielfalt relativ gering ist und daher weniger Rüstvorgänge anfallen als am Ende der Prozesskette.

Tabelle 16: M-BSC der Perspektive Produktion

5.3 Exemplarischer Einsatz der M-BSC

Mod.-ziel	Kennzahl	Kurzerläuterung	smart	Vergleichswert	Differenz	Exemplarische Maßnahmen (sofern erforderlich)
Bedürfnisbefriedigung	External-Variety	Die Kennzahl verdeutlicht die für den Kunden verfügbare Variantenvielfalt, die aus dem Modulbaukasten generiert werden kann. Je größer der Kennzahlenwert, aus desto mehr Varianten kann der Kunde sein individuelles Fahrzeug auswählen und umso größer ist insgesamt der Grad der Kundenbedürfnisbefriedigung. [Kennzahl in Mrd. Varianten]	913	360	-553	Reduktion der Kombinationsverbote zwischen den Modulen bzw. Modulvarianten; Standardisierung von Modulschnittstellen zur Erhöhung der Kombinationsmöglichkeiten.
Time-to-Market	Cycle-Time-Efficiency	Die Kennzahl ist ein Indikator für die Zeiteffizienz, mit der aus einer Basisvariante weitere Varianten abgeleitet werden können. Dementsprechend wird die durchschnittliche F&E-Zeit der abgeleiteten Varianten ins Verhältnis zu der F&E-Zeit der Basisvariante gesetzt. Je größer der Kennzahlenwert, desto zeiteffizienter ist die modulare Produktfamilie hinsichtlich der Generierung von Varianten gestaltet.	30%	45%	-15%	Reduktion der Schnittstellenkomplexität, um insbesondere separate Prototypenphasen und Simultaneous-Engineering Prozesse zu gewährleisten; Stärkere Wiederverwendung von bereits bewährten Komponenten und Modulen.
Differenzierung	Variant-Differentiation	Die Kennzahl zeigt die objektive Unterscheidbarkeit zweier Produktvarianten auf, indem die Unterscheidbarkeit der Aufbauordnungen und der Aufbauelemente arithmetisch verknüpft werden. Je größer der Kennzahlenwert, desto unterschiedlicher werden die Varianten aus Kundensicht wahrgenommen. Eine vollständige Ergebnisinterpretation erfolgt auf Basis des Differenzierungsportfolios durch Gegenüberstellung mit der Kennzahl Sales-Market-Separation.	7%	40%	-33%	Handlungsempfehlung gemäß den Normstrategien des Differenzierungsportfolios: Differenzierung, Expansion, Rationalisierung oder Synergie.
	Sales-Market-Separation	Die Kennzahl stellt dar, inwiefern die paarweise betrachteten Produktvarianten auf unterschiedlichen bzw. identischen Märkten vertrieben werden (sog. Marktseparierung). Ein geringer Kennzahlenwert verdeutlicht eine hohe Absatzmarktüberschneidung (geringe Marktseparierung), d.h. die zwei betrachteten Produktvarianten werden in nahezu identischen Absatzmärkten vertrieben. In Kombination mit einer entsprechenden Differenzierung der Produktvarianten (vgl. Kennzahl „Variant-Differentiation") können Handlungsempfehlungen über das Differenzierungsportfolio abgeleitet werden.	63%	20%	43%	

Tabelle 17: M-BSC der Perspektive Marketing/Vertrieb

Mod.-ziel	Kennzahl	Kurzerläuterung	smart	Vergleichswert	Differenz	Exemplarische Maßnahmen (sofern erforderlich)
Rendite	Net-Present-Value	Die Kennzahl ergibt sich aus der Diskontierung der Cash-Flows auf den Anfangszeitpunkt des Investitionsvorhabens mit dem Kapitalkostensatz. Sofern der NPV einen positiven Wert annimmt, ist die interne Verzinsung (Rendite) größer als der Kapitalkostensatz, wodurch ein Mehrwert für die Anteilseigner geschaffen wird. [Kennzahl in Mio. €]	769	750	19	Umsatzsteigerung durch Generierung von Nischenvarianten auf Basis einer „Renner-Basisvariante"; Kostenreduktion durch Standardisierung und Optimierung des Entwicklungsprozesses; Reduktion der Kapitalbindung durch Verringerung der Wertschöpfungstiefe.
Umsatz	Platform-Revenue	Die Kennzahl spiegelt den Umsatz einer modularen Produktfamilie über deren Lebenszyklus wider. Neben der Planung und Steuerung des Umsatzes wird die Kategorisierung modularer Produktfamilien in Klassen mit ähnlichem Umsatzvolumen als Grundlage von Benchmarking-Untersuchungen ermöglicht. [Kennzahl in Mrd. €]	4,9	4,8	0,1	Integration weiterer Fahrzeugvarianten in die modulare Produktfamilie.
Kosten	Price-Cost-Ratio	Der Kennzahlwert kann als „durchschnittlicher Umsatz pro Selbstkosten-Geldeinheit" einer modularen Fahrzeugfamilie interpretiert werden. D.h. je größer der Kennzahlwert ist, desto geringer sind die zur Umsatzgenerierung anfallenden Kosten. [Kennzahl in €/Fahrzeug]	1,61	1,21	0,4	Kosteneffiziente Generierung weiterer Fahrzeugvarianten; Kostenreduktion für bestehende Varianten durch Standardisierung, etc.
	Platform-Effectiveness	Die Kennzahl verdeutlicht die wirtschaftliche Effektivität einer modularen Produktfamilie, indem die Umsätze der Varianten ins Verhältnis zu deren absoluten F&E-Kosten gesetzt werden. Je größer der Kennzahlwert ist, desto höher ist der durchschnittliche Umsatz pro F&E-Geldeinheit und es sind verhältnismäßig weniger Entwicklungsressourcen zur Umsatzgenerierung einzusetzen. [Kennzahl in €/Fahrzeug].	13,7	12,0	1,7	Reduktion der Entwicklungskosten bei der Ableitung von Fahrzeugvarianten durch Steigerung des Anteils an Wiederhol- und Carry-Over-Umfängen; Umsatzgenerierung durch hochpreisige Nischenvarianten, die effizient generiert werden können.
Wertschöpfungsanteil	Supplier-Production	Die Kennzahl ist ein Indikator für den produktionsseitigen Wertschöpfungsanteil der Lieferanten. Je höher der Kennzahlwert, desto geringer ist die Fertigungstiefe des Endproduktherstellers. Damit geht eine Reduktion dessen Kapitalbindung einher. Zusätzlich besteht bei zunehmender Fremdfertigung die Möglichkeit zur Realisierung von Faktorkostenvorteilen beim Lieferanten. Eine geringere Kapitalbindung und geringere Faktorkosten führen c.p. zu einer Erhöhung der Rendite.	92%	35%	57%	Fremdvergabe der Modulfertigung, sofern Faktorkostenvorteile beim Lieferanten realisiert werden können und die anlagegebundene Kapitalbindung auf den Lieferanten übertragen werden kann.
	Supplier-Engineering	Die Kennzahl gibt Auskunft über die monetär bewerteten Entwicklungsleistungen, die von externen Entwicklungspartnern erbracht werden. Je höher der Kennzahlwert ist, desto größer ist der Anteil dieser Fremdentwicklungsleistungen. Analog zur Fertigungstiefe, resultiert daraus die Möglichkeit Faktorkostenvorteile beim Entwicklungspartner zu realisieren. Zu berücksichtigen ist dabei, dass die Möglichkeiten zur Verlagerung der anlagegebundenen Kapitalbindung auf den Lieferanten auf relativ wenige Vermögensgegenstände, wie z.B. Prototypenwerkzeuge, beschränkt sind.	20%	25%	-5%	Fremdvergabe der Modulentwicklung, sofern Faktorkostenvorteile beim Lieferanten realisiert werden können und die anlagegebundene Kapitalbindung auf den Lieferanten übertragen werden kann.

Tabelle 18: M-BSC der Perspektive Finanzwirtschaft

6 Zusammenfassung und Ausblick

In der Automobilbranche führt eine zunehmende externe Komplexität, resultierend aus einer gestiegenen Dynamik der Märkte und Sortimentsbreite, zu einem Bedarf an Produktstrukturierungsansätzen, mit denen die Fahrzeughersteller auf die externen Anforderungen mit entsprechender Kompetenz in den verschiedenen Unternehmensbereichen reagieren können. Ein in diesem Zusammenhang vielversprechender Ansatz stellt die Konzeption modularer Produktfamilien dar. Dabei erfolgt die Konfiguration der individuellen Varianten der Produktfamilie aus einem Modulbaukasten, der aus funktional und physisch klar abgegrenzten Bausteinen (Modulen) besteht. Für die ganzheitliche Planung und Steuerung derartiger modularer Produktfamilien ergibt sich aufgrund methodischer Defizite in Theorie und Praxis ein Unterstützungsbedarf. Aus dieser Problemstellung resultiert als zentrales Forschungsziel dieser Arbeit die methodische Konzeption eines Performance-Measurement-Ansatzes für modulare Produktfamilien.

Vor dem Hintergrund dieser Zielsetzung wird, nach der Einführung in das Thema, im *zweiten Kapitel* zunächst ein Bezugsrahmen aufgespannt, in dem eine Einordnung der Modularisierung im Kontext alternativer Entwicklungsstrategien erfolgt. Es zeigt sich, dass die Produktstrukturierungsansätze mit unterschiedlicher Intensität auf dem Grundsatz basieren, unter Ausnutzung von Standardisierungspotentialen gleichzeitig die kundenseitigen Differenzierungsanforderungen zu erfüllen und flexible Entwicklungsmöglichkeiten zu bieten. Aufgrund der zum Teil fließenden Übergänge zwischen den Begrifflichkeiten wird ein Definitionsmodell generiert, das die Interdependenzen zwischen den alternativen Ansätzen aufzeigt. Das Modell setzt speziell auf der quantitativen Modularisierung auf und verdeutlicht, welche Modularten bzw. -varianten in einem Modulbaukasten existieren und welcher Modulumfang die Produktplattform bildet. Dieser Plattformumfang eines Modulbaukastens wird als Gesamtheit der Module identifiziert, die nur in einer Modulvariante existieren und in jeder Produktvariante der modularen Produktfamilie verbaut werden.

Des Weiteren werden die Anforderungen eines ganzheitlichen Planungs- und Steuerungsansatzes für modulare Produktfamilien auf Basis allgemeiner Zielsetzungen der Performance-Measurement-Ansätze abgeleitet. Mit Performance-Measurement-Ansätzen wird generell auf die Aufhebung von Defiziten rein finanzorientierter Instrumente abgezielt. In diesem Zusammenhang spiegeln sich die entsprechenden Kritikpunkte in den methodischen Defiziten bei der Planung und Steuerung modularer Produktfamilien wider. Zugleich werden die allgemeinen Zielsetzungen originärer Performance-Measurement-Ansätze auf das Objekt „modulare Produktfamilie" übertragen, wodurch die Anforderungen an die Methodenkonzeption determiniert werden. Unter den methodischen Ansprüchen tritt dabei die Hauptanforderung, eine methodische Unterstützung bei der Operationalisierung der Modularisierungsstrategie zu leisten, in den Vordergrund.

Die Darstellung und Beurteilung ausgewählter Methoden zur ganzheitlichen Planung und Steuerung modularer Produktfamilien erfolgt im *dritten Kapitel*. Die Analyse betriebswirtschaftlicher und ingenieurwissenschaftlicher Methoden zeigt den Stand der Wissenschaft hinsichtlich der kennzahlenbasierten Bewertung modularer Produktfamilien auf. Zur Beurteilung dieser Kennzahlen hinsichtlich ihrer Eignung zur Zusammenführung in einen integrierten Planungs- und Steuerungsansatz werden die Kriterien Ermittlungsaufwand, Transparenz und Aussagekraft herangezogen.

Im *vierten Kapitel* wird ein Performance-Measurement-Ansatzes für modulare Produktfamilien auf Basis der Balanced-Scorecard generiert. Eine durchgängige Logik entlang der gewählten Perspektiven Entwicklung, Produktion, Marketing/Vertrieb und Finanzwirtschaft wird durch die Übertragung von Kernkompetenz-Ansätzen auf die Problemstellung gewährleistet. Aufbauend auf den gewählten Perspektiven erfolgt die Bestimmung von Modularisierungszielen mittels einer Expertenbefragung und einer Literaturanalyse. Zur vollständigen Erklärung der Modularisierungsstrategie werden im Anschluss die Ziele auf Basis von Ursache-Wirkungsbeziehungen miteinander verknüpft. Dabei wird das Spannungsfeld zwischen kundenorientierter Differenzierung und kostenorientierter Standardisierung herausgestellt und Abhängigkeiten zwischen den Zielen bei der operativen Umsetzung der Modularisierungsstrategie aufgezeigt.

Durch einen Abgleich der Modularisierungsziele mit den im dritten Kapitel eruierten Kennzahlen wird über beziehungslogische Abhängigkeiten die Basis für eine integrierte Kennzahlenstruktur generiert. Eine Detaillierung entsteht zum Einen durch Kennzahlenadaptionen mit der Zielsetzung, einheitliche Wertebereiche, Zielrichtungen und Parameterdeklarationen zu generieren. Zum Anderen werden unzureichend erklärte Modularisierungsziele durch neudefinierte Kennzahlen quantifizierbar abgebildet. Aufbauend auf diesen Ergebnissen erfolgt eine Prozessgestaltung der Methodenanwendung zur Konkretisierung des als Modularisierungs-Balanced-Scorecard (M-BSC) bezeichneten Planungs- und Steuerungsinstrumentes.

Das Potential der Methodik für den Einsatz in der Praxis wird durch die prototypische Anwendung am realitätsnahen Fallbeispiel der modularen Produktfamilie smart im *fünften Kapitel* aufgezeigt. Dabei wird in einer Struktur- und Prozessanalyse die modulare Struktur der Produktfamilie identifiziert. Darauf aufbauend werden die relevanten Parameter systematisch anhand der Modulmatrix sowie der Product-Family-Map erfasst und die Kennzahlen der M-BSC ermittelt. Die aggregierte Visualisierung der Kennzahlenwerte in einem Spinnennetzdiagramm zeigt in der Gegenüberstellung mit einer Referenz-Produktfamilie Stärken und Schwächen der modularen Produktfamilie smart auf. Eine tiefergehende Analyse ausgewählter Kennzahlen verdeutlicht exemplarisch die Vorgehensweise bei der Identifikation von Handlungsempfehlungen und Stellhebeln zur Optimierung. Zudem ermöglicht die integrierte Darstellung von Kennzahlen in Portfolio-Darstellungen eine Bewertung der Plattformeffizienz aus Entwicklungs- und Produktionssicht sowie die Ableitung von Normstrategien im Spannungsfeld zwischen kostenorientierter Standardisierung und kundenorientierter Differenzierung. Zusammenfassend werden die Ergebnisse im Planungs- und Steuerungsinstrument M-BSC dargestellt, indem einen Zuordnung zwischen den Kennzahlen und den entsprechenden Modularisierungszielen der Perspektiven Entwicklung, Produktion, Marketing/Vertrieb und Finanzwirtschaft erfolgt.

Vor dem Hintergrund des eingangs beschriebenen zentralen Forschungsziels stellen die Ergebnisse dieser Arbeit einen Erkenntnisgewinn dar, indem ein Lösungsansatz für eine aus der Praxis resultierende Problemstellung generiert wird. Die Forschungsarbeit liefert einen Beitrag, modulare Produktfamilien evaluieren zu können. Damit dient das zentrale Forschungsergebnis als essentielle Grundlage für die Entscheidungsfindung im Rahmen der Planung und Steuerung modularer Produktfamilien.

Aufgrund unternehmens- bzw. projektspezifischer Rahmenbedingungen wird der konzipierte Performance-Measurement-Ansatz nicht in jedem Fall stringent in identischer Form aus der Theorie in die Praxis übertragbar sein. In diesem Zusammenhang sei darauf hingewiesen, dass mit der konzipierten Methode nicht der Anspruch erhoben wird, den endgültigen Ansatz in vollständiger Detaillierung definiert zu haben. Vielmehr ist das Ergebnis dieser Arbeit als methodischer Ausgangspunkt für den Einsatz in der Praxis zu interpretieren. Insbesondere sind die in den Performance-Measurement-Ansatz eingebetteten Kennzahlen in weiteren Benchmarking-Untersuchungen hinsichtlich der anzustrebenden absoluten Wertebereiche ausführlicher zu untersuchen. Zudem kann eine tiefergehende Ausarbeitung der auf Zwischenzielebene generierten Kennzahlenstruktur auf der nächsttieferen Abstraktionsebene, d.h. auf Unterzielebene, erfolgen.

Mit einer weiteren Konsolidierung der Anzahl unabhängiger Automobilhersteller und einem weiter ansteigenden Wettbewerb werden die Unternehmen in Zukunft in zunehmenden Maße darauf abzielen, Synergien durch die varianten- bzw. markenübergreifende Nutzung von Komponenten und Modulen zu intensivieren. Dabei wird der Erfolg der Unternehmen von einer Vielzahl von Faktoren abhängig sein und sich die Komplexität der Entscheidungsprobleme tendenziell erhöhen. In diesem Umfeld wird die Akzeptanz und der Bedarf nach Methoden mit ganzheitlichem Fokus zunehmen, da diese die Entscheidungsfindung durch einen hohen Grad an Transparenz unterstützen.

7 Anhang

7.1 Fragebogen zur Zielanalyse (Auszug)

7.1.1 Allgemeiner Teil

Beurteilen Sie bitte bei den jeweiligen Fragen, wie stark Ihrer Meinung nach die einzelnen Aussagen zutreffen. Kreuzen Sie bitte die Ausprägung an (von „trifft voll und ganz zu" bis „trifft gar nicht zu"), die Ihrer Meinung nach am besten passt. Bei der Beantwortung steht Ihre persönliche Meinung und Ihre Erfahrung zu verschiedenen Aussagen zum Thema „Modularisierung" in Ihrem Geschäftsbereich im Vordergrund. Sollten Sie bestimmte Fragen nicht beurteilen können, beantworten Sie diese bitte gemäß Ihrer persönlichen Einschätzung. Es geht in dieser Umfrage nicht um wissenschaftlich exaktes Wissen, sondern um Ihre Vorstellungen, Erfahrungen und Meinungen.

Wie stark treffen die folgenden Aussagen zum Thema Modularisierung in der Fahrzeugindustrie zu?

	Modularisierung ...	trifft voll und ganz zu	trifft eher zu	trifft teilweise zu	trifft eher nicht zu	trifft gar nicht zu
1	ist ein wichtiges Thema	( )	( )	( )	( )	( )
2	ist ein aktuelles Thema	( )	( )	( )	( )	( )
3	bringt Vorteile in der Produktion mit sich	( )	( )	( )	( )	( )
4	bringt Vorteile in der Entwicklung mit sich	( )	( )	( )	( )	( )
5	bringt Vorteile im Marketing/Vertrieb mit sich	( )	( )	( )	( )	( )
6	setzt besondere Kernkompetenzen in der Produktion voraus	( )	( )	( )	( )	( )
7	setzt besondere Kernkompetenzen in der Entwicklung voraus	( )	( )	( )	( )	( )
8	setzt besondere Kernkompetenzen im Marketing/Vertrieb voraus	( )	( )	( )	( )	( )
9	bietet die Möglichkeit, Lieferanten verstärkt zu integrieren	( )	( )	( )	( )	( )
10	führt tendenziell zu einer Reduktion der Lieferantenanzahl	( )	( )	( )	( )	( )
11	verschlechtert tendenziell die Position gegenüber dem Lieferanten durch höhere Abhängigkeit	( )	( )	( )	( )	( )
12	erhöht den organisatorischen Aufwand im Produktentstehungsprozess	( )	( )	( )	( )	( )
13	setzt die Änderung der bestehenden Organisationsstruktur voraus	( )	( )	( )	( )	( )
14	führt zu einer Reduktion der internen Komplexität (bei gleichbleibender Erfüllung der Kundenanforderung)	( )	( )	( )	( )	( )
15	führt zu einer Reduktion der ‚Vielfaltskosten'	( )	( )	( )	( )	( )
16	bringt vielseitige Vor- u. Nachteile mit sich, deren direkte Quantifizierung in der Konzeptphase Schwierigkeiten bereitet	( )	( )	( )	( )	( )
17	führt zu einem Bedarf an spezifischen Kennzahlen zur ganzheitlichen Bewertung in der Konzeptphase	( )	( )	( )	( )	( )
18	sollte im Produktentstehungsprozess methodisch unterstützt werden, um eine systematische Vorgehensweise sicherzustellen	( )	( )	( )	( )	( )
19	führt zu Ursache-Wirkungs-Zusammenhängen (wenn-dann-Beziehungen), die transparenter dargestellt werden sollten, um ein einheitliches Strategie-Verständnis zu erzeugen	( )	( )	( )	( )	( )

Im Folgenden soll genauer untersucht werden, zur Erreichung welcher Ziele ein hoher Grad der Modularisierung einen wesentlichen Beitrag leisten kann. Dabei werden die Ziele in Anlehnung an die Balanced-Scorecard in vier Sichtweisen gegliedert.

Bitte bearbeiten Sie alle vier Perspektiven, auch wenn Sie Experte nur einer dieser Perspektiven sind!

7.1.2 Perspektive Entwicklung

	Durch Modularisierung kann man.... I) →Zeit	trifft voll und ganz zu	trifft eher zu	trifft teilweise zu	trifft eher nicht zu	trifft gar nicht zu
1	die Entwicklungszeit pro Variante reduzieren	( )	( )	( )	( )	( )
2	parallele Entwicklung ermöglichen	( )	( )	( )	( )	( )
	II) →Umwelt					
3	die Recyclingfähigkeit der Produkte erhöhen	( )	( )	( )	( )	( )
4	Emissionen reduzieren	( )	( )	( )	( )	( )
5	verstärkt umweltgerechte Materialien einsetzen	( )	( )	( )	( )	( )
	III)→Flexibilität					
6	länderspezifische Anpassungen vereinfachen	( )	( )	( )	( )	( )
7	Anpassungen an gesetzliche Normen vereinfachen	( )	( )	( )	( )	( )
8	Spezifikations-Modifikationen während der Entwicklung leichter umsetzen	( )	( )	( )	( )	( )
	IV) →Qualität					
9	die Qualität des Entwicklungsprozesses erhöhen	( )	( )	( )	( )	( )
10	die Konzeptqualität verbessern (z.B. funktionale Unabhängigkeit von Fahrzeugumfängen)	( )	( )	( )	( )	( )
	V) →Standardisierung					
11	den Wiederholteilegrad innerhalb und zu anderen Baureihen erhöhen	( )	( )	( )	( )	( )
12	gemeinsame Architekturen verstärkt verwenden (common architecture)	( )	( )	( )	( )	( )
13	den Carry-Over Umfang erhöhen (zum Vorgängermodell)	( )	( )	( )	( )	( )
14	die Anzahl der Plattformen reduzieren	( )	( )	( )	( )	( )
15	die Anzahl der Sachnummern reduzieren	( )	( )	( )	( )	( )
	VI) →weitere Modularisierungs-Ziele aus Entwicklungssicht (bitte ergänzen):					
16		( )	( )	( )	( )	( )
17		( )	( )	( )	( )	( )
18		( )	( )	( )	( )	( )

7.1.3 Perspektive Produktion

Durch Modularisierung kann man... I) →Zeitfokus	trifft voll und ganz zu	trifft eher zu	trifft teilweise zu	trifft eher nicht zu	trifft gar nicht zu
1 Durchlaufzeiten reduzieren	( )	( )	( )	( )	( )
2 die Reaktionsgeschwindigkeit auf Änderungen erhöhen	( )	( )	( )	( )	( )
II →Qualitätsfokus					
3 die Produktionsprozess-Qualität erhöhen (z.B. durch Erhöhung des Vormontageumfangs oder durch effiziente Schnittstellengestaltung)	( )	( )	( )	( )	( )
4 die Ausschussmenge reduzieren	( )	( )	( )	( )	( )
5 separate Testbarkeit außerhalb der Endmontage ermöglichen	( )	( )	( )	( )	( )
6 die Produktqualität erhöhen	( )	( )	( )	( )	( )
7 Nacharbeit reduzieren	( )	( )	( )	( )	( )
III)→Fokus Flexibilität					
8 die Anpassungsfähigkeit auf Nachfrageänderungen erhöhen	( )	( )	( )	( )	( )
9 die Anpassungsfähigkeit auf Änderungen der Unternehmensumwelt erhöhen, z.B. auf neue Normen /staatl. Vorschriften	( )	( )	( )	( )	( )
IV) →Fokus Produktivität					
10 Rüstvorgänge optimieren	( )	( )	( )	( )	( )
11 bestehende Produktionsanlagen und Werkzeuge verstärkt wiederverwenden (Invest-Carry-Over)	( )	( )	( )	( )	( )
12 den Differenzierungszeitpunkt in der Produktion verzögern (d.h. spätere Variantenbildung)	( )	( )	( )	( )	( )
13 Skaleneffekte durch Verwendung gleicher Module in unterschiedlichen Produkten erlangen	( )	( )	( )	( )	( )
14 die Produktivität hinsichtlich des Personals steigern	( )	( )	( )	( )	( )
V) →weitere Modularisierungs-Ziele aus Produktionssicht (bitte ergänzen):					
15	( )	( )	( )	( )	( )
16	( )	( )	( )	( )	( )
17	( )	( )	( )	( )	( )
18	( )	( )	( )	( )	( )

7.1.4 Perspektive Marketing/ Vertrieb

Durch Modularisierung kann man....	trifft voll und ganz zu	trifft eher zu	trifft teil- weise zu	trifft eher nicht zu	trifft gar nicht zu
I) →Differenzierung					
1 Kundenanforderungen besser erfüllen	( )	( )	( )	( )	( )
2 die Unterscheidbarkeit von Produkten positiv beeinflussen	( )	( )	( )	( )	( )
3 Individualisierung ermöglichen (z.B. durch Integration eines kundenindividuellen Moduls)	( )	( )	( )	( )	( )
4 negative Effekte auf die Markenidentität vermeiden	( )	( )	( )	( )	( )
II) →Bedürfnisbefriedigung					
5 die Anschaffungskosten für den Kunden reduzieren	( )	( )	( )	( )	( )
6 den Instandhaltungs-/Betriebsaufwand reduzieren	( )	( )	( )	( )	( )
7 den Service verbessern (z.B. kürzere Wartezeiten bei der Reparatur aufgrund eines vereinfachten Modulaustauschs)	( )	( )	( )	( )	( )
8 die Kasko-Einstufung bei den Versicherungen verbessern	( )	( )	( )	( )	( )
9 eine größere Auswahl an Produktvarianten profitabel anbieten	( )	( )	( )	( )	( )
III)→Zeit					
10 Innovationen schneller umsetzen	( )	( )	( )	( )	( )
11 time-to-market verkürzen	( )	( )	( )	( )	( )
12 Auslieferungszeiten verkürzen	( )	( )	( )	( )	( )
IV) →weitere Modularisierungs-Ziele aus Marketing-/Vertriebs- sicht (bitte ergänzen):					
13	( )	( )	( )	( )	( )
14	( )	( )	( )	( )	( )
15	( )	( )	( )	( )	( )
16	( )	( )	( )	( )	( )

7.1.5 Perspektive Finanzwirtschaft

Durch Modularisierung kann man.... I) →Kosten	trifft voll und ganz zu	trifft eher zu	trifft teilweise zu	trifft eher nicht zu	trifft gar nicht zu
1 Materialkosten (i.S.v. Einkaufskosten) reduzieren	( )	( )	( )	( )	( )
2 Fertigungskosten reduzieren	( )	( )	( )	( )	( )
3 durchschnittl. Entwicklungskosten pro Variante reduzieren	( )	( )	( )	( )	( )
4 durchschnittl. Vertriebskosten pro Variante reduzieren	( )	( )	( )	( )	( )
5 potentielle Fehlinvestitionen begrenzen (z.B. bei Einführung von Nischenprodukten)	( )	( )	( )	( )	( )
II) →Umsatz					
6 den Marktanteil ausbauen	( )	( )	( )	( )	( )
7 höhere Produktpreise erzielen	( )	( )	( )	( )	( )
III)→Wertschöpfungsanteil					
8 die Entwicklungstiefe reduzieren	( )	( )	( )	( )	( )
9 die Fertigungstiefe reduzieren	( )	( )	( )	( )	( )
IV) →weitere Modularisierungs-Ziele aus finanzwirtschaftlicher Sicht (bitte ergänzen):					
13	( )	( )	( )	( )	( )
14	( )	( )	( )	( )	( )
15	( )	( )	( )	( )	( )
16	( )	( )	( )	( )	( )

7.2 Grundlagen zur statistischen Auswertung

Der Befragung im Kapitel 4.2.3 lag ein Fragebogen mit ordinal skalierten Merkmalsausprägungen zu Grunde, bei dem Antwortmöglichkeiten von „trifft voll und ganz zu" bis „trifft gar nicht zu" vorgegeben waren. Um eine Auswertung der Antworten zu ermöglichen, wurden den Antwortmöglichkeiten Punktwerte von eins (für „trifft gar nicht zu") bis fünf (für „trifft voll und ganz zu") zugeordnet.

Für ordinalskalierte Daten mit relativ kleinen Beobachtungszahlen bietet sich der Median als geeignetes Lagemaß an.[370] Zur Ermittlung des Medians sind die Angaben der Befragungsteilnehmer für jede Frage zunächst in eine geordnete Reihe nach dem Prinzip $x_1 \leq x_2 \leq ... \leq x_n$ zu transformieren. Im Anschluss ergibt sich der Median bei ungeraden Beobachtungszahlen aus dem mittleren Wert der geordneten Reihe bzw. aus dem Mittelwert der beiden mittleren Werte bei geraden Beobachtungszahlen.[371] Bei der Befragung lagen 19 auszuwertende Fragebogen vor, so dass der zehnte Wert der geordneten Reihe den Median darstellt. Diese Art der Auswertung hat insbesondere den Vorteil, dass eine sehr geringe Anfälligkeit der Auswertungsergebnisse gegenüber Ausreißern existiert.

Neben dem Median wurde zur Erfassung der Datenstreuung das erste und dritte Quartil sowie das daraus resultierende Streumaß Interquartilsweite ermittelt. Das erste bzw. dritte Quartil stellt dabei eine spezielle Form eines Quantils dar. Ein Quantil ist definiert als ein Wert, der größer oder gleich *p-Prozent* der Merkmalsausprägungen ist. Die Variable *p* ist dabei eine frei wählbare Prozentzahl, für die sich in der Praxis Werte zwischen 25 und 75 Prozent etabliert haben. Ein Quantil mit *p*=25 Prozent wird auch als erstes Quartil bezeichnet und verdeutlicht den Wert, der größer oder gleich ein Viertel aller Merkmalsausprägungen ist. Das erste Quartil entspricht in einer geordneten Reihe von *n* Merkmalen dem *p·n*-ten Wert, wobei *p* einen Wert von 25 Prozent annimmt. Bei nicht-ganzzahligen Werten für das erste Quartil wird dieses in jedem Fall abgerundet, da es ansonsten nicht mehr den Wert, der größer oder gleich 25 Prozent der Merkmalsausprägungen ist, repräsentiert. Analog zum ersten Quartil wird

---

[370] Vgl. Schmid, C. (2002), S. 2.
[371] Vgl. Hüttner, M. (1997), S. 50. Streng genommen wäre eine Berechnung des Medians bei geraden Beobachtungszahlen nicht möglich, da bei einer ordinalen Skalierung der Wert zwischen zwei benachbarten Werten nicht angenommen werden kann. Allerdings wird diese für metrische Daten sinnvolle Vorgehensweise, häufig auch auf ordinale Daten angewendet (vgl. Benninghaus, H. (1992), S. 42).

das dritte Quartil ermittelt, wobei hier p=75 Prozent gilt. Aus der Differenz zwischen dem ersten und dritten Quartil lässt sich das Streumaß Interquartilsweite bestimmen. Dieser Wert verdeutlicht den Wertebereich um den Median, indem die Hälfte aller Merkmalsausprägungen liegen. Je geringer die Interquartilsweite ist, desto geringer ist die Streuung der erhobenen Daten.[372]

Die aufgezeigten statistischen Lage- und Streumaße sind in die Darstellungen im Kapitel 4.2.3 eingeflossen, welche sich an der Visualisierungsform des sog. Boxplot orientieren.[373] Abbildung 72 verdeutlicht die Berechnung der Lage- und Streumaße sowie die graphische Darstellung an einem Beispiel.

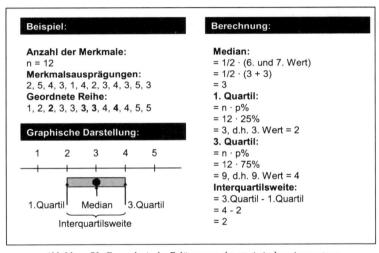

Abbildung 72: Exemplarische Erläuterung der statistischen Auswertung

---

[372] Vgl. Schmid, C. (2002), S. 3ff.
[373] Siehe dazu Tukey, J. W. (1977), S. 64.

7.3 M-BSC Kennzahlenermittlung für die modulare Produktfamilie smart

7.3.1 Perspektive Entwicklung

Interface-Simplification

$$= \frac{M \cdot t^{mo,opt}}{\sum_m t_m^{mo,real}} = \frac{11 \cdot 20}{664} = 0{,}33$$

Supplier-Engineering

$$= \frac{\sum_v K_v^{FE,L}}{\sum_v K_v^{FE}} = \frac{53.700.000 + 17.900.000}{268.500.000 + 89.500.000} = 0{,}20$$

Carry-Over

$$= \frac{k_{v=1}^{SK,co}}{k_{v=1}^{SK}} = \frac{0}{4.911} = 0$$

Assortment-Simplification

$$= \frac{1}{\sqrt[3]{M \cdot x^s \cdot \sum_m x_m^{mv}}} = \frac{1}{\sqrt[3]{11 \cdot 49 \cdot 10.863}} = 0{,}01$$

Commonality-Index

$$= \frac{\sum_{v=2}^{V} k_v^{SK,wht}}{(V-1) \cdot k_{v=1}^{SK}} = \frac{3.684}{(2-1) \cdot 4.911} = 0{,}75$$

Engineering-Platform-Efficiency

$$= 1 - \frac{\sum_{v=2}^{V} K_v^{FE}}{(V-1) \cdot K_{v=1}^{FE}}, \quad 1 - \frac{89.500.000}{(2-1) \cdot 268.500.000} = 0{,}67$$

7.3.2 Perspektive Produktion

Manufacturing-Platform-Efficiency

$$= 1 - \frac{\sum_{v=2}^{V} I_v^p}{(V-1) \cdot I_{v=1}^p} = 1 - \frac{106}{(2-1) \cdot 318} = 0,67$$

Variant-Flexibility

$$= \frac{x_{p=P=11}^a}{\prod_m x_m^{mv}} = \frac{EV}{\prod_m x_m^{mv}} = \frac{913 \text{ Mrd.}}{7.306 \text{ Mrd.}} = 0,13$$

Lead-Time-Potential

$$= \max_m \left(x_m^k \cdot t_m^{mo,k} + t_m^{test} \right) + \sum_m t_m^{mo,real} = (620 \cdot 10 + 180) + 664 = 7.044 \text{ Sek.} = 1,96 \text{ Std.}$$

Interface-Efficiency

$$= \frac{M-1}{x^s} = \frac{11-1}{49} = 0,20$$

Quality-Index

$$= \prod_{m=2}^{M} (1 - q_m \cdot c_m^{1-f_m})(1 - w_m) = 0,90, \quad \text{mit } c_m = \frac{t_m^{mo,real} - t^{mo,opt}}{\text{Max}(t_m^{mo,real} - t^{mo,opt})}$$

Modul		Modulend-montage-zeit	optimale Modulend-montage-zeit	Schnitt-stellen-kom-plexitäts-faktor	Wkt. einer fehler-freien Montage-tätigkeit	Wkt. des Nichter-kennens von Montage-fehlern	Wkt. einer fehlerfreien Modulend-montage	Wkt. eines fehler-freien Moduls	Wkt. eines fehlerfreien Endproduktes
		$t_m^{mo,real}$	$t^{mo,opt}$	c_m	$1-f_m$	q_m	$1 - q_m \cdot c_m^{1-f_m}$	$1-w_m$	$(1 - q_m \cdot c_m^{1-f_m}) \cdot (1-w_m)$
Cockpitmodul	m=2	80		0,600	0,997	0,010	0,994	0,990	0,984
Fahrwerkmodul	m=3	120		1,000	0,990	0,010	0,990	0,995	0,985
Dachmodul	m=4	27		0,070	0,999	0,010	0,999	1,000	0,999
Frontmodul	m=5	108		0,880	0,994	0,035	0,969	0,996	0,965
Räder	m=6	25		0,050	0,999	0,020	0,999	1,000	0,999
Heckklappenmodul	m=7	54	20	0,340	0,998	0,030	0,990	1,000	0,990
Sitze	m=8	36		0,160	0,998	0,020	0,997	1,000	0,997
Türen	m=9	81		0,610	0,992	0,010	0,994	1,000	0,994
Front-CBS	m=10	70		0,500	0,996	0,015	0,992	1,000	0,992
Heck-CBS	m=11	63		0,430	0,997	0,015	0,994	1,000	0,994
Max ($t_m^{mo,real}$):		120					Π:		90,30%

Tabelle 19: Ermittlung der Kennzahl Quality-Index (geschätzte Werte)

Differentiation-Point-Index

$$= 1 - \frac{\sum_p x_p^a}{P \cdot x_{p=P}^a} = 1 - \frac{1.035 \text{ Mrd.}}{11 \cdot 913 \text{ Mrd.}} = 0,90$$

Setup-Cost-Index

$$= 1 - \frac{\sum_p x_p^a \cdot k_p^R}{x_{p=P}^a \cdot \sum_p k_p^R} = 1 - \frac{12.668 \text{ Mrd.}}{172.614 \text{ Mrd.}} = 0{,}93$$

7.3.3 Perspektive Marketing/Vertrieb

External-Variety

$$= x_{p=P}^a = 913 \text{ Mrd.}$$

Cycle-Time-Efficiency

$$= 1 - \frac{\sum_{v=2}^{V} t_v^{FE}}{(V-1) \cdot t_{v=1}^{FE}} = 1 - \frac{38}{(2-1) \cdot 54} = 0{,}30$$

Variant-Differentiation

$$= 1 - \left(\frac{\ddot{A}^O + \ddot{A}^E}{2}\right) = 1 - \left(\frac{1 + 0{,}854}{2}\right) = 0{,}07$$

Merkmale der Aufbauordnung		Aufbauordnung City Coupé	Aufbauordnung Cabrio	Anzahl gleicher Ordnungen
1. Raumlage				
Stehend auf Boden		1	1	1
2. Gestalttyp				
One-Box-Gestalt		1	1	1
3. Anordnung der Hauptbaugruppen				
Sicherheitszelle als optische Tragstruktur		1	1	1
Sandwichbauweise mit Motor hinten		1	1	1
4. Proportionen				
P1=H/B		1	1	1
P2=H/L		1	1	1
P3=Hmin/H		1	1	1
Radstand (mm)	1812	1	1	1
Spurweite vorn (mm)	1286	1	1	1
Spurweite hinten (mm)	1354	1	1	1
Länge (mm)	2500	1	1	1
Breite (mm)	1515	1	1	1
Höhe (mm)	1529	1	1	1
5. Symmetrien				
Quasi-Symmetrie in Fahrzeuglängsachse		1	1	1
Summe der Merkmale der Einzelordnungen		14	14	14
Ähnlichkeitsgrad der Aufbauordnungen				100,0%

Tabelle 20: Ermittlung der Ähnlichkeit der Aufbauordnungen am Beispiel smart

7.3 M-BSC Kennzahlenermittlung für die modulare Produktfamilie smart

Merkmale der Aufbauelemente (Teile bzw. Module)			City Coupé	Cabrio	Anzahl Gleichteile (nach Anzahl)
1. Tridion-Sicherheitszelle					
Coupé anthrazit*			1	0	0
Cabrio anthrazit*			0	1	0
Coupé silber					
Cabrio silber					
		Teileanzahl	1	1	
		Teilearten	1	1	
2. Cockpitmodul					
Cockpituhr/Drehzahlmesser*			1	1	1
Getränkehalter*			1	1	1
Raucherset*			1	1	1
Radio*			1	1	1
Soundpaket*			1	1	1
Telefonkonsole*			1	1	1
Getränkehalter*			1	1	1
CD-Box*			1	1	1
Kassettenbox*			1	1	1
Klimaanlage*			1	1	1
Lenkrad*			1	1	1
		Teileanzahl	11	11	
		Teilearten	11	11	
3. Fahrwerkmodul					
Motor		33kW Benziner*	1	1	1
		40kW Benziner			
		30 kW Diesel			
Getriebe		Softip*	1	1	1
		Softouch			
Abgas		3-Wege-Katalysator*	1	1	1
		Katalysator (Diesel)			
Hinterradaufhängung		Dedion Hinterachse*	1	1	1
Vorderachse		Einzelradaufhängung*	1	1	1
Tankmodul		22 Liter Benzin*	1	1	1
Bremsen		Zweikreis Bremsanlage*	1	1	1
		Teileanzahl	7	7	
		Teilearten	7	7	
4. Dachmodul					
Glasdach*			1	0	0
Faltverdeck*			0	1	0
Volldach					
		Teileanzahl	1	1	
		Teilearten	1	1	
5. Frontmodul					
Scheinwerfer		Cabrio*	0	2	0
		Coupé*	2	0	0
Nebelscheinwerfer*			2	2	2
		Teileanzahl	4	4	
		Teilearten	2	2	
6. Radmodule					
Hinterräder		Stahl 175/55 R 15*	2	2	2
		Leichtmetall 175/55 R 15 (sportline)			
		Leichtmetall 175/55 R 15 (starline)			
Vorderräder		Stahl 145/65 R 15*	2	2	2
		Stahl 135/70 R 15			
		Leichtmetall 135/70 R 15 (starline)			
		Leichtmetall 145/65 R 15 (starline)			
		Leichtmetall 135/70 R 15 (sportline)			
		Leichtmetall 145/65 R 15 (sportline)			
		Teileanzahl	4	4	
		Teilearten	2	2	
7. Heckklappenmodul					
Außenfarbe		phat red*	1	1	1
		lite white			
		jack black			
		hello yellow			
		true blue metallic			
		bay gray metallic			
		aqua green			
		aqua vanilla			
		Teileanzahl	1	1	
		Teilearten	1	1	

8. Sitzmodul						
Innenfarbe	scodic blue mit blauen Akzentteilen*		2	2	2	
	boomerang blue mit blauen Akzentteilen					
	boomerang red mit roten Akzentteilen					
	Leder papaya mit blauen Akzentteilen					
		Teileanzahl	2	2		
		Teilearten	1	1		
9. Türmodul						
Außenfarbe	phat red*		2	2	2	
	lite white					
	jack black					
	hello yellow					
	true blue metallic					
	bay gray metallic					
	aqua green					
	aqua vanilla					
Innenfarbe	scodic blue mit blauen Akzentteilen*		2	2	2	
	boomerang blue mit blauen Akzentteilen					
	boomerang red mit roten Akzentteilen					
	Leder papaya mit blauen Akzentteilen					
		Teileanzahl	4	4		
		Teilearten	2	2		
10. Front-CBS-Modul						
Außenfarbe	phat red*		1	1	1	
	lite white					
	jack black					
	hello yellow					
	true blue metallic					
	bay gray metallic					
	aqua green					
	aqua vanilla					
Scheinwerfer	Cabrio*		0	2	0	
	Coupé*		2	0	0	
Nebelscheinwerfer*			2	2	2	
		Teileanzahl	5	5		
		Teilearten	3	3		
11. Heck-CBS-Modul						
Außenfarbe	phat red*		1	1	1	
	lite white					
	jack black					
	hello yellow					
	true blue metallic					
	bay gray metallic					
	aqua green					
	aqua vanilla					
		Teileanzahl	1	1		
		Teilearten	1	1		
		Teileanzahl	**41**	**41**	**35**	
		Teilearten	**32**	**32**		
*) Konfiguration der gegenübergestellten Varianten						
		Ähnlichkeitsgrad der Aufbauelemente			**85,4%**	

Tabelle 21: Ermittlung der Ähnlichkeit der Aufbauelemente am Beispiel smart

7.3 M-BSC Kennzahlenermittlung für die modulare Produktfamilie smart

Sales-Market-Separation

$$= \sum_r MA_r \cdot \left| MA_r^{v_1} - MA_r^{v_2} \right| = 0{,}63$$

Absatz-region	City Coupé	Cabrio	Absolute Differenz	Absatz nach Regionen	Gewichtete Separierung
r	$MA_r^{v_1}$	$MA_r^{v_2}$	$\| MA_r^{v_1} - MA_r^{v_2} \|$	MA_r	$MA_r \cdot \| MA_r^{v_1} - MA_r^{v_2} \|$
1	95%	5%	90%	0%	0%
2	95%	5%	90%	4%	4%
3	89%	11%	78%	3%	2%
4	89%	11%	78%	27%	21%
5	82%	18%	64%	12%	8%
6	79%	21%	58%	6%	3%
7	78%	22%	56%	6%	3%
8	78%	22%	56%	1%	1%
9	75%	25%	50%	41%	21%
				Sales-Market-Separation (Σ):	**63%**

Tabelle 22: Ermittlung der Kennzahl Sales-Market-Separation (fiktive Werte)

7.3.4 Perspektive Finanzwirtschaft

Net-Present-Value

$$= \sum_{t=0}^{T} \frac{CF_t}{(1+i)^t} = 769 \text{ Mio.}$$

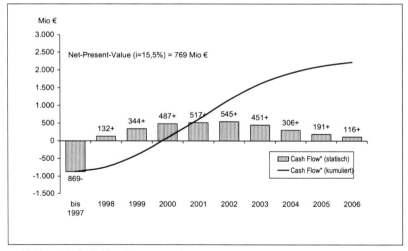

Abbildung 73: Cash-Flow Statement und Net-Present-Value-Ermittlung (Basis: fiktive Werte)

Platform-Revenue
$$= \sum_v X_v \cdot p_v = 469.000 \cdot 7.922 + 107.000 \cdot 11.021 = 4,9 \text{ Mrd.}$$

Price-Cost-Ratio
$$= \frac{1}{V} \sum_v \frac{p_v}{k_v^{SK}} = \frac{1}{2}\left(\frac{7.922}{4.911} + \frac{11.021}{6.833}\right) = \frac{1}{2}(1,61 + 1,61) = 1,61$$

Platform-Effectiveness
$$= \frac{\sum_v p_v \cdot X_v}{\sum_v K_v^{FE}} = \frac{7.922 \cdot 469.000 + 11.021 \cdot 107.000}{268.500.000 + 89.500.000} = 13,67$$

Supplier-Production
$$= \frac{\sum_v k_v^{MK}}{\sum_v k_v^{HK}} = \frac{3.841 + 5.343}{4.911 + 5.808} = 0,92$$

Literaturverzeichnis

Akao, Y. (1992): QFD – Wie die Japaner Kundenwünsche in Qualität umsetzen, Übersetzung aus dem Amerikanischen von G. Liesegang, Verlag Moderne Industrie, Landsberg/Lech 1992.

Argyris, C. (1992): On Organizational Learning, Blackwell Business, Cambridge 1992.

Baetge, J. (1998): Bilanzanalyse, IDW-Verlag, Düsseldorf 1998.

Baldwin, C.Y. / Clark, K.B. (1997): Managing in an Age of Modularity, in: Harvard Business Review, 75.Jg., September/Oktober 1997, S. 84-93.

Baldwin, C.Y. / Clark, K.B. (1998): Modularisierung: Ein Konzept wird universell, in: Harvard Business Manager, o.Jg., Heft 2, 1998, S. 39-48.

Barkan, P. / Hinckley, C.M. (1993): The Benefits and Limitations of Structured Design Methodologies, in: Manufacturing Review, 6.Jg., Heft 3, 1993, S. 211-220.

Bass, F.M. (1969): A New Product Growth Model for Consumer Durables, in: Management Science, 15.Jg., Heft 5, 1969, S. 215-227.

Battenfeld, D. (2001): Behandlung von Komplexitätskosten in der Kostenrechnung, in: Kostenrechnungspraxis, o.Jg., Heft 3, 2001, S. 137-143.

Baumann, M / Sweeney, K. / Hänschke, A. (2001): Modulare und skalierbare Karosseriestrukturen, in: Fahrzeugkonzepte für das 2. Jahrhundert Automobiltechnik, VDI-Tagung Wolfsburg, 21.-23. November 2001, Hrsg.: VDI Gesellschaft Fahrzeug- und Verkehrstechnik, S.401-421.

Baur, C. / von der Ohe, C.H. (1999): Der Kunde gehört ins Team, in: Automobil-Produktion, o.Jg., Dezember 1999, S. 58-58c.

Behse, P. (1997): Auto aus der Plus-Fabrik, in: Kraftfahrzeugtechnik, o.Jg., Heft 12, 1997, S. 48-51.

Bellmann, K. (2001): Grundlagen der Produktionswirtschaft, 2., überarb. Aufl., Fachbuch Verlag Winkler, Erdingen 2001.

Bellmann, K. (2002): Pay-as-built - Innovative Organisationsmodelle in der Automobilproduktion, in: Albach, H. / Kaluza, B. / Kersten, W. (Hrsg.): Wertschöpfungsmanagement als Kernkompetenz, Gabler Verlag, Wiesbaden 2002, S. 219-237.

Bellmann, K. / Friederich, D. (1994): Concurrent Engineering, in: WiSt - Wirtschaftswissenschaftliches Studium, o.Jg., Heft 4, April 1994, S. 198-200.

Benninghaus, H. (1992): Deskriptive Statistik, Teubner Verlag, Stuttgart 1992.

Bodmer, C. / Völker, R. (2000): Erfolgsfaktoren bei der Implementierung einer Balanced Scorecard – Ergebnisse einer internationalen Studie, in: Controlling, o.Jg., Heft 10, 2000, S. 477-484.

Bohr, K. / Weiß, M. (1994): Bestimmung der optimalen Fertigungstiefe I, in: Das Wirtschaftsstudium, o.Jg., Heft 4, 1994, S. 341-350.

Bölstler, H. (1999): smartville – die Fabrik der Zukunft?, in: Technologie & Management, 48.Jg, Heft 3, 1998, S. 10-13.

Boothroyd, G. / Dewhurst, P. (1987) : Product Design for Assembly, Boothroyd Dewhurst Inc., Wakefield 1987.

Breiing, A. / Knosala, R. (1997): Bewerten technischer Systeme: theoretische und methodische Grundlagen bewertungstechnischer Entscheidungshilfen, Springer Verlag, Berlin u.a.O. 1997.

Bussiek, J. / Fraling, R. / Hesse, K. (1993): Unternehmensanalyse mit Kennzahlen – Informationsbeschaffung, Potential-Analyse, Jahresabschluss, Arten von Kennzahlen, Kennzahlensysteme, ergänzende Darstellungsformen, bilanzkritische und erfolgskritische Kennzahlen, Gabler Verlag, Wiesbaden 1993.

Caesar, C. (1991): Kostenorientierte Gestaltungsmethodik für variantenreiche Serienprodukte – Variant Mode and Effects Analysis (VMEA), VDI-Verlag, Düsseldorf 1991.

Claar, K.-P. (2001): Know-how weiterhin vollständig beherrschen, Interview mit K.-P. Claar (Leiter C-Klasse Entwicklung Mercedes-Benz), in: Automobil-Industrie, 46.Jg., Heft 4, 2001, S. 46.

Clark, K.B. / Fujimoto, T. (1992): Automobilentwicklung mit System: Strategie, Organisation und Management in Europa, Japan und USA, Campus Verlag, Frankfurt am Main / New York 1992.

Coenenberg, A.G. (1999): Kostenrechnung und Kostenanalyse, 4., aktual. Aufl., Verlag Moderne Industrie, Lansberg/Lech 1999.

Cornet, A. (2000): Plattformkonzepte in der Automobilentwicklung, Deutscher Universitäts-Verlag, Wiesbaden 2000.

Daenzer, W.F. / Huber, F. (1999): Systems Engineering, 10., durchges. Aufl., Verlag Industrielle Organisation, Zürich 1999.

Dahmus, J.B. / Gonzalez-Zugasti, J.P. / Otto, K.N. (2000): Modular Product Architecture, in: ASME Design Engineering Technical Conferences and Computers Information in Engineering Conferences, Baltimore 2000, S. 225-235.

DaimlerChrysler (1999): DaimlerChrysler führt integriertes, wertorientiertes Controlling-System ein, Stuttgart / Auburn Hills, 15. März 1999, online im Internet: http://www.daimlerchrysler.com/index_g.htm?/news/top/1999/t90315_g.htm, Stand: 13.05.2003.

DaimlerChrysler (2000): Der neue Mercedes-Benz Produktentstehungsprozess, in: Automobil-Produktion, o.Jg., Sonderausgabe Mercedes-Benz C-Klasse, Juli 2000.

DaimlerChrysler (2002): Neuer Absatzrekord für smart, Renningen, 09. Januar 2002, online im Internet: http://www.daimlerchrysler.com/news/top/2002/t20109_g.htm, Stand: 19.02.2003.

DaimlerChrysler (2002a): DaimlerChrysler: smart-Variante wird in Juiz de Fora, Brasilien produziert, Stuttgart / Juiz de Fora, 04. November 2002, online im Internet: http://www.daimlerchrysler.com/index_g.htm?/news/top/2002/t21104_g.htm, Stand: 12.08.2003.

Diez, W. (1988): Vertikale Diffusion: Zur Ausbreitung technischer Erneuerungen auf dem deutschen Automobilmarkt, in: IfO-Schnelldienst, 41.Jg., Heft 29, 1988, S. 20-29.

Diez, W. (2001): Automobilmarketing: erfolgreiche Strategien, praxisorientierte Konzepte, effektive Instrumente, 4., völlig überarb. Aufl., Verlag Moderne Industrie, Lansberg/Lech 2001.

Dudenhöffer, F. (1997): Mogelei mit Marken und Modellen, ob VW oder Fiat, Ford oder General Motors - die Automobilindustrie feiert ein Zauberwort: Plattform-Strategie, in: Autoforum, o.Jg., Heft 12, 1997, S. 132-138.

Dudenhöffer, F. (1998): Abschied vom Massenmarketing, Econ Verlag, Düsseldorf / München 1998.

Dudenhöffer, F. (1999): Konzentrationsprozesse und Plattformstrategien in der Automobilindustrie, in: Automotive Engineering Partners, o.Jg., Heft 5, 1999, S. 44-51.

Dudenhöffer, F. (2000): Plattform-Effekte in der Fahrzeugindustrie, in: Controlling, o.Jg., Heft 3, 2000, S. 145-151.

Dudenhöffer, F. (2001): Erfolgsgarantie durch Gleichteilestrategie?, in: Automobilwirtschaft, o.Jg., Heft 3, 2001, S. 66-67.

Dürand, D. (2001): Bezahlbare Vielfalt, in: Wirtschaftswoche, o.Jg., Heft 37 vom 06.09.2001, S. 170-171.

Ehrlenspiel, K. (1995): Integrierte Produktentwicklung – Methoden für Prozessorganisation, Produkterstellung und Konstruktion, Carl Hanser Verlag, München 1995.

Ehrmann, H. (1995): Unternehmensplanung, in: Olfert, K. (Hrsg.): Kompendium der praktischen Betriebswirtschaft, Friedrich Kiehl Verlag, Ludwigshafen 1995.

Eiletz, R. (1999): Zielkonfliktmanagement bei der Entwicklung komplexer Produkte – am Beispiel Pkw-Entwicklung, Shaker Verlag, Aachen 1999.

Erixon, G. (1998): Modular Function Deployment - A Method for Product Modularisation, Doctoral Thesis, The Royal Institute of Technology, Stockholm 1998.

Eversheim, W. / Schernikau, J. / Goeman, D. (1996): Module und Systeme: Die Kunst liegt in der Strukturierung, in: VDI-Zeitschrift, 138.Jg, Heft 11/12, 1996, S. 44-48.

Ewert, R. / Wagenhofer, A. (2000): Interne Unternehmensrechnung, 4., überarb. und erw. Aufl., Springer Verlag, Berlin u.a.O. 2000.

Fa. Modular Management (2001): Informationsmaterial der Firma Modular Management AB, Stockholm 2001.

Feast, R. (2001): VW extends strategy to moduls, in: Automotive World, o.Jg., Heft 4, 2001, S. 8.

Femerling, C. (1997): Strategische Auslagerungsplanung. Ein entscheidungsorientierter Ansatz zur Optimierung der Wertschöpfungstiefe, Gabler Verlag, Wiesbaden 1997.

Fischer, T. (2000): Allianzversichert, in: Auto, Motor und Sport, o.Jg., Heft 15, 2000, S. 32-33.

Fisher, M. / Ramadas, K. / Ulrich, K. (1999): Component Sharing in the Management of Product Variety: A Study of Automotive Braking Systems, in: Management Science, 45.Jg., Heft 3, 1999, S. 297-315.

Franke, R. (1999): Kennzahlen – das Spiegelbild des Betriebes, in: Franke, R. / Zerres, M.P. (Hrsg.): Planungstechniken: Instrumente für erfolgreiche Unternehmensführung im internationalen Wettbewerb, 5. Aufl., FAZ-Verlag, Frankfurt am Main 1999, S. 35-51.

Friedag, H.R. / Schmidt, W. (1999): Balanced Scorecard - Mehr als ein Kennzahlensystem, Haufe Verlag, Freiburg u.a.O. 1999.

Fujita, K. / Sakaguchi, H. / Akagi, S. (1999): Product Variety Deployment and ist Optimization under Modular Architecture and Module Commonalization, in: ASME Design Engineering Technical Conferences, Nevada 1999.

Garsten, E. (2002): GM unveils photos of fuel-cell powered vehicle, online im Internet: http://www4.fosters.com/autos/articles/auto_0819f.asp, Stand 22.10.2002.

Gebala, D. (1992): Correspondence, Motorola, Inc., Advanced Manufacturing Technologies, Fort Lauderdale, 1992.

Geiger, T. (2001): Reparaturen wie bei Lego, online im Internet: http://www.tachauch.de/mobil/auto/blickpunkte/lego.html, Stand: 04.09.2002.

Georg, S. (1999): Die Balanced Scorecard als Controlling- bzw. Managementinstrument, Shaker Verlag, Aachen 1999.

George, G. (1999): Kennzahlen für das Projektmanagement: Projektbezogene Kennzahlen und Kennzahlensysteme – Ein Ansatz zur Unterstützung des Projektmanagements, Lang Verlag, Frankfurt am Main u.a.O. 1999.

Gleich, R. (1998): Das System des Performance Measurement – theoretisches Grundkonzept, Entwicklungs- und Anwendungsstand, Forschungsbericht Nr.53, Betriebswirtschaftliches Institut, Lehrstuhl Controlling der Universität Stuttgart, Stuttgart 1998.

Gleich, R. (2001): Das System des Performance Measurement. Theoretisches Grundkonzept, Entwicklungs- und Anwendungsstand, Vahlen Verlag, München 2001.

Gleich, R. (2002): Performance Measurement – Grundlagen, Konzepte und empirische Erkenntnisse, in: Controlling, o.Jg., Heft 8/9, 2002, S. 447-454.

Gonzales-Zugasti, J.P. / Otto, K.N. (2000): Modular Platform-Based Product Family Decision, in: ASME Design Engineering Technical Conferences and Computers Information in Engineering Conference, Baltimore 2000.

Gonzales-Zugasti, J.P. / Otto, K.N. / Baker, J.D. (1999): Assessing Value in platformed product family design, in: ASME Design Engineering Technical Conferences, Las Vergas 1999.

Gooderham, G. (1999): Communicating Corporate Goals and Trade-Offs, in: Edwards, J. B. (Hrsg.): Emerging Practices in Cost Management, Research Institute of America, Boston 1999, S. A61-2.

Göpfert, J. (1998): Modulare Produktentwicklung - Zur gemeinsamen Gestaltung von Technik und Organisation, Gabler Verlag, Wiesbaden 1998.

Göpfert, J. / Steinbrecher, M. (2000): Modulare Produktentwicklung leistet mehr, in: Harvard Business Manager, o.Jg., Heft 3, 2000, S. 20-30.

Gorgs, C. (2002): Frontgetrieben, in: Wirtschaftswoche, o.Jg., Heft 52 vom 19.12.2002, S. 60-65.

Goroncy, J. (2001): Produktionskonzept – kleiner Bruder mit großer Mission, in: Automobil-Industrie, 46.Jg , Heft 4, 2001, S. 42-46.

Gupta, S. / Krishnan, V. (1999): Integrated Component and Supplier Selection for a Product Familiy, in: Production and Operations Management, o.Jg., Heft 2, 1999, S. 163-182.

Hackenberg, U. (1996): Plattform-Engineering und Nischenstrategien aus Sicht des Entwicklers: Individuelle Fahrzeuge kostengünstig entwickeln und bauen, in: Die Gestaltung der Auto-Marke von morgen, Innovative Differenzierungsstrategien für 2000,Veröffentlichung zu einem Kolloquium am 3. und 4.12.1996 in Köln, S. 1-14.

Hauri, S. (2001): Stück für Stück: Neue Konstruktionsmöglichkeiten durch Modulbauweise, in: Autotechnik, o.Jg., Heft 3, 2001, S. 21.

Hauser, M. (2001): Controlling im Wandel der Zeit, in: Controller Magazin, 26. Jg., Heft 3, 2001, S. 215-225.

Henderson, B.D. (1984): Die Erfahrungskurve in der Unternehmensstrategie, Campus-Verlag, 2., überarb. Aufl., Frankfurt am Main / New York 1984.

Henseler, W. / Nonner, H. (1999): smart – ein modulares Fahrzeugkonzept, in: VDI-Reihe Kunststofftechnik, o.Jg., 1999, S. 317-329.

Herrmann, A. / Huber, F. (2000): Unternehmenserfolg durch das Plattformkonzept, in Zeitschrift für Planung, o.Jg., Heft 11, 2000, S.245-268.

Hesser, W. / Sodka, M. (1998): Systematische Anwendung modularer Technik bei der Entwicklung von Wehrmaterial, Abschlussbericht, Universität der Bundeswehr, Hamburg 1998.

Hofer, A.P. (2001): Management von Produktfamilien: Wettbewerbsvorteile durch Plattformen, Gabler Verlag, Wiesbaden 2001.

Holmqvist, T. / Persson, M. (2000): Modularization of complex Products - Analysis and improvement of modularization methods, unveröffentlichtes Manuskript, KTH Stockholm, 2000, S. 1-16.

Hopfenbeck, W. (2000): Allgemeine Betriebswirtschafts- und Managementlehre: Das Unternehmen im Spannungsfeld zwischen ökonomischen, sozialen und ökologischen Interessen, Verlag Moderne Industrie, Landsberg/Lech 2000.

Horváth & Partner (2001): Balanced Scorecard umsetzen, Verlag Schäffer-Pöschel, Stuttgart 2001.

Horváth, P. (1997): Controlling, Vahlen Verlag, München 1997.

Horváth, P. / Gleich, R. (1998): Die Balanced Scorecard in der produzierenden Industrie, in: Zeitschrift für wirtschaftlichen Fabrikbetrieb, 93.Jg., 1998, S. 562-568.

Huber, F. / Hieronimus, F. (2001): Hai sucht Hose – Markenwertorientiertes Mergers & Acquisitions-Management, in: Markenartikel, o.Jg., S. 12-18.

Hüttner, M. (1997): Grundzüge der Marktforschung, Oldenbourg Wirtschaftsverlag, München / Wien 1997.

Ishii, K. (1998): Modularity: A Key Concept in Product Life-Cycle Engineering, in: Molina, A. / Sanchez, J.M./ Kusiak, A. (Hrsg.): Handbook of Life-Cycle Engineering, - Concepts, Models and Technologies, Kluwer Academic Publishers, Dordrecht u.a.O. 1998, S. 511-530.

Jung, H. (2002): Allgemeine Betriebswirtschaftslehre, 8., überarb. Aufl., Oldenbourg Wirtschaftsverlag, München / Wien 2002.

Junge, M. (2003): Modulare Produktfamilien in der Automobilindustrie – Neue Trends erfordern neue Methoden, in: Junge, K. / Mildenberger, U. / Wittmann, J. (Hrsg.): Perspektiven und Facetten der Produktionswirtschaft – Schwerpunkte der Mainzer Forschung, Deutscher Universitäts-Verlag, Wiesbaden 2003, S.89-104.

Kaiser, A. / Kreth, L. / Leopold, F. / Mathes, G. / Süss, U. / Demant, H. (1996): Der Opel Maxx als Beispiel für ein neuartiges Fahrzeugkonzept, in: VDI Berichte Nr.1264, o.Jg., 1996, S. 1-17.

Kaplan, R. S. / Norton, D. P. (1992): The Balanced Scorecard – Measures That Drive Performance, in: Harvard Business Review, 70.Jg., Heft 1, 1992, S. 71-79.

Kaplan, R.S. / Norton, D.P. (1997): Balanced Scorecard - Strategien erfolgreich umsetzen, Verlag Schäffer-Pöschel, Stuttgart 1997.

Kaplan, R.S. / Norton, D.P. (1999): The Balanced Scorecard: Translating Strategy into Action, Harvard Business School Press, Boston 1999.

Kaplan, R.S. / Norton, D.P. (2001): The Strategy focused Organization – How Balanced Scorecard Companies thrive in the new Business Environment, Harvard Business School Press, Boston 2001.

Kaps, G. (2001): Erfolgsmessung im Wissensmanagement, Arbeitspapiere Wissensmanagement der FH Stuttgart, 2001.

Kaufmann, L. (1997): Balanced Scorecard, in: Zeitschrift für Planung, o.Jg., Heft 4, 1997, S. 1-8.

Kemminer, J. (1998): Produktcontrolling in der Automobilindustrie, Diskussionsbeiträge des Fachbereichs Wirtschaftswissenschaften der Gerhard-Mercator-Universität Gesamthochschule Duisburg, 1998, Nr. 260/1998.

Kidd, S. (1998): A Systematic Method for Valuing a Product Platform Strategy, Master of Science in Management- and Master of Science in Engineering-Thesis, Massachusetts Institute of Technology (MIT) Sloan School of Management, Supervisor: Whitney, D. / Eppinger, S., Massachusetts 1998.

Klingebiel, N. (1998): Performance Management – Performance Measurement, in: Zeitschrift für Planung, 9. Jg., Heft 9, 1998, S. 1-15.

Klingebiel, N. (2001): Performance Measurement & Balanced Scorecard, Vahlen Verlag, München 2001.

Knosala, R. (1989): Methoden zur Bewertung von Bauelementen als Voraussetzung für die Entwicklung von Baukastensystemen, Teile 1 und 2, Institut für Mechanik und Grundlagen der Maschinenkonstruktion, Gliwice 1989.

Kogut, B. / Kulatilaka, N. (1994): Options Thinking and Platform Investments: Investing in Opportunity, in: California Management Review, o.Jg., 1994, S. 52-71.

Kosiol, E. (1967): Zur Problematik der Planung in der Unternehmung, in: Zeitschrift für Betriebswirtschaft, o. Jg., Heft 37, S. 77-96.

Kota, S. / Sethuraman, K. (1998): Managing Variety in Product Families through Design for Commonality, in: ASME Design Engineering Technical Conferences, Georgia 1998.

Ley, W. / Hofer, A.P. (1999): Produktplattformen – ein strategischer Ansatz zur Beherrschung der Variantenvielfalt, in: io management Zeitschrift, o.Jg., Heft 7/8, 1999, S. 56-60.

Mahajan, V. / Muller, E. / Bass, F.M. (1990): New Product Diffusion Models in Marketing: A Review and Directions for Research, in: Journal of Marketing, 54 Jg., 1990, S. 1-26.

Maier, T. (1993): Gleichteileanalyse und Ähnlichkeitsermittlung von Produktprogrammen, Dissertation Universität Stuttgart, Institut für Maschinenkonstruktion und Getriebebau (IMK), Stuttgart 1993.

Maisel, L.S. (1992): Performance Measurement: The Balanced Scorecard Approach, in: Journal of Cost Management, 6.Jg., 1992, S. 47-52.

Mann, M. (2001): Technisch wirtschaftliche Bewertung von Plattform- und Modularisierungskonzepten im Fahrzeugbau, Diplomarbeit der TU München, Lehrstuhl Prof. Lindemann, München 2001.

Martin, M.V. (1999): Design for Variety: A Methodology for Developing Product Platform Architectures, Ph.D.Dissertation, Mechanical Engineering, Stanford University, Stanford 1999.

Martin, M.V. / Ishii, K. (1996): Design for Variety: A Methodology for Understanding the Costs of Product Proliferation, in: ASME Design Theory and Methodology Conference, Irvine 1996.

Martin, M.V. / Ishii, K. (1997): Design for Variety: Development of Complexity Indices And Design Charts, in: ASME Design Engineering Technical Conference - Design for Manufacturability, Sacramento 1997.

Martin, M.V. / Ishii, K. (2000): Design for Variety: A Methodology for Developing Product Platform Architectures, in: ASME Design Theory and Methodology Conference, Baltimore 2000.

Maurer, A. / Stark, W.A. (2001): Steering Carmaking into the 21st Century – From today's best practices to the transformed plants of 2020, BCG-Report (The Boston Consulting Group), Boston 2001.

Mayer, E. / Liessmann, K. / Freidank, C. (1999): Controlling Konzepte: Werkzeuge und Strategien für die Zukunft, Gabler Verlag, Wiesbaden 1999.

Meyer, M. / Lehnerd, A. (1997): The Power of Product Platforms, The Free Press, New York 1997.

Meyer, M.H. / Tertzakian, P. / Utterback, J.M. (1997): Metrics for Managing Research and Development in the Context of the Product Family, in: Management Science, 43.Jg., Heft 1, 1997, S. 88-111.

Milberg, J. (1997): Produktivität ist ein komplexes Netzwerk, in: Automobil-Produktion, o.Jg., August 1997, S. 30-31.

Nebelung, D. (2000): Modularized Cars - die Quadratur des Autos, Presseinformation der DaimlerChrysler AG vom 08./09. November 2000.

Neff, T. (2002): Front load costing : Produktkostenmanagement auf der Basis unvollkommener Information, Gabler Verlag, Wiesbaden 2002.

Neff, T. / Junge, M. / Köber, F. / Virt, W. / Hertel, G. (2001): Bewertung modularer Fahrzeugkonzepte im Spannungsfeld zwischen Kundenorientierung und Standardisierung, in: Fahrzeugkonzepte für das 2. Jahrhundert Automobiltechnik, VDI-Tagung Wolfsburg, 21.-23. November 2001, Hrsg.: VDI Gesellschaft Fahrzeug- und Verkehrstechnik, S.373-399.

Neff, T. / Junge, M. / Virt, W. / Hertel, G. / Bellmann, K. (2001): Ein Ansatz zur Bewertung modularer Fahrzeugkonzepte im Spannungsfeld von Standardisierung und Differenzierung, in: Variantenvielfalt in Produkten und Prozessen – Erfahrungen, Methoden und Instrumente, VDI-Tagung Kassel, 07./08. November 2001, Hrsg.: VDI Gesellschaft EKV, S. 27-52.

Nelson, S. / Parkinson, M. / Papalambros, P. (1999): Multicriteria Optimization in Platform Design, in ASME Design Engineering Technical Conferences, Las Vegas 1999.

Neumann, A. (1996): Quality Function Deployment, Qualitätsplanung für Serienprodukte, Shaker Verlag, Aachen 1996.

Nieschlag, R. / Dichtl, E. / Hörschgen, H. (1997): Marketing, 18., durchges. Aufl., Verlag Duncker und Humbolt, Berlin 1997.

Norton, D.P. / Kappler, F. (2000): Balanced Scorecard Best Practices, in: Controlling, o.Jg., Heft 1, 2000, S. 15-22.

o.V. (1996): Das Drei-Meter-Auto, in: Autotechnik, o.Jg., Heft 9, 1996, S. 14-17.

o.V. (1997): Die segmentierte Fabrik, in: Automobil-Produktion, o.Jg., Oktober 1997, S. 60-62.

o.V. (1997a): Der Zauber-Hut der Industrie, in: mot - Die Autozeitschrift, o.Jg., Heft 3, S. 64-78.

o.V. (1997b): Der Weg ist das Ziel, in: Automobil-Produktion, o.Jg., Dezember 1997, S. 48-52.

o.V. (1998): Im Beetle steckt ein Golf, in: Automobil-Entwicklung, o.Jg., Mai 1998, S. 20-24.

o.V. (1998a): Mit „Plus" in die Zukunft, in: Materialfluss, o.Jg. Januar/Februar 1998, S. 26-31.

o.V. (1999): Weniger Plattformen - geringere Kosten, in: Automobil-Entwicklung, o.Jg., September 1999, S. 7.

o.V. (1999a): Raubkatze auf Ford-Pfoten, in: Automobil-Produktion, o.Jg., Februar 1999, S. 64-69.

o.V. (1999b): Das Produktionssystem smart-plus, in: Automobiltechnische Zeitschrift, o.Jg., Heft 6, 1999, S. 444-448.

o.V. (2000): Nur noch drei Plattformen, in: Automobil-Produktion, o.Jg., Februar 2000, S. 26-34.

o.V. (2000a): 15 Prozent weniger Gesamt-Kosten, in: Automobil-Produktion, o.Jg., Juni 2000, S. 96.

o.V. (2000b): Abschied vom Autobau, in: Automobil-Produktion, o.Jg., Juni 2000, S. 58.

o.V. (2000c): Nur noch drei Plattformen, in: Automobil-Produktion, o.Jg., Februar 2000, S. 26-27.

o.V. (2000d): Stabiler Frischluft-Fan, in: Automobil-Produktion, o.Jg., April 2000, S. 108-110.

o.V. (2001a): Ist diese Modellflut sinnvoll?, in: Automobilwirtschaft, o.Jg., Heft 4, 2001, S. 48.

o.V. (2001b): Analyse: Modellvielfalt fast verdoppelt, online im Internet: http://www.autohaus.de/sixcms4/sixcms/detail.php?id=21404, Stand 24.09.2001.

o.V. (2001c): Aufwind dank smarter Restrukturierung, in: Automobil-Produktion, o.Jg., April 2001, S. 28-38.

o.V. (2002): Neue Strategie, in: Wirtschaftswoche, o.Jg., Heft 51 vom 12.12.2002, S. 12.

o.V. (2002a): IBET – Institute for Business Engineering and Technology, online im Internet: http://www.ibet-internet.fh-kiel.de/pages/studium/projekte/exkursion/autotour2000/seiten/smart.htm, Stand: 21.11.2002.

Parker, P. (1994): Aggregate diffusion forecasting models in marketing: A critical review, in: International Journal of Forecasting, 10. Jg., 1994, S. 353-380.

Pfaffmann, E. (2001): Kompetenzbasiertes Management in der Produktentwicklung: Make-or-buy-Entscheidungen und Integration von Zulieferern, Deutscher Universitäts-Verlag, Wiesbaden 2001.

Picot, A. (1991): Ein neuer Ansatz zur Gestaltung der Leistungstiefe, in: Zeitschrift für betriebswirtschaftliche Forschung, o.Jg., Heft 43, 1991, S. 336-357.

Piech, F. (2002): Auto-Biographie, 2. Aufl., Hoffmann und Campe Verlag, Hamburg 2002.

Piller, F.T. (2000): Mass Customization: Ein wettbewerbsstrategisches Konzept im Informationszeitalter, Gabler Verlag, Wiesbaden 2000.

Piller, F.T. / Waringer, D. (1999): Modularisierung in der Automobilindustrie – neue Formen und Prinzipien. Modular Sourcing, Plattformkonzept und Fertigungssegmentierung als Mittel des Komplexitätsmanagements, Shaker Verlag, Aachen 1999.

Porter, M.E. (1999): Wettbewerb und Strategie, Econ Verlag, Düsseldorf / München 1999.

Prahalad, C. / Hamel, G. (1990): The Core Competence of the Corporation, in: Harvard Business Review, 68.Jg., Heft.3, 1990, S. 79-90.

Pugh, S. (1990): Total Design – Integrated Methods for Successful Product Engineering, University of Strathclyde, Addison-Wesley Publishing Company, Strathclyde 1990.

Rapp, T. (1999): Produktstrukturierung: Komplexitätsmanagment durch modulare Produktstrukturen und –plattformen, Gabler Verlag, Wiesbaden 1999.

Refa (1992): Methodenlehre des Arbeitsstudiums / Refa, Verband für Arbeitsstudien und Betriebsorganisation e.V., Teil 2: Datenermittlung, 7. Aufl., Hanser Verlag, München 1992.

Reithofer, N. (2002): Mehr Module und mehr Outsourcing, Interview mit N. Reithofer (Produktionsvorstand der BMW AG), in: Automobil-Produktion, o.Jg., Heft 4, 2002, S. 26-28.

Reitzle, W. (2000): Cleverer Komponentenmix senkt die Kosten, Interview mit W. Reitzle (ehem. Vorsitzender der Premier Automotive Group – Ford), in: König, W. (2000): Masken-Ball, in: Auto, Motor und Sport, o.Jg., Heft 7, 2000, S. 62.

Renaissance Solutions (1997): Translating Strategie into Action – Survey findings on the effectiveness of business strategy management and implementation, Renaissance Solutions Inc., Boston 1997.

Rendell, J. (2001): VW top, but others are catching up fast, in: Automotive World, o.Jg., September 2001, S. 26-34.

Riedl, J.B. (2000): Unternehmungswertorientiertes Performance Measurement: Konzeption eines Performance-Measurement-Systems zur Implementierung einer wertorientierten Unternehmensführung, Deutscher Universitäts Verlag, Wiesbaden 2000.

Riesenbeck, H. / Herrmann, A. / Huber, F. (2001): Ein Ansatz zur gewinn-maximalen Produktgestaltung auf Basis des Plattformkonzeptes, in: Zeitschrift für Betriebswirtschaft, o.Jg., Heft 7, 2001, S. 827-848.

Robertson, D. / Ulrich, K. (1999): Produktplattformen: Was sie leisten, was sie fordern, in: Harvard Business Manager, o.Jg., Heft 4, 1999, S. 75-85.

Rosenberg, O. (1996): Variantenfertigung, in Kern, W. / Schröder, H.-H. / Weber, J. (Hrsg.): Enzyklopädie der Betriebswirtschaftslehre, Band 7: Handbuch der Produktionswirtschaft, Verlag Schäffer-Pöschel, 2. Aufl., Stuttgart 1996, Sp.2119-2129.

Sako, M. / Murray, F. (2000): Modules in Design, Production and Use: Implications for the Global Automotive Industrie, Paper prepared for the International Motor Vehicle Program (IMVP) Annual Sponsors Meeting, University of Oxford, 27.04.2000.

Scania (2001): Lkw-Konstruktion aus dem Baukasten – Geschäftsvorteil Scania, Presseinformation Scania, Schweden, Juni 2001.

Schenk, M. (1999): Shredderleichtfraktion - Aufkommen und Entsorgung, 3. Euroforum-Fachtagung: Die Zukunft von Waste-to-Energy, 09.-10. November, Köln.

Schindele, S. (1996): Entwicklungs- und Produktionsverbünde in der deutschen Automobilindustrie unter Berücksichtigung des Systemgedankens, Shaker Verlag, Aachen 1996.

Schmid, C. (2002): Verteilungsanalysen, Begleitunterlagen zur Vorlesung, online im Internet: http://www.uni-ulm.de/%7Ecschmid/oldstat/sc2_2.htm, Stand 17.04.2002.

Schmid, M. / Anders, M. / GfK (2001): GfK Automobilmarktforschung (Hrsg.): Plattformstrategien in der Automobilindustrie – Chance oder Risiko, GfK Marktforschung, Nürnberg 2001.

Schmidt, R.H. / Terberger, E. (1997): Grundzüge der Investitions- und Finanzierungstheorie, 4., aktual. Aufl., Gabler Verlag, Wiesbaden 1997.

Schomann, M. (2001): Wissensorientiertes Performance Measurement, Deutscher Universitäts-Verlag, Wiesbaden 2001.

Schöpf, H.-J. (2000): Plattformen haben ein Verfallsdatum, Interview mit H.-J. Schöpf (Entwicklung Mercedes-Benz PKW), in: Automobil-Industrie, 45.Jg., Heft 7, 2000, S. 38-40.

Schröder, H.-H. (2002): Ansätze zur Planung von Produktplattformen, in: Albach, H. / Kaluza, B. / Kersten, W. (Hrsg.): Wertschöpfungsmanagement als Kernkompetenz, Gabler Verlag, Wiesbaden 2002, S. 87-119.

Schubert, K. (2000): Ausbau der Kernkompetenz; Interview mit K. Schubert (Vorstandsmitglied MAN), in: Automobil-Produktion, o.Jg., August 2000, S. 144.

Schuh, G. (1989): Gestaltung und Bewertung von Produktvarianten - Ein Beitrag zur systematischen Planung von Serienprodukten, VDI-Verlag, Düsseldorf 1989.

Sedgwick, D. (1999): Markentrennung geht vor, in: Automobil-Produktion, o.Jg., Oktober 1999, S. 28-40.

Smart (2003): press-information smart: Unternehmen und Produkte, Böblingen 2003.

Staehle, W. (1994): Management – Eine verhaltenswissenschaftliche Perspektive, 7., überarb. Aufl., Vahlen Verlag, München 1994.

Stalk, G. / Evans, P. / Shulman, L.E. (1992): Competing on Capabilities. The New Rules of Corporate Strategy, in: Harvard Business Review, 70.Jg. Heft 2, März/April 1992, S. 57-69.

Szidat, R. (1998): Nur 350 Gleichteile, Interview mit R. Szidat (Projektleiter Technik des New Beetle), in: Im Beetle steckt ein Golf, in: Automobil-Entwicklung, o.Jg., Mai 1998, S. 22.

Thomas, R.J. (1985): Estimating Market Growth for New Products: An Analogical Diffusion Model Approach, in: Journal of Product Innovation Management, Band 2, 1985, S. 45-55.

Thomsen, E.-H. (2001): Management von Kernkompetenzen. Methodik zur Identifikation und Entwicklung von Kernkompetenzen für die erfolgreiche strategische Ausrichtung von Unternehmen, Verlag Wissenschaft und Praxis, Sternenfels 2001.

Truckenbrodt, A. (2001): Kommentar (Leiter Vorentwicklung Mercedes-Benz), in: Goroncy, J. (2001): Produktionskonzept – kleiner Bruder mit großer Mission, in: Automobil-Industrie, 46.Jg , Heft 4, 2001, S. 42-46.

Tukey, J.W. (1977): Exploratory data analysis, Reading, Addision Wesley Publishing Company, 1977.

Ulrich K.T. / Eppinger S.D. (1995): Product Design and Development, McGraw-Hill Inc., New York 1995.

Ulrich, H. (1984): Von der Betriebswirtschaftslehre zur systemorientierten Managementlehre, in: Wunderer, R. (Hrsg.): Betriebswirtschaftslehre als Management- und Führungslehre, 2., ergänzte Aufl., Verlag Schäffer-Pöschel, Stuttgart 1984, S. 173-190.

Uttenthaler, J. (1998): Die neuen MAN-Niederflurstadtbusse der 3. Generation, in: Verkehr und Technik, o.Jg., Heft 5, 1999, S. 167-179.

Vardanega, R. (2000): Deutliche Differenzierung der Marken, Interview mit R. Vardanega (Vorstandsmitglied im PSA-Konzern), in: Automotive Engineering Partners, o.Jg., Heft 2, 2000, S. 16-17.

VDI-Richtlinie 3780 (2000): Technikbewertung: Begriffe und Grundlagen, VDI-Verlag, Düsseldorf 2000.

Völker, R. / Voit, E. (2000): Planung und Bewertung von Produktplattformen, in: Kostenrechnungspraxis, o.Jg., Heft 3, 2000, S. 137-143.

Warnecke, H.-J. (1997): Komplexität und Agilität – Gedanken zur Zukunft produzierender Unternehmen, in: Schuh, G. / Wiendahl, H.P. (Hrsg.): Komplexität und Agilität. Steckt die Produktion in der Sackgasse, Festschrift zum 60. Geburtstag von Professor W. Eversheim, Springer Verlag, Berlin u.a.O. 1997, S. 1-8.

Weber, J. (1993): Logistik-Controlling, Leistungen - Prozesskosten – Kennzahlen, 3. Aufl., Verlag Schäffer-Pöschel, Stuttgart 1993.

Weißgerber, F. (2002): Die nächsten Schritte der Modularisierung, Interview mit F.Weißgerber (Produktionsvorstands der VW AG), in: Automobil-Produktion, o.Jg., Sonderheft VW, Februar 2002, S. 12-14.

Wildemann, H. (1996): Kernkompetenzen: Leitfaden zur Ermittlung von Kernfähigkeiten in Produktion, Entwicklung und Logistik, Verlag TCW Transfer-Centrum, München 1996.

Wilhelm, B. (2001): Konzeption und Bewertung einer modularen Fahrzeugfamilie – Strategien und Methoden, Shaker Verlag, Aachen 2001.

Winterhagen, J. (2000): Deutliche Differenzierung der Marken, in: Automotive Engineering Partners, o.Jg., Heft 2, 2000, S. 16-17.

Zäpfel, G. (2000): Strategisches Produktions-Management, 2., unwesentlich veränd. Aufl., Oldenbourg Wirtschaftsverlag, München / Wien 2000.

Zerres, M. (1999): Methoden der Problemanalyse – Problemerkenntnis ist der erste Schritt der Lösung, in: Franke, R. / Zerres, M.: Planungstechniken, 5., überarb. und erw. Aufl., FAZ-Verlag, Frankfurt am Main 1999.

Züst, R. (1997): Einstieg ins Systems-Engineering: systematisch denken, handeln und umsetzen, Verlag Industrielle Organisation, Zürich 1997.

Stichwortverzeichnis

A

Ähnlichkeit 260ff
   Ähnlichkeitsermittlung 41, 47, 53, 59, 184
   Ähnlichkeitsgrad 47, 50ff, 95, 99, 184, 187
   Ähnlichkeitstheorie 47
Alleinteile 84f, 166
Aufbauelement 41, 47f, 50ff, 184, 187
Aufbauordnung 41, 47ff, 184, 187
Auftragsentwicklung 14, 16

B

Badge-Engineering 16
Base-Modul-Assembly 173
Benchmarking 9, 35, 45f, 88f, 114f, 172, 197, 201, 209
Bewertungsmethoden 10, 38f, 43, 61
Built-to-Order 142

C

Carry-Over 68, 72, 95, 132, 156, 163, 199, 207
Conjoint Measurement 39

D

Definitionsmodell 7ff, 17f, 27f, 30, 204
Design for Variety 41, 84
Design Property Matrix 67
Differenzierung 1f, 5, 16, 22, 25, 30, 34, 51, 85, 99, 136f, 143, 154f, 177f, 184ff, 199, 204
Differenzierungsportfolio 185, 199
Diffusionsmodelle 186
Durchlaufzeit 73f, 128, 155f, 171f, 199

E

Entwicklungsstrategie 22
Entwicklungstiefe 160f, 195f
Entwicklungszeit 71, 89, 92, 117, 123, 155, 159f, 161, 163, 199

F

Fahrzeugkonzepte 38, 94, 138
Fahrzeugplattform *Siehe* Plattform
Fertigungstiefe 148, 195, 196

H

Hamburger-Assembly 71, 159, 173

J

Joint Ventures 16, 125

K

Kannibalisierung 147, 154, 185
Kennzahlen
   Anzahl 112
   Funktionen 111
Kernfähigkeiten 117
Kernkompetenzen 55, 88, 116f, 121, 125f
Konzentrationsprozess 4
Koordinationsaufwand 5, 154
Kosten
   Anschaffungskosten 138
   Kostendegression 134, 145, 146
   Entwicklungskosten 72, 89, 91, 93, 134, 144, 146, 154, 161, 163, 193
   Faktorkosten 148, 155, 195
   Fertigungskosten 81, 89, 144, 146, 154, 164, 196
   Fixkosten 59, 81, 83
   Herstellkosten 73, 86, 93, 165, 179, 192, 196
   Komplexitätskosten 4
   Personalkosten 148, 195
   Rüstkosten 85f, 178f, 205
   Selbstkosten 163, 166, 192
   sprungfixe Kosten 146
   Transportkosten 81
   variable Kosten 59, 83
   Vertriebskosten 89, 146
   Vielfaltskosten 73, 121

M

Markenerosion 6, 137, 185
Marktsegmentierung 81
Mass Customization 22, 136
Modul 3f, 15, 18ff, 34f, 48, 65ff, 84f, 95, 99, 123ff, 137ff, 170ff, 181f, 202ff
   Kann-Modul 28, 204
   Muss-Modul 28, 56
   obligatorische Module 28
   optionale Module 28
Modul Indication Matrix 67, 80, 203
Modular Function Deployment 41, 65, 67, 71, 80
Modularität 21
   Modularitätsgrad 21, 22
Modulart 27, 170
Modultreiber 67, 69, 80, 203
Modulvariante 29

N

Nischenvariante 90, 197

O

Operations Research 38f, 83
Optionswerttheorie 39

P

Performance Pyramid 30
Plattform 14, 16, 23, 25, 55, 59, 68, 88ff, 133f, 147f, 167
  Familienplattform 59
  Markenplattform 59
  Motorenplattform 59
  Plattformstrategie *Siehe* Strategie
Product-Family-Map 41, 89ff, 205, 207
Produktfamilien 3ff, 17f, 25, 30ff, 42, 45f, 84, 87ff, 92, 97, 100, 114ff, 127, 143, 149, 190f, 197, 204, 208f
Produktkorridoranalyse 13, 14, 16
Produktplattform *Siehe* Plattform
Produktstruktur 1, 2, 7, 13, 18, 20f, 27, 41, 61, 87, 139

Q

Quality Function Deployment 41, 55, 58
Quantum Performance Modell 30

R

Recycling 59, 69, 80

S

Schnittstellen 18f, 34, 58, 69, 72ff, 78, 123, 148, 156, 159, 160f, 165, 173
Solitärentwicklung 5, 147
Spannungsfeld 1, 5, 7, 13, 34, 184
Standardisierung 2, 5, 13f, 16f, 22, 34, 43, 46, 122, 126f, 135, 155f, 163ff, 184, 199
Strategie 10, 13f, 17, 33f, 37, 83, 100ff, 109, 112f, 132f, 153ff
  Badge-Engineering-Strategie 16
  Entwicklungsstrategie 13
  Gleichteilestrategie 7, 14
  Innovationsstrategie 186
  Marketingstrategie 7
  Modularisierungsstrategie 6, 8, 10, 12, 33ff, 81, 114f, 119, 150, 152, 156, 201, 210
  Plattformstrategie 7, 16, 25, 80f, 88, 126, 134, 147
  Preisstrategie 88
  Produktentwicklungsstrategien 7, 16
  Produktstrategie 55
  Strategiebewertung 81
  Strategieentwicklung 102
  Strategiefindungsprozess 33, 102
  Strategieformulierung 10, 119
  Strategiehypothese 109
  Strategiekommunikation 110, 113
  Strategieumsetzung 115, 156
  Technologiestrategie 137
  Vertriebsstrategie 1
  Wettbewerbsstrategie 22, 136
  Wiederverwendungsstrategien 7
  Wiederholteilestrategie 14
Synergie 137
System 19, 203

T

Time-to-Market 91, 141ff, 155, 183, 199

V

Variant Mode and Effects Analysis 42, 61ff, 95, 98
Variantenbaum 61ff
Variantenproblematik 5
Variationsmatrix 41, 55ff

Z

Ziele
  Anzahl 108
  Oberziele 106ff, 118f, 144, 148ff, 190ff
  Unterziele 106f, 118f, 122ff
  Zielbeziehungen 106, 115, 119, 152, 154
  Zielebenen 149, 150
  Zielerreichungsgrad 31, 101, 112, 158, 163f, 166, 181, 193
  Zielformulierung 105
Zielsystem 9, 105f, 108, 143, 150f, 159, 165, 171
Zwischenziele 106, 118f, 122, 127f, 136, 143f, 149, 153, 158, 167, 190, 199